机械行业高等职业教育系列教材

高等职业教育教学改革精品教材

AutoCAD 2010 应用教程

主　编　蔡伟美

副主编　胡　新

参　编　夏征盛　姜　明

主　审　吴百中

机　械　工　业　出　版　社

本书主要介绍应用 AutoCAD 2010 软件绘制机械图样的方法和技巧。本书共分 7 个课题，包括初始环境设置、单个视图的绘制及标注、机件常用表达方法及画法、零件图的绘制、装配图的绘制、图形输出和三维造型。摒弃 AutoCAD 命令冗长的细节罗列，直接以具体案例引入，简洁明了的案例剖析，指导读者轻松掌握 AutoCAD 2010 的应用技能。

本书可以作为高等职业教育机械类或近机类专业教材，也可以作为中等职业学校、工程技术人员以及计算机绘图培训的速成教材或参考用书。

凡选用本书作为教材的教师，均可登录机械工业出版社教育服务网 www.cmpedu.com 下载本教材配套教学电子课件以及书中提供的所有案例、实例训练、素材资料的 CAD 图形文件，也可发送电子邮件至 cmp-gaozhi@ sina. com 索取。咨询电话：010 – 88379375。

图书在版编目（CIP）数据

AutoCAD 2010 应用教程/蔡伟美主编 . —北京：机械工业出版社，2011.7（2022.1 重印）

机械行业高等职业教育系列教材　高等职业教育教学改革精品教材

ISBN 978-7-111-34846-7

Ⅰ.①A…　Ⅱ.①蔡…　Ⅲ.①机械制图 – AutoCAD 软件 – 高等职业教育 – 教材　Ⅳ.①TH126

中国版本图书馆 CIP 数据核字（2011）第 162753 号

机械工业出版社（北京市百万庄大街 22 号　邮政编码 100037）
策划编辑：崔占军　边　萌　责任编辑：崔占军　边　萌　王丽滨
版式设计：霍永明　责任校对：李秋荣
封面设计：鞠　杨　责任印制：常天培
固安县铭成印刷有限公司印刷
2022 年 1 月第 1 版第 5 次印刷
184mm×260mm・12.25 印张・298 千字
8 401—9 400 册
标准书号：ISBN 978-7-111-34846-7
定价：36.00 元

电话服务

客服电话：010-88361066
　　　　　010-88379833
　　　　　010-68326294

封底无防伪标均为盗版

网络服务

机　工　官　网：www.cmpbook.com
机　工　官　博：weibo. com/cmp1952
金　书　网：www.golden-book.com
机工教育服务网：www.cmpedu.com

前　　言

AutoCAD 软件广泛应用于工程界各个领域，在各个职业技术院校，AutoCAD 应用已经成为普遍开设的必修课程。在教学实践中，深刻体会到以软件功能顺序编写的教材难以从根本上解决实际应用问题。只有打破常规，按创新思维编写的教材才可以实现最快速度的学以致用。为此，编者将多年教学的经验和积累的教学课题，经过归纳总结，编写了本书。

本书的结构特点是以课题为单位，围绕运用 AutoCAD 软件绘制机械图样的中心，以绘制图样顺序为课题编写次序，包括初始环境设置、单个视图绘制及标注、机件常用表达方法及画法、零件图的绘制、装配图的绘制、图形输出和三维造型等 7 个课题，同时包括了 49 个案例。每个课题前均附有知识目标和能力目标，使课题的学习目标一目了然。

本书的另一个特点是摒弃 CAD 命令冗长的细节罗列，直接以具体案例引入，以机械零件为载体，将 AutoCAD 软件基本功能融合于真实案例操作步骤中加以介绍。坚持以"先进、适用、实用、易用、共用"为原则，使用简洁明了的案例剖析，指导读者轻松掌握 Auto-CAD 2010 的应用技能；而精心挑选丰富的实训，将给读者提供一个学习、练习、提高的成长过程。

本书可作为高职高专院校机械大类或近机类专业教材，也可以作为中等职业学校、工程技术人员及计算机绘图培训 AutoCAD 的速成教材或参考用书。

全书由蔡伟美任主编，胡新任副主编，吴百中任主审。具体编写分工如下：温州职业技术学院夏征盛编写课题 1，蔡伟美编写课题 2、3、6 和附录，胡新编写课题 4、5；东莞职业技术学院姜明编写课题 7，全书由蔡伟美统稿。

采用本教材进行教学的教师可以到机械工业出版社教材服务与资源网免费下载本书提供的所有案例、实例训练、素材资料的 CAD 图形文件。

由于编者水平有限，书中不足之处在所难免，恳请广大读者批评指正，编者不胜感激。

编　者

目　　录

前言

课题1　初始环境设置 ················· *1*

　1.1　AutoCAD 2010 的基本操作 ······· *1*

　1.2　创建图层文件 ················· *4*

　1.3　绘制图框和填写文字 ··········· *6*

　1.4　实训 ······················· *11*

课题2　单个视图的绘制及标注 ······ *12*

　2.1　单个视图的画法 ·············· *12*

　　2.1.1　直线类视图 ·············· *12*

　　2.1.2　圆类视图 ················ *14*

　　2.1.3　平面类视图 ·············· *23*

　2.2　单个视图图形尺寸的标注 ······ *38*

　　2.2.1　图形基本尺寸的标注 ······· *38*

　　2.2.2　视图上的其他标注 ········· *47*

　2.3　单个视图综合案例 ············ *51*

　2.4　实训 ······················· *59*

课题3　机件常用表达方法及画法 ····· *68*

　3.1　视图画法 ···················· *68*

　　3.1.1　补画三视图 ·············· *68*

　　3.1.2　轴测图与三视图 ·········· *85*

　　3.1.3　斜视图画法 ·············· *91*

　3.2　表达方法及画法 ·············· *95*

　3.3　表达方法及画法综合案例 ······ *106*

　3.4　实训 ······················ *114*

课题4　零件图的绘制 ············· *123*

　4.1　图块 ······················· *123*

　　4.1.1　创建内部图块 ··········· *123*

　　4.1.2　创建外部图块 ··········· *124*

　　4.1.3　插入图块 ··············· *125*

　4.2　轴套类零件的绘制 ··········· *129*

　4.3　盘盖类零件的绘制 ··········· *132*

　4.4　叉架类零件的绘制 ··········· *134*

　4.5　箱体类零件的绘制 ··········· *135*

　4.6　实训 ······················ *137*

课题5　装配图的绘制 ············· *141*

　5.1　装配图画法 ················· *141*

　5.2　实训 ······················ *147*

课题6　图形输出 ················· *148*

　6.1　插入布局 ··················· *148*

　6.2　打印设置 ··················· *156*

　6.3　实训 ······················ *162*

课题7　三维造型 ················· *163*

　7.1　组合体的三维建模 ··········· *163*

　7.2　轴套类零件的三维造型 ······· *168*

　7.3　盘盖类零件的三维造型 ······· *170*

　7.4　叉架类零件的三维造型 ······· *173*

　7.5　实训 ······················ *176*

附录 ···························· *181*

　附录A　AutoCAD 2010 常用快捷命令 ··· *181*

　附录B　课题3实训补画图参考答案 ··· *184*

参考文献 ······················· *189*

课题1 初始环境设置

学习目标

【知识目标】

1. 了解 AutoCAD 2010 工作界面的组成。
2. 掌握 AutoCAD 2010 最基本的操作方法和命令。
3. 掌握图层创建方法。
4. 掌握文本样式创建方法。

【能力目标】

1. 会正确启动 AutoCAD 2010 绘图软件，熟悉其界面、各菜单内容和功能。
2. 能够创建符合制图要求的图层。
3. 能够创建文本。
4. 能够绘制图框并填写文本。

1.1 AutoCAD 2010 的基本操作

【案例1-1】 请按下列步骤进行操作，掌握 AutoCAD 最基本的操作方法和命令，熟悉 AutoCAD 2010 的工作界面、各菜单选项和功能。

1. 操作分析

AutoCAD 软件的基本操作包括启动和退出系统，使用工作界面上的重要工具条，常用的显示控制操作、文件操作等。本案例通过打开一个已存储的图形文件的操作介绍 AutoCAD 各菜单选项和功能。

2. 操作步骤

（1）启动 AutoCAD 2010。

启动 AutoCAD 2010 的方式：

- 双击桌面的快捷图标 AutoCAD 2010。
- 选择"开始"→"程序"→"Autodesk"→"AutoCAD 2010"→"Simplified Chinese"→"AutoCAD 2010"程序。

启动 AutoCAD 2010 后，打开 AutoCAD 2010 用户界面。AutoCAD 2010"二维草图与注释"工作空间，如图 1-1 所示。

工具栏：显示常用的工具按钮。

面板选项板：显示与基于任务的工作空间相关联的按钮和控件。

绘图窗口：用于绘制图形的区域。

文本窗口与命令行：用于输入命令及提示每一步操作。

图 1-1　AutoCAD 2010 "二维草图与注释" 工作空间

状态栏: 用于显示 AutoCAD 当前的绘图状态。

操作提示: AutoCAD 2010 提供了 "二维草图与注释"、"三维建模"、"AutoCAD 经典" 和 "初始设置工作空间" 4 种工作空间模式。默认状态下, 启动 AutoCAD 2010, 即打开 "二维草图与注释" 工作空间。

(2) 打开素材资料中的 "案例 1-1. dwg"。

1) 启动打开文件命令的方式:

● 选择 "文件" → "打开" 菜单选项。

● 选择 "标准" 工具栏图标 。

● 在命令行输入 "open" 命令。

启动 "打开" 命令后, 弹出 "选择文件" 对话框, 如图 1-2 所示, 在 "素材资料" 文件夹中选择 "案例 1-1. dwg" 图形文件。

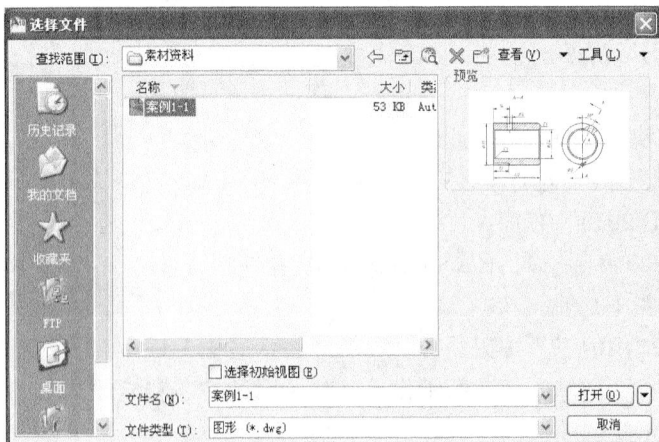

图 1-2　"选择文件" 对话框

2）单击"打开"按钮，出现图1-3所示"案例1-1.dwg"界面。

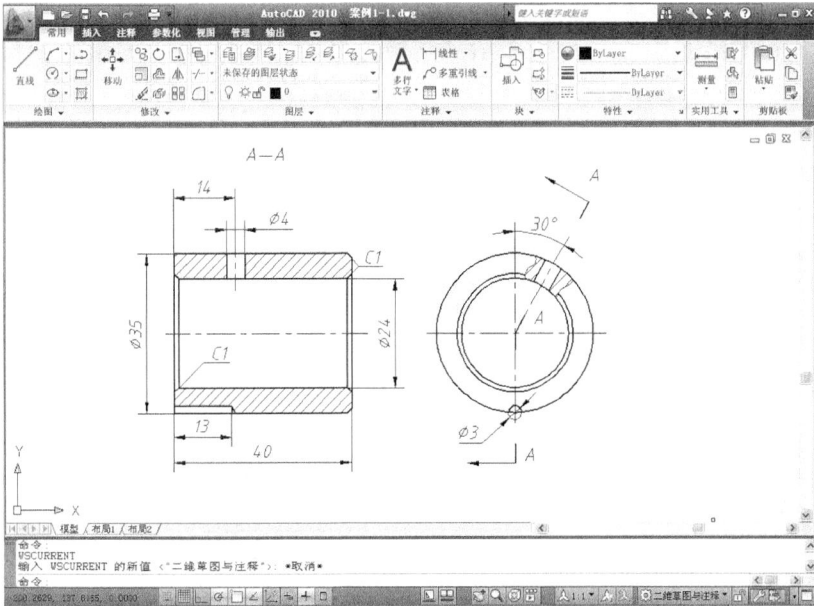

图1-3　"案例1-1.dwg"界面

（3）变换可视区域操作。

实现变换可视区域的常用方式：

1）运行AutoCAD中缩放命令"zoom"，则有全部（A）/中心（C）/动态（D）/范围（E）/上一个（P）/比例（S）/窗口（W）/对象（O）]＜实时＞的命令提示。读者可以根据自己的需要输入相应的字母选项来执行。

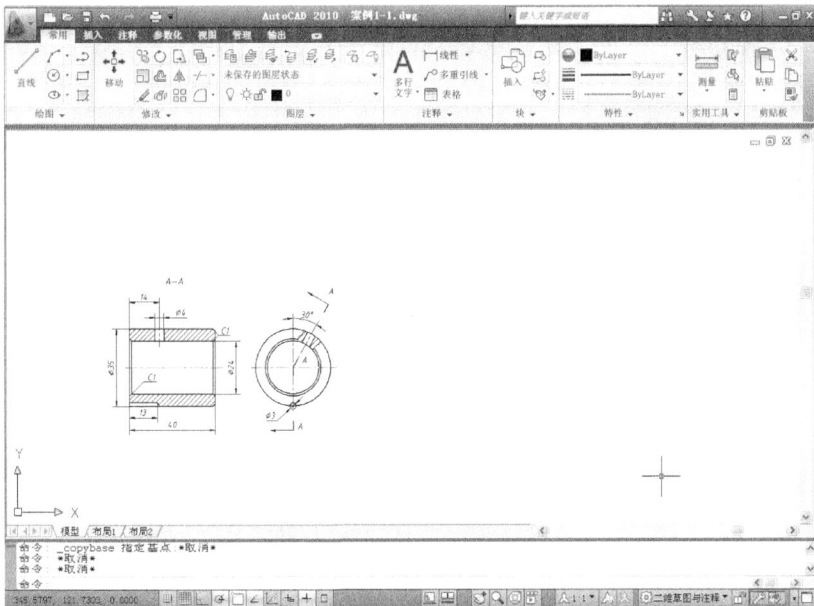

图1-4　改变图形在窗口中显示的大小和位置

2）用鼠标操作。滚动鼠标中键，可快速实现显示可视区的放大和缩小；按住鼠标中键并拖动鼠标，可快速实现显示可视区的平移。

利用鼠标的操作，可改变图形在窗口中显示的大小和位置，如图 1-4 所示。

（4）切换工作空间。如图 1-5 所示，通过单击屏幕下方状态栏中的"切换工作空间"按钮，切换到"AutoCAD 经典"工作空间界面，其界面风格和 AutoCAD 其他版本基本一致。

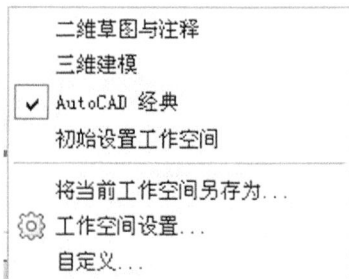

图 1-5　切换工作空间

1.2　创建图层文件

【案例 1-2】　新建一个图形文件，创建新图层，以"图层"为文件名保存图形文件。

1. 操作分析

在 AutoCAD 中通过建立若干个图层，设置不同线型、不同颜色及不同线宽来绘制图形。本案例通过创建"图层"文件介绍新建文件、创建图层和保存文件的方法。

2. 操作步骤

（1）新建文件，启动新建文件命令的方式。

● 选择"文件"→"新建"菜单选项。

● 选择"标准"工具栏图标 □ 。

● 在命令行输入"new"命令。

启动"新建"命令后，打开图 1-6 所示的"选择样板"对话框。在"打开"按钮的下拉列表中选择"无样板打开"。

图 1-6　"选择样板"对话框

（2）建立图层，结果如图 1-7 所示。

1）启动图层特性管理器命令的方法：

● 选择"图层"工具栏图标 。

● 在命令行输入"layer"命令。

2）单击"图层特性管理器"的"新建"按钮 ，新建图层，图层名为"粗实线"；选择线宽为"0.5"[⊖]。

3）重复上一步，新建"文本"，选择线宽为"0.25"。新建"细实线"，选择线宽为"0.25"。

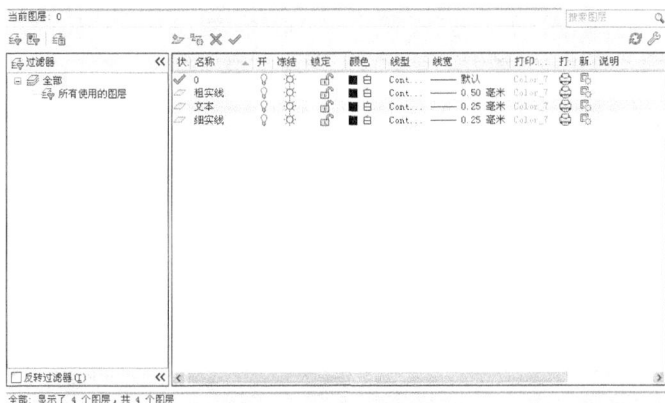

图 1-7　图层的建立

（3）保存文件。启动保存文件命令的方式：

● 选择"文件"→"保存"菜单选项。

● 单击标准工具栏图标 。

● 在命令行输入"save"命令。

启动"保存"命令，打开图 1-8 所示的"图形另存为"对话框，输入图形名称"图层"，选择保存路径，单击"保存"按钮。

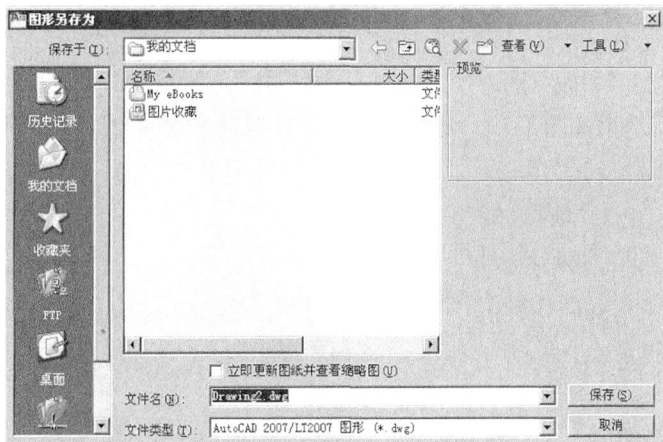

图 1-8　"图形另存为"对话框

操作提示：在启动"保存"命令后，如果该文件曾被命名并保存过，AutoCAD 2010 将保存所做的修改。在绘图过程中要注意随时保存文件。

⊖　此处单位为 mm。本书中未注明长度单位的数据，其长度单位均为 mm。

1.3 绘制图框和填写文字

【**案例1-3**】 打开案例1-2保存的"图层.dwg"文件，绘制如图1-9所示图框并填写文字。

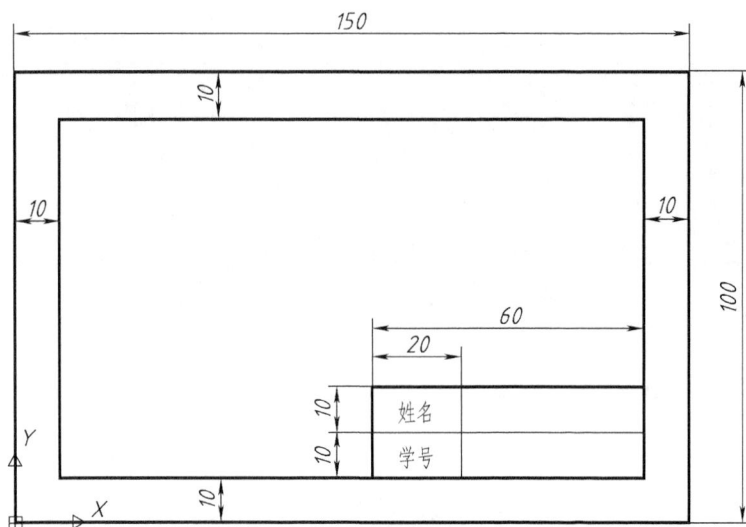

图 1-9　案例 1-3 在图框中填写文字

1. 画法分析

整个图形由直线构成，可以利用直线命令绘制。由于图线有粗细之分，所以需要分层绘制。通过文本设置填写文字。

2. 操作步骤

（1）打开案例1-1保存的"图层.dwg"文件。

（2）绘制图框。

1）绘制外框，结果如图1-10a所示。选择"粗实线"层，启动"直线"命令。

启动直线命令的方式：

- 选择"绘图"→"直线"菜单选项。
- 选择绘图工具栏图标 ✐。
- 在命令行输入"line"命令。

命令行有如下提示：

命令：line ✓

指定第一点：0，0 ✓

指定下一点或 ［放弃（U）］：150，0 ✓

指定下一点或 ［放弃（U）］：150，100 ✓

指定下一点或 ［闭合（C）/放弃（U）］：0，100 ✓

指定下一点或 ［闭合（C）/放弃（U）］：c ✓

指定下一点或 ［闭合（C）/放弃（U）］：✓

操作提示：在 AutoCAD 2010 命令行提示输入一个点的位置时，若需要用键盘输入坐标值，则有绝对直角坐标、绝对极坐标和相对直角坐标、相对极坐标等方式。绝对坐标格式为 x，y 或 $\rho < \theta$；相对坐标格式为@ x，y 或 @$\rho < \theta$（@ 的含义为相对于前一点）。

2）绘制内框，结果如图 1-10b 所示。

命令行有如下提示：

命令：line ↙

指定第一点：10，10 ↙

指定下一点或 ［放弃（U）］：140，10 ↙

指定下一点或 ［放弃（U）］：140，90 ↙

指定下一点或 ［闭合（C）/放弃（U）］：10，90 ↙

指定下一点或 ［闭合（C）/放弃（U）］：c ↙

指定下一点或 ［闭合（C）/放弃（U）］：↙

3）绘制表格外框，结果如图 1-10c 所示。

命令行有如下提示：

命令：line ↙

指定第一点：80，10 ↙

指定下一点或 ［放弃（U）］：80，30 ↙

指定下一点或 ［放弃（U）］：140，30 ↙

指定下一点或 ［闭合（C）/放弃（U）］：↙

4）切换到"细实线"层，绘制表格内线，结果如图 1-10d 所示。

命令行有如下提示：

命令：line ↙

指定第一点：80，20 ↙

指定下一点或 ［放弃（U）］：140，20 ↙

指定下一点或 ［闭合（C）/放弃（U）］：↙

命令：line ↙

指定第一点：100，10 ↙

指定下一点或 ［放弃（U）］：100，30 ↙

指定下一点或 ［闭合（C）/放弃（U）］：↙

（3）文字样式设置，操作步骤如图 1-11 所示。

启动文字样式设置命令方式：

● 选择"格式"→"文字样式"菜单选项。

● 选择样式工具栏图标 A。

● 在命令行输入"style"命令。

1）启动"文字样式设置"命令，打开"文字样式"对话框，单击"新建"按钮，打开"新建文字样式"对话框如图 1-11a 所示，建立文字样式名为"中文"。

2）选择"字体名"为"T 仿宋_GB2312"，文字"高度"输入"7.0000"，"宽度因子"输入"0.7000"，如图 1-11b 所示。

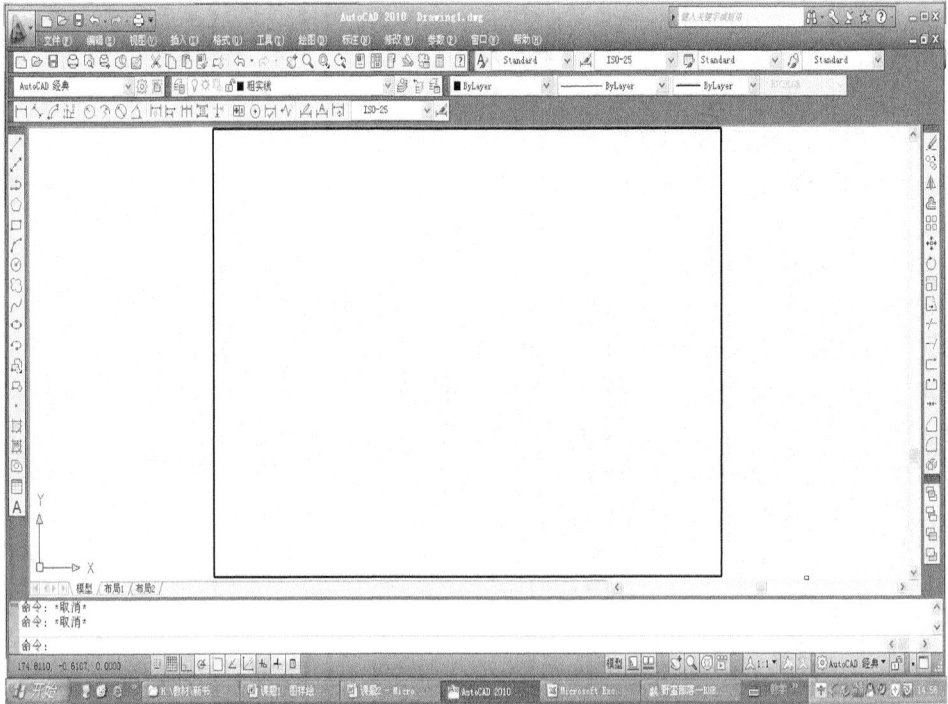

a)

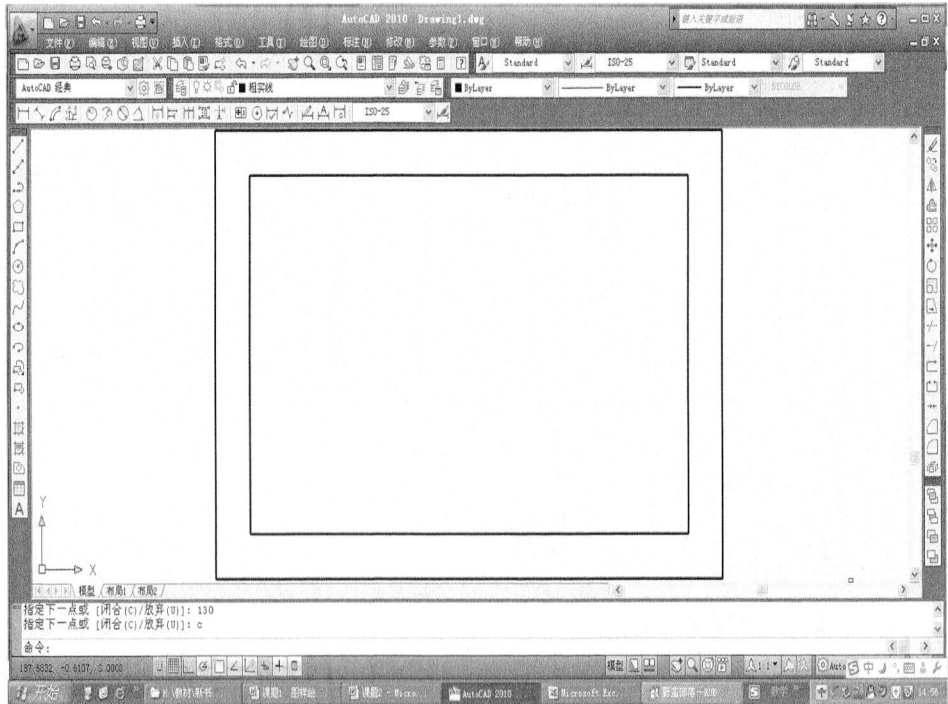

b)

图 1-10　图框及表格绘制

a）绘制外框　b）绘制内框

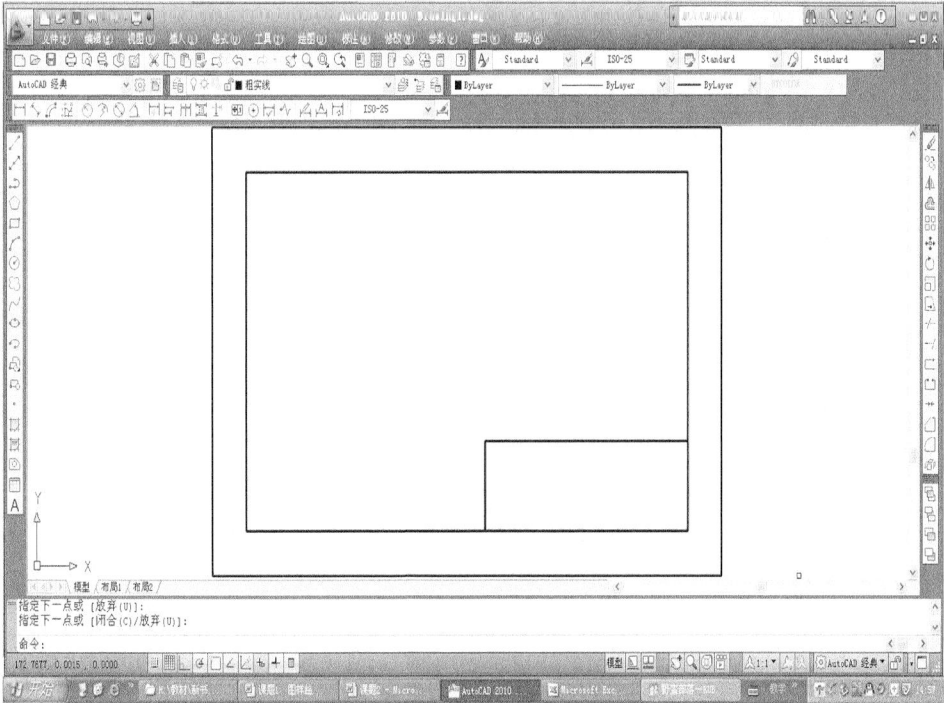

c)

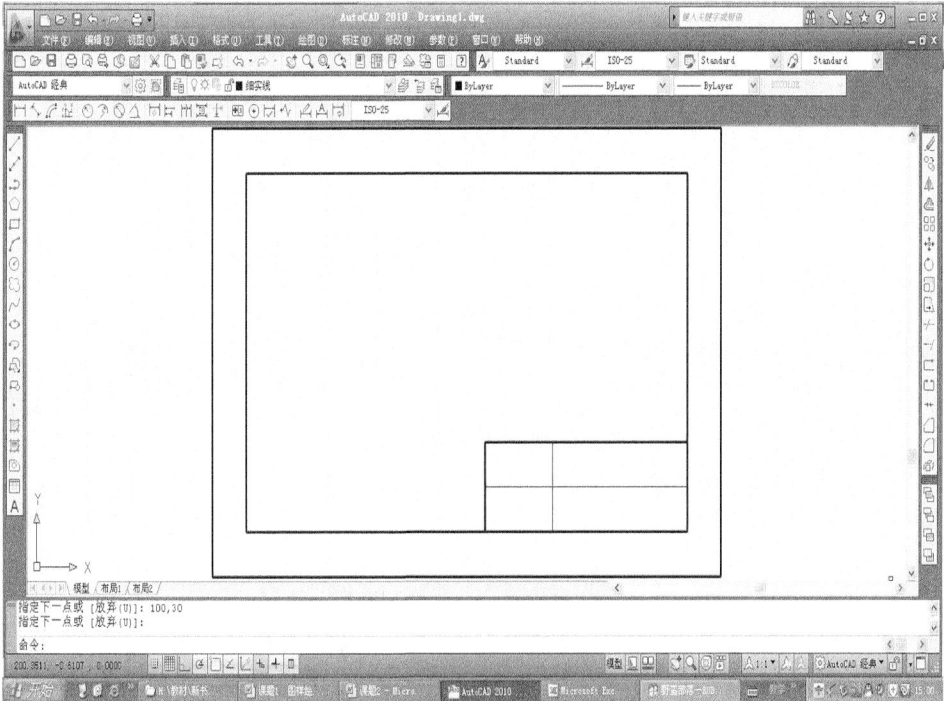

d)

图 1-10 （续）

c）绘制表格外框　d）绘制表格内线

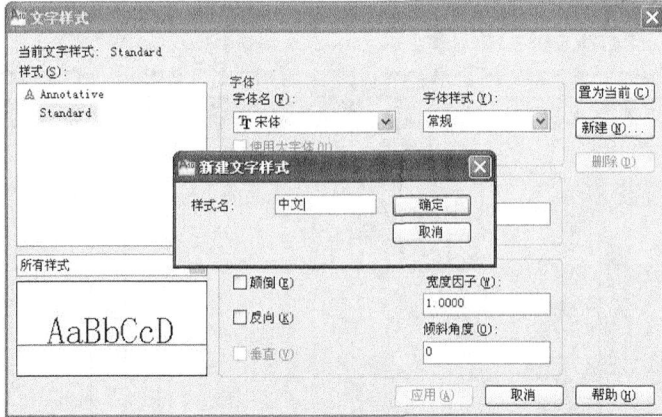

a)

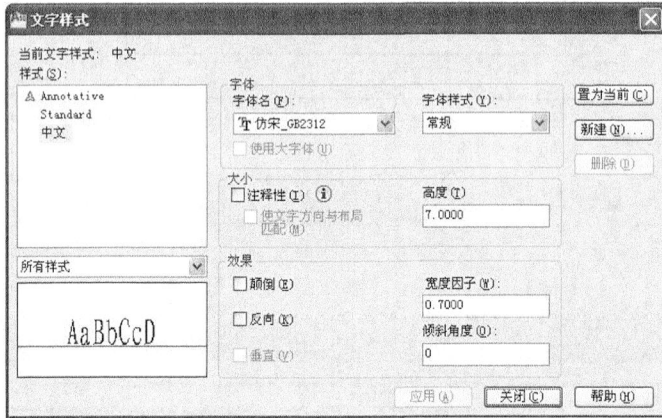

b)

图 1-11　建立文字样式

a）新建文字样式　b）文字样式设置

3）单击"置为当前"按钮并关闭对话框，完成文字样式的设置。

（4）文字输入。

1）通过单行文字输入命令，输入"姓名"。

启动单行文字输入命令的方式：

● 选择"绘图"→"文字"→"单行文字"菜单选项。

● 在命令行输入"text"命令。

命令行有如下提示：

命令：text↙

当前文字样式："中文"　文字高度：　7.0000　注释性：　否

指定文字的起点或 [对正（J）/样式（S）]：（在屏幕上合适的位置单击）

指定文字的旋转角度 <0>：↙

姓名↙

2）通过多行文字输入命令，输入"学号"。

启动多行文字输入命令的方式：

- 选择"绘图"→"文字"→"多行文字"菜单选项。
- 在命令行输入"mtext"命令。

命令行有如下提示：

命令：mtext ↙

当前文字样式：　"中文"　文字高度：　7.0000　注释性：　否

指定第一角点：80, 10 ↙

指定对角点或［高度（H）/对正（J）/行距（L）/旋转（R）/样式（S）/宽度（W）/栏（C）］：j ↙

输入对正方式［左上（TL）/中上（TC）/右上（TR）/左中（ML）/正中（MC）/右中（MR）/左下（BL）/中下（BC）/右下（BR）］＜左上（TL）＞：mc ↙

指定对角点或［高度（H）/对正（J）/行距（L）/旋转（R）/样式（S）/宽度（W）/栏（C）］：100, 20 ↙

弹出"多行文字编辑器"如图 1-12 所示，输入"学号"，单击"确定"按钮。

图 1-12　多行文字编辑器

1.4　实训

【实训 1-1】　新建文件，按要求完成初始绘图环境设置。

（1）按表 1-1 要求建立图层。

表 1-1　建立图层的基本要求

层　名	颜　色	线　型	线　宽
1 粗实线	黑/白	continuous	0.5
2 细实线	黑/白	continuous	0.25
3 细点画线[⊖]	红色	center	0.25
4 标注	洋红	continuous	0.25
5 剖面线	黑/白	continuous	0.25
6 文本	洋红	continuous	0.25
7 虚线	蓝色	hidden	0.25
8 双点画线	黑/白	phantom	0.25
9 辅助线	8	continuous	0.25

（2）建立名为"机械"的文字样式，字体选用"gbeitc. shx"和"gbcbig. shx"；高度为"0.0000"；宽度比例为"1"。

（3）保存文件，文件名为"图层样板习作. dwg"。

⊖　在计算机框图中为"点划线"，全书同。

课题 2　单个视图的绘制及标注

学习目标

【知识目标】

1. 熟练掌握软件常用绘图功能。
2. 掌握精确的绘图技巧。
3. 熟练掌握软件的常用编辑功能。
4. 掌握单个视图的绘制方法与技巧。
5. 掌握标注线性尺寸的方法。
6. 了解尺寸的编辑操作。
7. 掌握快速引线命令的操作方法。

【能力目标】

1. 能够设置栅格和捕捉功能。
2. 能够灵活运用相应命令绘制单个视图。
3. 会设置尺寸样式对单个视图进行尺寸标注。

2.1　单个视图的画法

2.1.1　直线类视图

【案例 2-1】　绘制如图 2-1 所示的螺栓毛坯图形。

1. 画法分析

螺栓毛坯图形由线段构成，可以利用直线命令绘制。在 AutoCAD 中启用栅格捕捉方法时，光标点只能落到一个栅格点上。案例中图形尺寸均为 5 的倍数，故通过栅格的设置和捕捉可以快速实现精确点的捕捉。

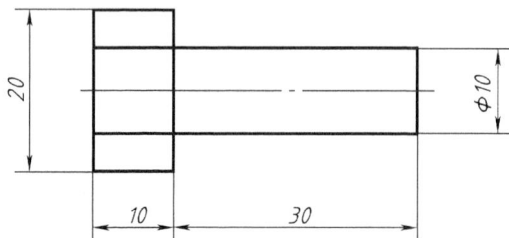

图 2-1　案例 2-1 的螺栓毛坯图

2. 操作步骤

（1）打开素材资料中的"图层样板 . dwg"。

（2）栅格模式的设置。用鼠标右键单击状态栏中的"栅格"按钮，单击"设置"选项进入"草图设置"对话框的"捕捉和栅格"选项卡界面。设置"捕捉 X 轴间距"为 5、"捕捉 Y 轴间距"为 5；设置"栅格 X 轴间距"为 5、"栅格 Y 轴间距"为 5，如图 2-2 所示。单击"确定"按钮完成设置。

（3）绘制图形，作图步骤如图 2-3 所示。

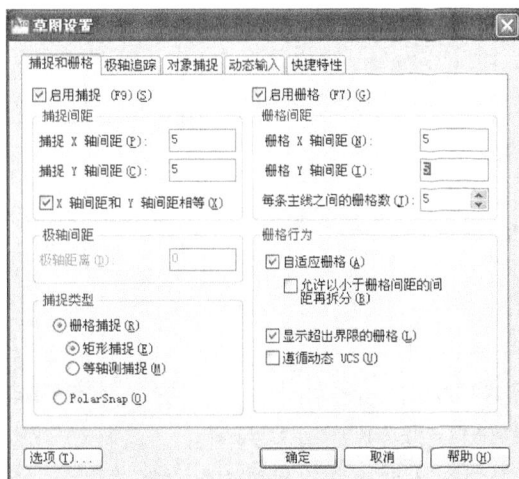

图 2-2　"草图设置"对话框的"捕捉和栅格"选项卡

1) 选择"1 粗实线"图层,启用"直线"命令绘制第一个矩形,命令行有如下显示。

命令: line ↙

指定第一点:(光标拾取屏幕上一个栅格点,如图 2-3a 所示 A 点)

指定下一点或［放弃（U）］:(光标拾取向左第 2 个栅格点,如图 2-3a 所示的 B 点)

指定下一点或［放弃（U）］:(光标拾取向上第 4 个栅格点,如图 2-3a 所示的 C 点)

指定下一点或［闭合（C）/放弃（U）］:(光标拾取向右第 2 个栅格点,如图 2-3a 所示的 D 点)

指定下一点或［闭合（C）/放弃（U）］: c ↙

2) 重复"直线"命令绘制第二个矩形,依次捕捉如图 2-3b 所示的 A、B、C 点和 D 点。

3) 选择"3 细点画线"图层,重复"直线"命令绘制中心线,捕捉如图 2-3c 所示的 A 点和 B 点。

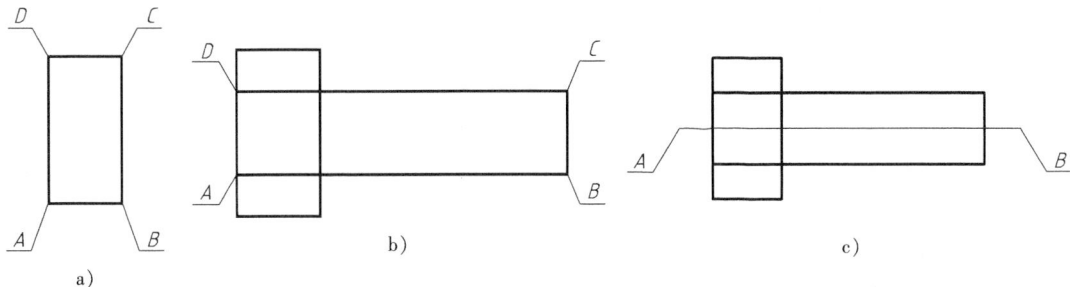

图 2-3　绘制螺栓毛坯步聚

a) 绘制第一个矩形　b) 绘制第二个矩形　c) 绘制中心线

（4）调整线型比例。图 2-3c 所示细点画线如一条细实线,原因是比例过大,需要调整。启动"格式→线型"菜单命令,打开图 2-4 所示的"线型管理器"对话框。更改"全局比例因子"为"0.2000",图形显示结果如图2-5所示。

图2-4 "线型管理器"对话框

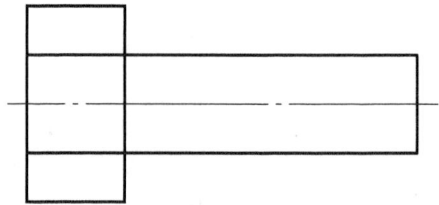

图2-5 调整线型比例后的螺栓毛坯图形

（5）保存文件，将图形另存为"案例2-1.dwg"。

🖐 **操作提示：**若单个视图图形中有不同线型和线宽要求，则需要分图层绘制，后续内容将不再提示图层转换的操作。

🖐 **操作提示：**因为计算机绘图过程中的不确定因素，建议读者可提前操作第（5）步骤，在绘图过程和结束时单击"保存"按钮，可确保图形被保存。

2.1.2 圆类视图

【案例2-2】 绘制如图2-6所示的端盖左视图。

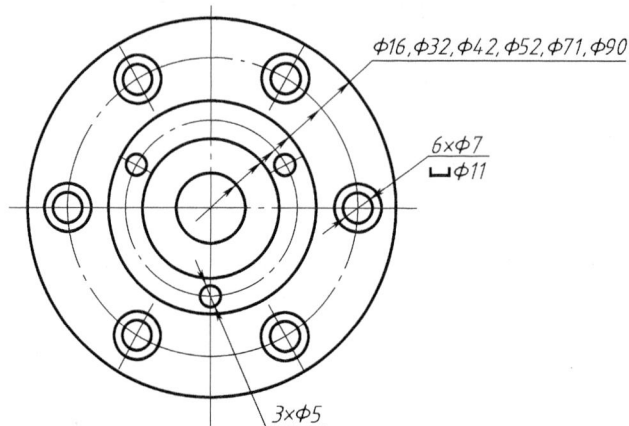

图2-6 案例2-2的端盖左视图

1. 画法分析

端盖左视图的整个图形由圆和直线构成，有同心圆和均布圆。AutoCAD 2010的对象捕捉功能能用于精确地拾取图形对象上的某些特殊点。AutoCAD 2010的对象追踪是指沿着基于对象捕捉点的辅助线方向追踪。AutoCAD 2010的阵列命令指将所选择的对象按照矩形或环形方式进行多重复制。本案例将启用"对象捕捉"和"对象追踪"精确画图模式，用"阵列"命令的环形方式快速绘制均布圆。

2. 操作步骤

（1）打开素材资料中的"图层样板.dwg"。

（2）精确绘图模式的设置。用鼠标右键单击状态栏中的"对象捕捉"按钮，弹出图2 7所示的快捷菜单，单击"设置"进入"草图设置"对话框的"对象捕捉"选项卡界面。勾选"圆心"、"象限点"，如图2-8所示。单击"确定"按钮退出。此时，将状态栏的辅助功能"极轴"、"对象捕捉"、"对象追踪"按钮切换至开的状态，完成精确绘图模式的设置。

图2-7   "对象捕捉"快捷菜单   图2-8   "草图设置"对话框的"对象捕捉"选项卡

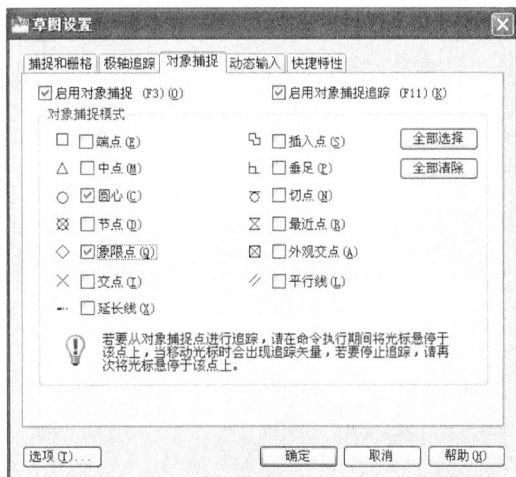

☝ **操作提示：** 视图图形一般均需要根据给定尺寸或条件精确绘图。在画图状态下，对象捕捉、对象追踪和极轴追踪均需启用，根据不同捕捉条件选择对象捕捉项目，后续内容将不再提示开启精确绘图模式的操作。

（3）绘制同心圆，作图步骤如图2-9所示。

1）启动"圆"命令绘制 $\phi90$ 的圆，结果如图2-9a所示。

启动圆命令的方法：

- 选择"绘图"→"圆"菜单选项。

- 选择"绘图"工具条图标 ⊘ 。

- 在命令行中输入"circle"命令。

命令行有如下显示：

命令：circle ↙

指定圆的圆心或 ［三点（3P）／两点（2P）／相切、相切、半径（T）］：(在屏幕上拾取点)

指定圆的半径或 ［直径（D）］ <20.0000>：45 ↙

2）应用"圆"命令绘制 $\phi52$ 的同心圆。

命令行有如下显示：

命令：circle ↙

指定圆的圆心或 ［三点（3P）／两点（2P）／切点、切点、半径（T）］：(拾取如图2-

9b 所示圆心）

指定圆的半径或［直径（D）］<45.0000>：d↙

指定圆的直径 <90.0000>：52 ↙，结果如图 2-9c 所示。

3）用同样方法绘制 φ71、φ42、φ32 和 φ16 的同心圆，结果如图 2-9d 所示。

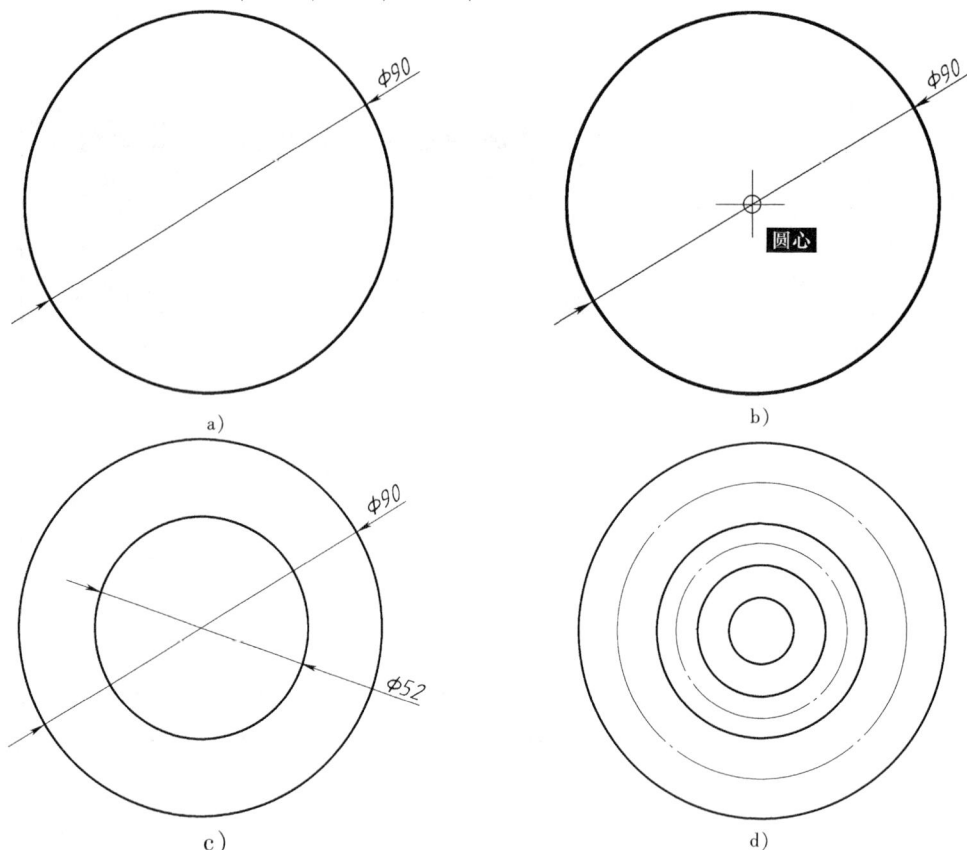

图 2-9　绘制同心圆

a）绘制第一个圆　b）拾取圆心　c）绘制第二个圆　d）绘制同心圆

（4）绘制 φ7 和 φ11 沉孔圆，作图步骤如图 2-10 所示。

1）应用"圆"命令绘制 φ7 的圆。

命令行有如下显示：

命令：circle ↙

指定圆的圆心或［三点（3P）/两点（2P）/切点、切点、半径（T）］：（拾取 φ71 圆的象限点）

指定圆的半径或［直径（D）］<8.0000>：d↙

指定圆的直径 <16.0000>：7 ↙

2）应用"圆"命令绘制 φ11 的圆，结果如图 2-10a 所示。

3）应用"直线"命令绘制中心线。

命令行有如下显示：

命令：line ↙

指定第一点：（拾取如图 2-10b 所示象限点）

指定下一点或［放弃（U）］:（拾取如图 2-10c 所示象限点）

指定下一点或［放弃（U）］: ↙

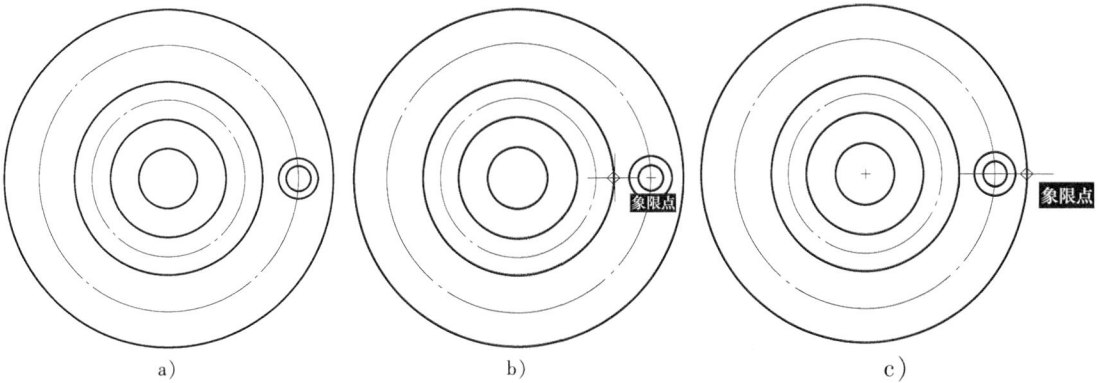

图 2-10　绘制沉孔圆

a）沉孔圆的位置　b）拾取第一个象限点　c）拾取第二个象限点

（5）启动"阵列"命令绘制其余 5 个沉孔圆。

启动"阵列"命令的方法:

- 选择"修改"→"阵列"菜单选项。
- 选择"修改"工具条图标品。
- 在命令行中输入"array"命令。

1）启动阵列命令，打开如图 2-11 所示的"阵列"对话框，选中阵列方式为"环形阵列"，输入"项目总数"为 6，"填充角度"为 360。

2）单击"选择对象"按钮，在图形区选择 $\phi7$ 和 $\phi11$ 的同心圆及中心线，单击＜Enter＞键结束选择，返回"阵列"对话框。

3）单击"中心点"按钮，在图形区捕捉 $\phi90$ 圆心，返回"阵列"对话框，单击"确定"按钮完成阵列，结果如图 2-12 所示。

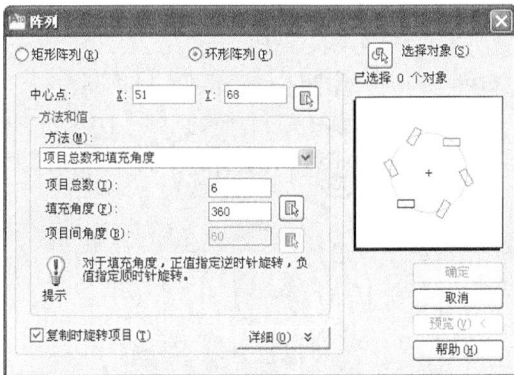

图 2-11　"阵列"对话框

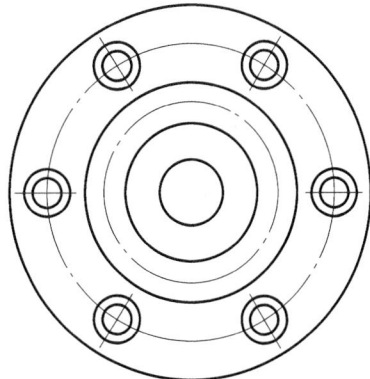

图 2-12　阵列沉孔圆

（6）启动"直线"命令绘制中心线，作图步骤如图 2-13 所示。

1）应用"直线"命令绘制水平中心线。

命令行有如下显示:

命令: line ↙

指定第一点：（捕捉如图2-13a所示圆心，向左追踪）50 ↙

指定下一点或［放弃（U）］：（如图2-13b所示，向右追踪）100 ↙

指定下一点或［放弃（U）］：↙

2）应用同样的方法绘制垂直中心线，结果如图2-13c所示。

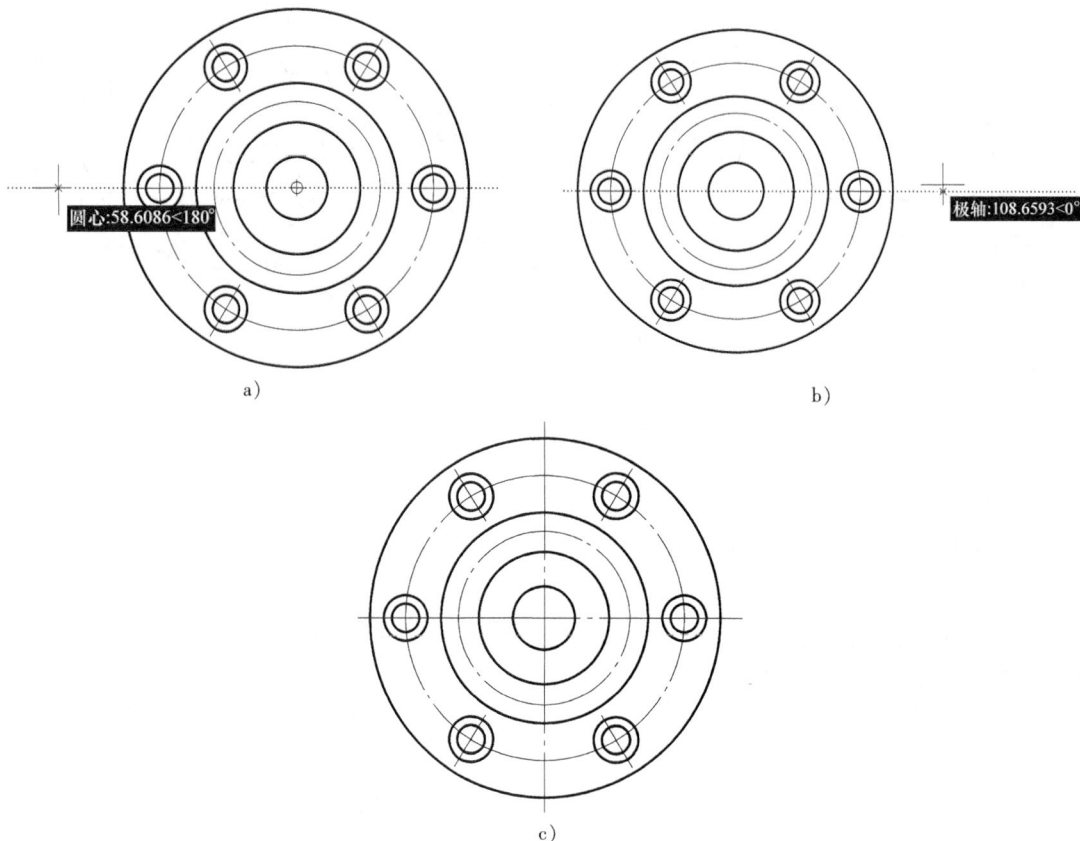

a)

b)

c)

图 2-13　绘制中心线

a）捕捉圆心向左追踪　b）向右追踪　c）绘制垂直中心线结果

（7）启动"圆"和"阵列"命令绘制三个均布的 φ5 圆，作图步骤如图2-14所示。

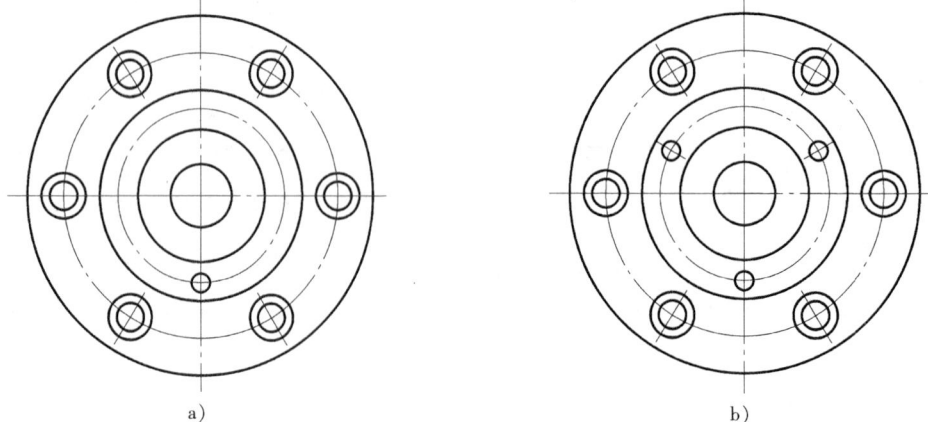

a)

b)

图 2-14　绘制三个均布的 φ5 圆

a）绘制一个 φ5 圆和一条中心线　b）阵列结果

【案例 2-3】 绘制如图 2-15 所示轴断面图。

1. 画法分析

轴断面图形由圆和线段构成，圆和线段有截交，是对称图形。AutoCAD 2010 的镜像命令用于相对于一条直线创建所选对象的镜像副本，AutoCAD 2010 的修剪命令用于以其他对象定义的剪切边修剪图形对象。本案例启用"圆"、"直线"命令绘制基本图形后再以"镜像"和"修剪"功能进行编辑。

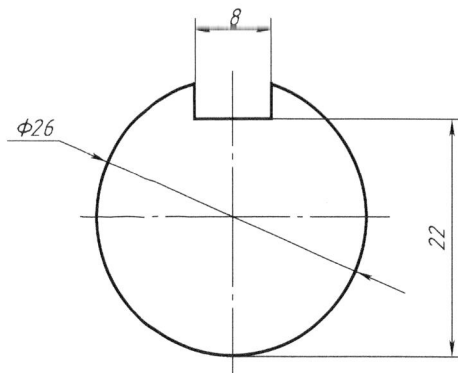

图 2-15 案例 2-3 的轴断面图

2. 操作步骤

（1）打开素材资料中的"图层样板.dwg"。

（2）绘制基本图形。

1）启动"圆"命令绘制 $\phi 26$ 的圆。

2）应用"直线"命令绘制键槽，作图步骤如图 2-16 所示。

命令行有如下显示：

命令：line ↙

指定第一点：（捕捉如图 2-16a 所示象限点，向上追踪）22 ↙

指定下一点或 [放弃（U）]：（光标向右追踪）4 ↙

指定下一点或 [放弃（U）]：（光标向上追踪，拾取与圆的交点）

指定下一点或 [闭合（C）/放弃（U）]：指定下一点或 [放弃（U）]：↙，结果如图 2-16b 所示。

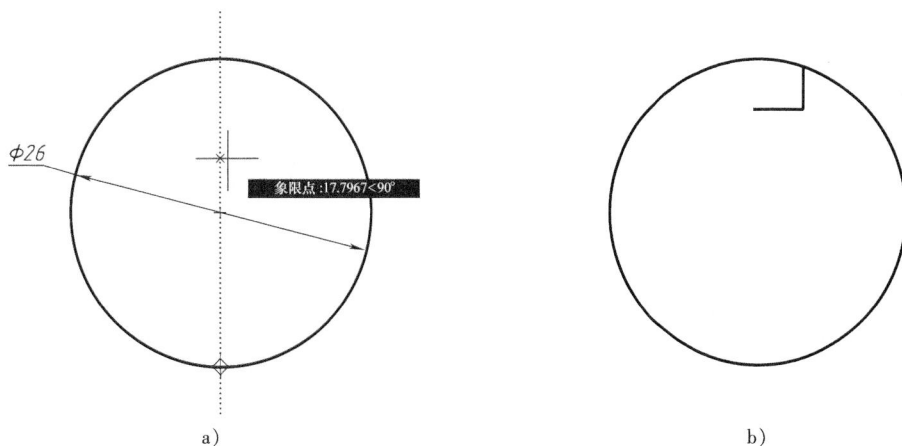

图 2-16 绘制键槽

a）捕捉 $\phi 26$ 圆的象限点（向上追踪）　b）绘制两条直线

（3）启动"镜像"命令绘制键槽，作图步骤如图 2-17 所示。

启动"镜像"命令的方法：

● 选择"修改"→"镜像"菜单选项。

20

- 选择"修改"工具条图标 ⚐ 。
- 在命令行中输入"mirror"命令。

命令行有如下显示：

命令：mirror ↙

选择对象：(选取图2-17a所示两条直线)：找到2个

选择对象 ↙ ：

指定镜像线的第一点：(拾取图2-17b所示象限点)

指定镜像线的第二点：(拾取图2-17c所示追踪线上任一点)

要删除源对象吗？[是（Y）/否（N）] ＜N＞：↙

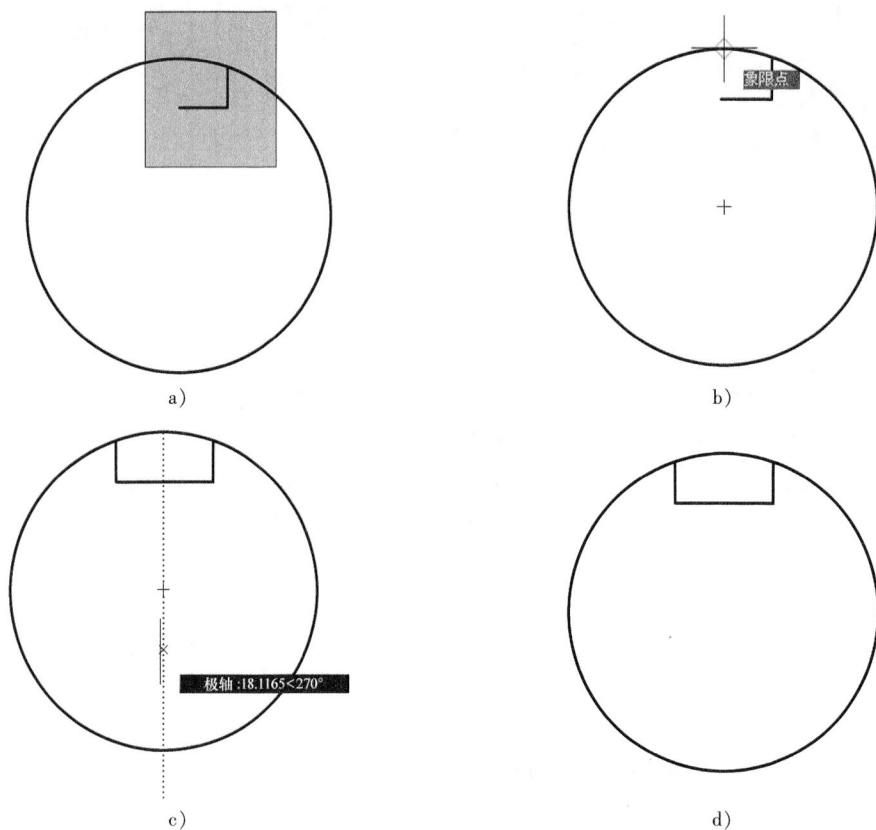

a)

b)

c)

d)

图2-17　镜像完成键槽

a）选择镜像对象　b）拾取镜像线第一点　c）拾取镜像线第二点　d）镜像结果

（4）修剪键槽处圆弧，作图结果如图2-18所示。

启动"修剪"命令的方法：

- 选择"修改"→"修剪"菜单选项。
- 选择"修改"工具条图标 ⊱ 。
- 在命令行中输入"trim"命令。

命令行有如下显示：

命令：trim ↙

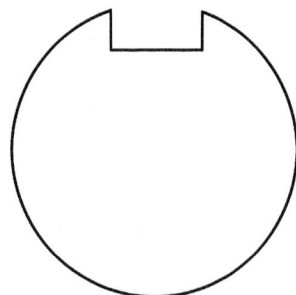

图2-18　键槽外圆弧修剪结果

当前设置：投影＝UCS，边＝无

选择剪切边…

选择对象：(拾取两条竖直直线)

选择对象：↙

选择要修剪的对象，按住＜Shift＞键选择要延伸的对象，或〔投影（P）/边（E）/放弃（U）〕：(单击要修剪的圆弧部分)

选择要修剪的对象，按住＜Shift＞键选择要延伸的对象，或〔投影（P）/边（E）/放弃（U）〕：↙

（5）完成轴断面图形。启动"直线"命令绘制中心线，如图 2-19a 所示，调整线型比例，结果如图 2-19b 所示。

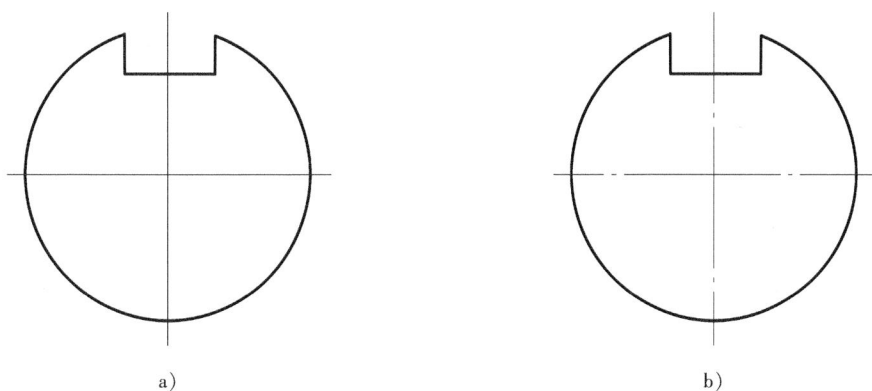

a)   b)

图 2-19　完成轴断面图

a）绘制两条中心线　b）调整线型比例的作图结果

【案例 2-4】　绘制如图 2-20 所示的阀盖视图。

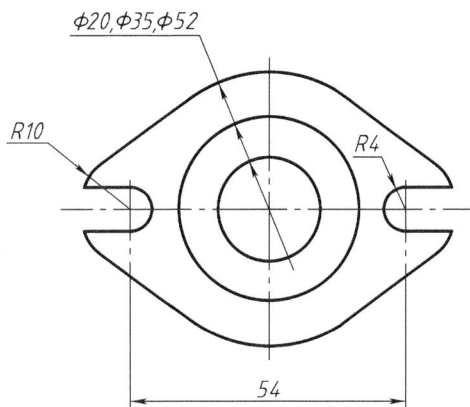

图 2-20　案例 2-4 的阀盖视图

1. 画法分析

阀盖视图是由圆和线段构成的对称图形。本案例启动"圆"、"直线"、"修剪"命令绘制基本图形后，再通过"镜像"命令进行编辑。

2. 操作步骤

（1）打开素材资料中的"图层样板.dwg"。

22

（2）绘制基本图形步骤如下。

1）启动"圆"命令绘制 $\phi20$、$\phi35$、$\phi52$ 和 $\phi8$、$\phi20$ 的圆，如图 2-21 所示。

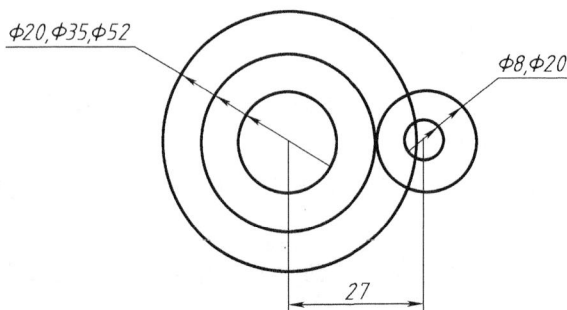

图 2-21　绘制 5 个圆

2）应用"直线"命令绘制如图 2-22 所示两条直线。并应用"直线"命令绘制如图 2-23 所示的三条中心线。

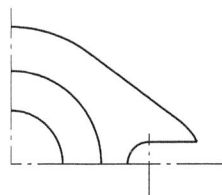

3）通过"修剪"后得到如图 2-24 所示的基本图形。

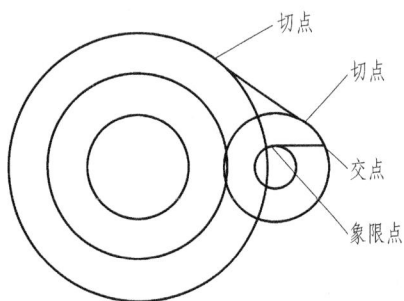

图 2-22　绘制两条直线　　　　图 2-23　绘制三条中心线　　　图 2-24　"修剪"后得到基本图形

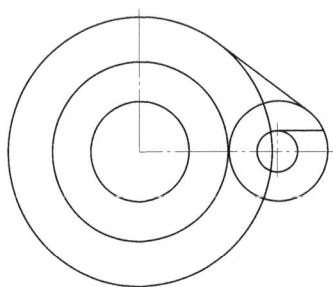

（3）经过两次"镜像"后得到如图 2-25 所示的阀盖图形。

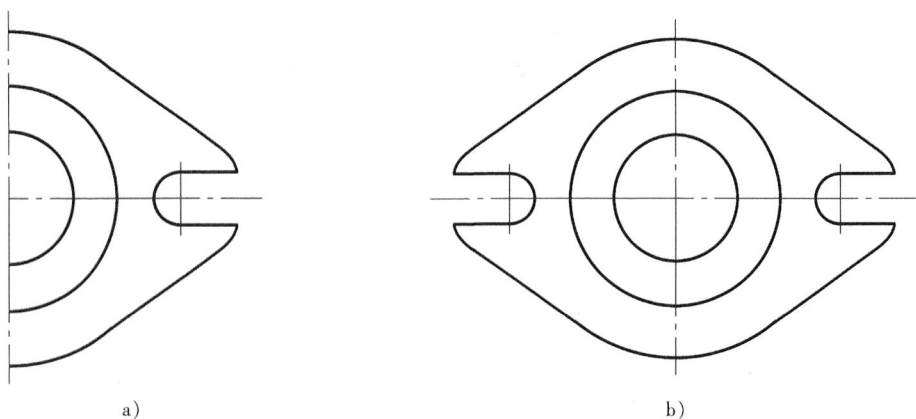

a)　　　　　　　　　　　　　　　b)

图 2-25　两次镜像后得到的阀盖图形
a）一次镜像结果　b）二次镜像结果

2.1.3 平面类视图

【案例2-5】 绘制如图2-26所示的螺母视图。

1. 画法分析

螺母视图由圆和多边形组成，将螺纹大径绘制成一个约3/4的圆。在AutoCAD中应用"打断"命令将指定的直线或圆弧部分删除或打断。本案例应用"多边形"命令绘制正六边形，应用"打断"命令实现3/4圆的绘制。

2. 操作步骤

（1）打开素材资料中的"图层样板.dwg"。

（2）绘制两个圆，直径分别为φ10和φ8.5，如图2-27所示。

（3）再绘制正六边形，结果如图2-28所示。

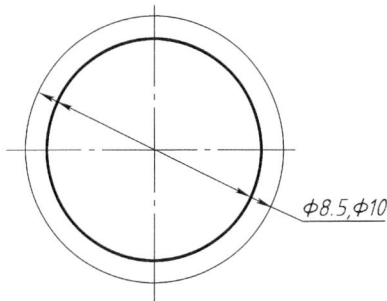

图2-26 案例2-5的螺母视图

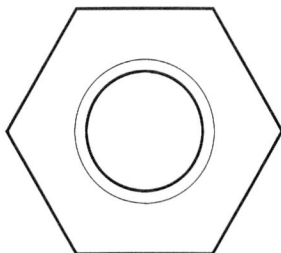

图2-27 绘制φ10和φ8.5两个圆

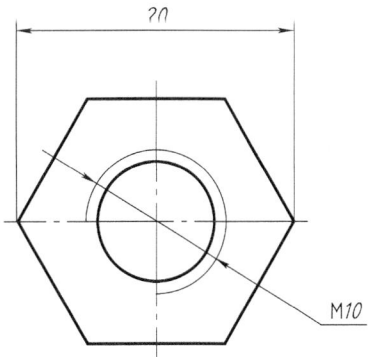

图2-28 绘制正六边形后的结果

启动"正多边形"命令的方法：

- 选择"绘图"→"正多边形"菜单选项。
- 选择"修改"工具条图标 ⬠ 。
- 在命令行中输入"polygon"命令。

命令行有如下显示：

命令：polygon ↙

输入边的数目 <4>：6 ↙

指定正多边形的中心点或 [边（E）]：（拾取圆心）

输入选项 [内接于圆（I）/外切于圆（C）] <I>：↙

指定圆的半径：10 ↙

（4）绘制两条中心线，结果如图2-29所示。

（5）绘制3/4螺纹大径圆，作图步骤如图2-30所示。

启动"打断"命令的方法：

- 选择"修改"→"打断"菜单选项。
- 选择"修改"工具条图标 ⬓ 。

● 在命令行中输入"break"命令。

命令行有如下显示：

命令：break ↙

选择对象：（在图 2-30a 中的"打断第一点"处单击）

指定第二个打断点 或 ［第一点（F）］：（在图 2-30a 中的"打断第二点"处单击），作图结果如图 2-30b 所示。

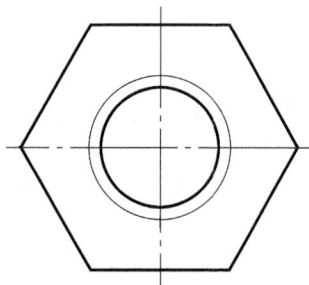

图 2-29 绘制两条中心线

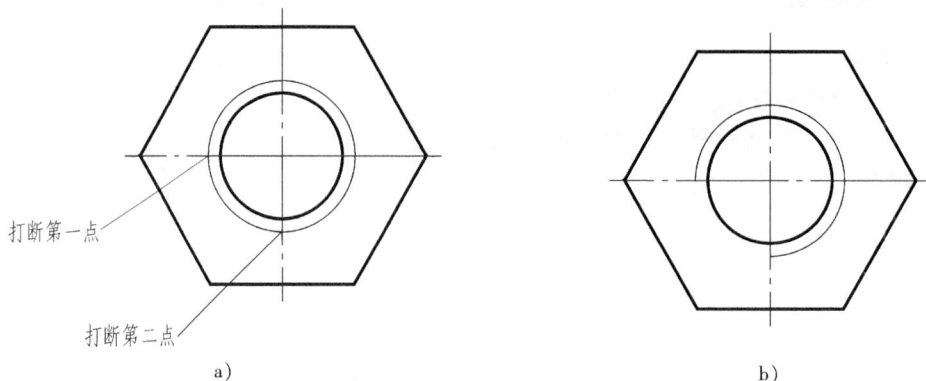

打断第一点

打断第二点

a)

b)

图 2-30 绘制 3/4 螺纹大径圆

a）拾取打断点 b）作图结果

【案例 2-6】 绘制图 2-31 所示底板视图，图中未注圆角为 R3。

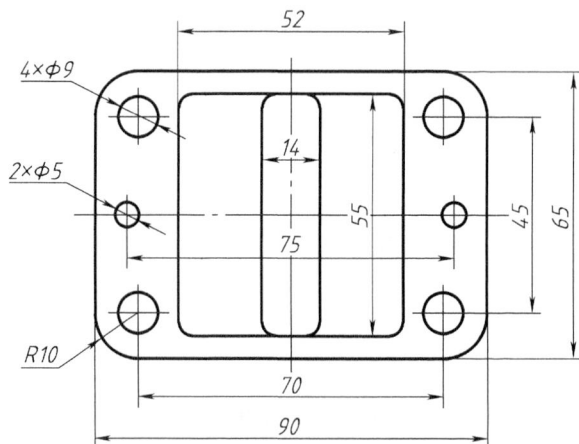

图 2-31 案例 2-6 的底板视图

1. 画法分析

底板视图由 3 个带圆角的矩形和圆组成，其中，4 个 $\phi 9$ 圆的圆心与 R10 圆角的圆心重合。在 AutoCAD 中，"移动"命令用于将一个或多个对象从原来位置移到新位置，"复制"命令用于将选定的对象复制到指定位置。本案例应用"矩形"命令绘制带圆角矩形，应用"移动"命令将 3 个矩形移到合适位置，应用"复制"命令绘制 4 个 $\phi 9$ 的圆。

2. 操作步骤

（1）打开素材资料中的"图层样板.dwg"。

（2）绘制 3 个带圆角的矩形，结果如图 2-32 所示。

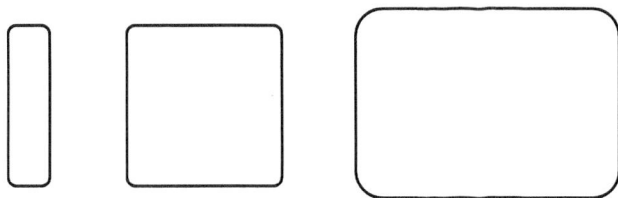

图 2-32　绘制 3 个带圆角的矩形

启动"矩形"命令的方法：

- 选择"绘图"→"矩形"菜单选项。

- 选择"绘图"工具条图标 □ 。

- 在命令行中输入"rectang"命令。

命令行有如下显示：

命令：rectang ↙

指定第一个角点或［倒角（C）/标高（E）/圆角（F）/厚度（T）/宽度（W）］：F↙

指定矩形的圆角半径 <0.0000>：3 ↙

指定第一个角点或［倒角（C）/标高（E）/圆角（F）/厚度（T）/宽度（W）］：（屏幕拾取）

指定另一个角点或［尺寸（D）］：@14,55 ↙

命令：rectang ↙

当前矩形模式：圆角 = 3.0000

指定第一个角点或［倒角（C）/标高（E）/圆角（F）/厚度（T）/宽度（W）］：（屏幕拾取）

指定另一个角点或［尺寸（D）］：@52,55 ↙

命令：rectang ↙

指定第一个角点或［倒角（C）/标高（E）/圆角（F）/厚度（T）/宽度（W）］：F↙

指定矩形的圆角半径 <3.0000>：10 ↙

指定第一个角点或［倒角（C）/标高（E）/圆角（F）/厚度（T）/宽度（W）］：（屏幕拾取）

指定另一个角点或［尺寸（D）］：@90,65 ↙

（3）移动两个矩形到指定位置，结果如图 2-33 所示。

1）移动图 2-32 所示中间矩形到右边大矩形中，作图步骤如图 2-33 所示。

启动"移动"命令的方法：

- 选择"修改"→"移动"菜单选项。

- 选择"绘图"工具条图标 ✛ 。

- 在命令行中输入"move"命令。

命令行有如下显示：

命令：move ↙

选择对象：(选取图 2-32 所示中间矩形)：找到 1 个

选择对象：↙

指定基点或 [位移（D）] <位移>：(拾取图 2-33a 所示两个中点的追踪线交点)

指定第二个点或 <使用第一个点作为位移>(拾取图 2-33b 所示大矩形两个中点的追踪线交点)

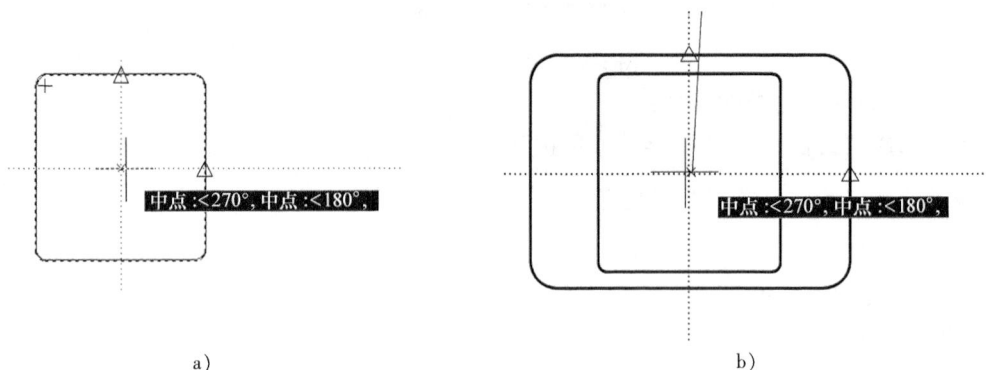

a) b)

图 2-33 移动两个矩形到指定位置

a) 拾取移动基点 b) 拾取指定点

2）采用同样方法，移动小矩形到大矩形中，结果如图 2-34 所示。

（4）绘制 $\phi9$ 的圆，结果如图 2-35 所示。

1）应用"圆"命令绘制一个 $\phi9$ 圆，圆心拾取 90×65 矩形的圆角圆心，结果如图 2-35a 所示。

2）应用"直线"命令绘制 $\phi9$ 圆的两条中心线。

3）应用"复制"命令绘制其余 3 个 $\phi9$ 的圆，结果如图 2-35b 所示。

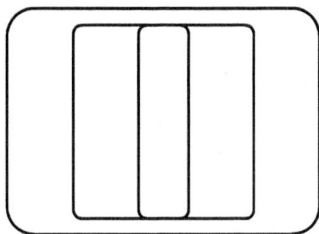

图 2-34 移动 3 个矩形后的结果

启动"复制"命令的方法：

- 选择"修改"→"复制"菜单选项。
- 选择"绘图"工具条图标 ⬚。
- 在命令行中输入"copy"命令。

命令行有如下显示：

命令：copy ↙

选择对象：(点选 $\phi9$ 圆及其两条中心线)

选择对象：↙

当前设置：复制模式 = 多个

指定基点或 [位移（D）/模式（O）] <位移>：(拾取 $\phi9$ 圆的圆心)

指定第二个点或 <使用第一个点作为位移>：(拾取 90×65 矩形右上角圆角圆心)

第二个点或 [退出（E）/放弃（U）] <退出>：(拾取 90×65 矩形右下角圆角圆心)

指定第二个点或［退出（E）/放弃（U）］<退出>：<u>（拾取 90×65 矩形左下角圆角圆</u>
<u>心）</u>

指定第二个点或［退出（E）/放弃（U）］<退出>：↙

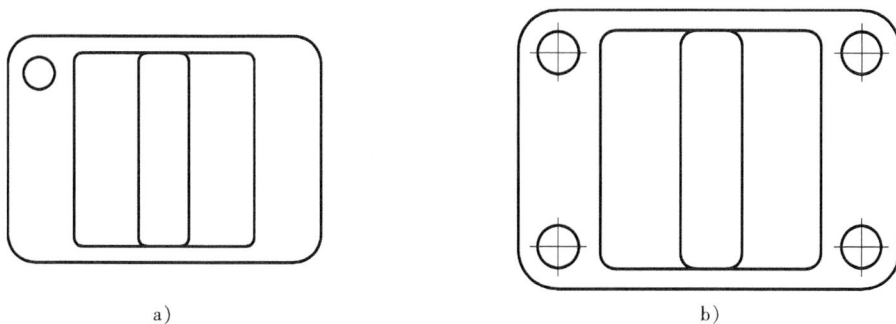

a)   b)

图 2-35   绘制 4 个 φ9 的圆

a）绘制一个 φ9 的圆   b）复制结果

（5）绘制两条对称中心线，结果如图 2-36 所示。

（6）应用"圆"命令绘制两个销孔圆。至此，完成底板视图的绘制，结果如图 2-37 所示。

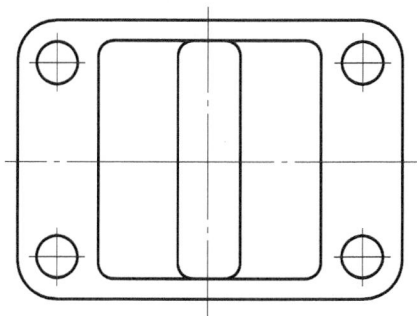

图 2-36   绘制两条对称中心线

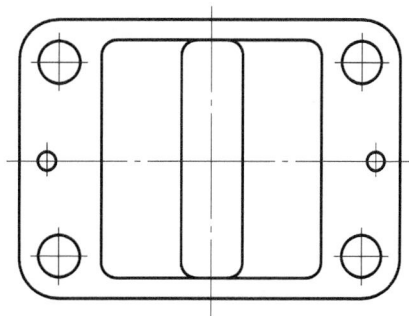

图 2-37   底板视图完成结果

【案例 2-7】   绘制如图 2-38 所示阶梯轴视图。

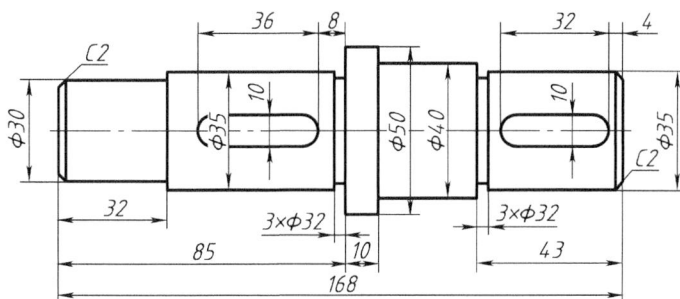

图 2-38   案例 2-7 的阶梯轴视图

1. 画法分析

阶梯轴类零件各轴段的长度和直径不一样，轴上有常见的倒角和键槽结构。在 AutoCAD 中"偏移"命令用于创建相对于已存在对象的平行图素或同心结构，"延伸"命令用于将需延伸的图形对象延伸到指定的边界，"倒角"命令用于在两条直线间添加一个倒角。本案例应用"偏移"和"延伸"命令绘制各轴段，应用"倒角"命令绘制倒角结构。

2. 操作步骤

（1）打开素材资料中的"图层样板.dwg"。

（2）绘制阶梯轴的直线外轮廓，作图步骤如图 2-39 所示。

1）应用"直线"命令绘制中心线和一条辅助线，尺寸参考如图 2-39a 所示。

2）应用"偏移"命令作轴段长度辅助线。

启动"偏移"命令的方法：

- 选择"修改"→"偏移"菜单选项。
- 选择"绘图"工具条图标 ⌂。
- 在命令行中输入"offset"命令。

命令行有如下显示：

命令：offset ↙

当前设置：删除源 = 否　图层 = 源　OFFSETGAPTYPE = 0

指定偏移距离或 ［通过（T）/删除（E）/图层（L）］<0.0000>：32 ↙

选择要偏移的对象，或 ［退出（E）/放弃（U）］<退出>：（选取辅助线）

指定要偏移的那一侧上的点，或 ［退出（E）/多个（M）/放弃（U）］<退出>：（在辅助线右边单击鼠标）

选择要偏移的对象，或 ［退出（E）/放弃（U）］<退出>：↙

偏移一条辅助线结果如图 2-39b 所示。

3）用同样方法启动"偏移"命令，按所给尺寸绘制辅助线，结果如图 2-39c 所示。

4）根据尺寸要求，应用"直线"命令绘制阶梯轴外轮廓线，结果如图 2-39d 所示。

5）删除辅助线，结果如图 2-39e 所示。

6）应用"延伸"命令，完成阶梯轴上部分轮廓线的绘制，结果如图 2-39f 所示。

启动"延伸"命令的方法：

- 选择"修改"→"延伸"菜单选项。
- 选择"绘图"工具条图标 ⇥。
- 在命令行中输入"extend"命令。

命令行有如下显示：

命令：extend ↙

当前设置：投影 = UCS，边 = 无

选择边界的边…

选择对象或 <全部选择>：（拾取中心线）

选择要延伸的对象，或按住 <Shift> 键选择要修剪的对象，或

［栏选（F）/窗交（C）/投影（P）/边（E）/放弃（U）］：（拾取 φ35 圆线段）

……（依次选取各线段）

选择要延伸的对象，或按住 < Shift > 键选择要修剪的对象，或

[栏选（F）/窗交（C）/投影（P）/边（E）/放弃（U）]：↙

a)

b)

c)

d)

e)

f)

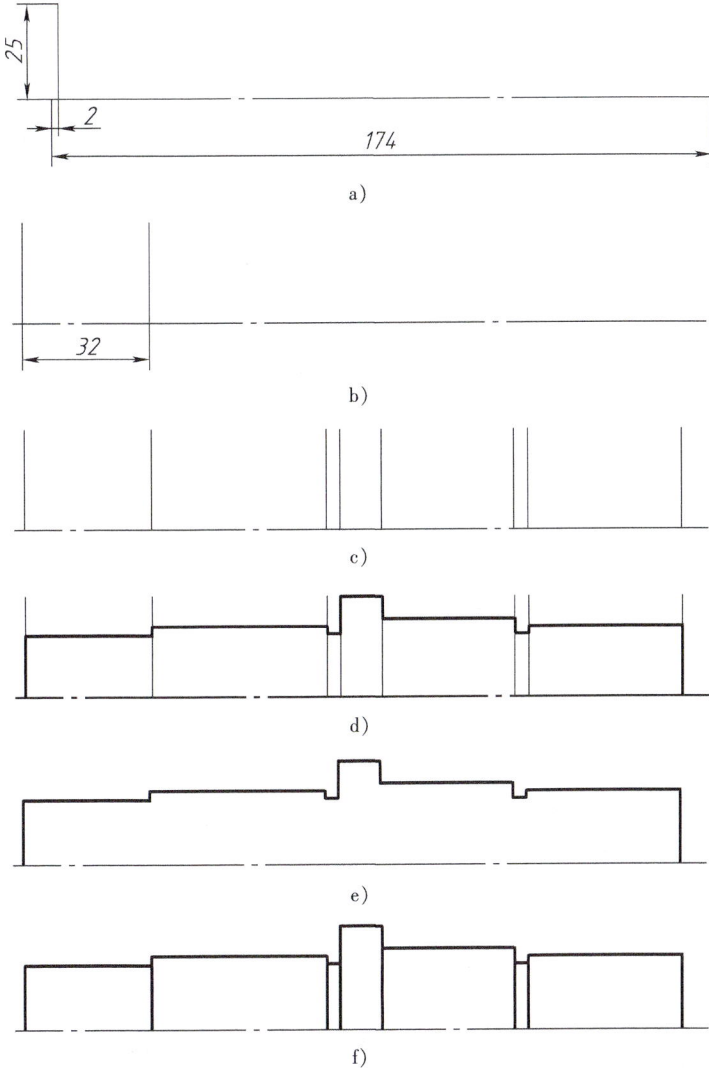

图 2-39　绘制阶梯轴上直线外轮廓

a）绘制中心线和辅助线　b）偏移一条辅助线　c）偏移结果

d）绘制阶梯轴外轮廓线　e）删除辅助线　f）延伸结果

（3）绘制轴两端 C2 倒角，作图步骤如图 2-40 所示。

1）应用"倒角"命令编辑 $\phi 30$ 圆线段。

启动"倒角"命令的方法：

- 选择"修改"→"倒角"菜单选项。

- 选择"绘图"工具条图标 。

- 在命令行中输入"chamfer"命令。

命令行有如下显示：

命令：chamfer ↙

（“修剪”模式）当前倒角距离 1 = 0.0000，距离 2 = 0.0000

选择第一条直线或［多段线（P）/距离（D）/角度（A）/修剪（T）/方法（M）]：D↙

指定第一个倒角距离 <0.0000>：2↙

指定第二个倒角距离 <2.0000>：↙

选择第一条直线或［多段线（P）/距离（D）/角度（A）/修剪（T）/方法（M）]：（选取直线 A）

选择第二条直线：（选取直线 B）

2）应用"直线"命令补画倒角线，结果如图 2-40b 所示。

3）用同样方法，绘制轴右端 C2 倒角，结果如图 2-40c 所示。

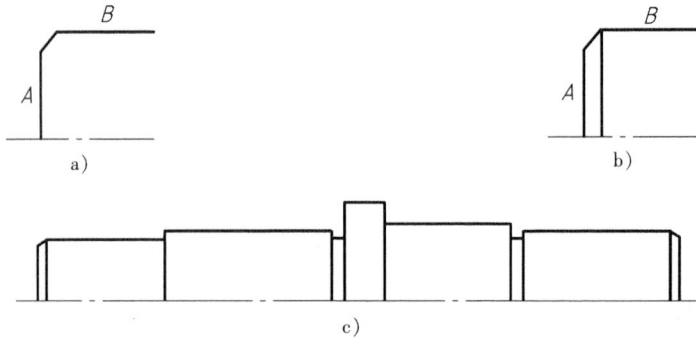

图 2-40　绘制倒角

a）绘制倒角线结果　b）补画倒角线　c）轴端 C2 倒角结果

（4）应用"镜像"命令镜像阶梯轴外轮廓图形，结果如图 2-41 所示。

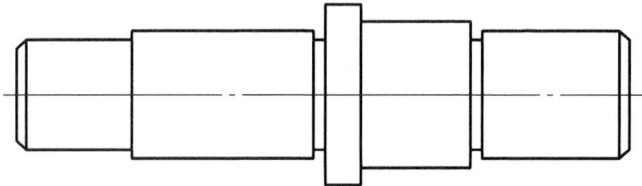

图 2-41　镜像阶梯轴外轮廓图形

（5）绘制键槽，作图步骤如图 2-42 所示。

1）在绘图区合适的位置应用"矩形"命令绘制键槽 A，矩形长度为 36，圆角半径为 5。

2）复制所绘键槽到轴上合适的位置，操作过程如图 2-42a 所示。

3）拉伸键槽 A，使其长度为 32mm，如图 2-42b 所示。

启动"拉伸"命令的方法：

● 选择"修改"→"拉伸"菜单选项。

● 选择"绘图"工具条图标 。

● 在命令行中输入"stretch"命令。

命令行有如下显示:

命令：stretch ↙

以交叉窗口或交叉多边形选择要拉伸的对象…

选择对象：(框选图 2-42b 所示 P1、P2 两个角点)

选择对象：↙

指定基点或位移：(拾取图 2-42c 所示任意点 P3)

指定位移的第二个点或 <用第一个点作位移>：(光标向左移) 4 ↙

4）移动键槽到合适位置，结果如图 2-42d 所示。

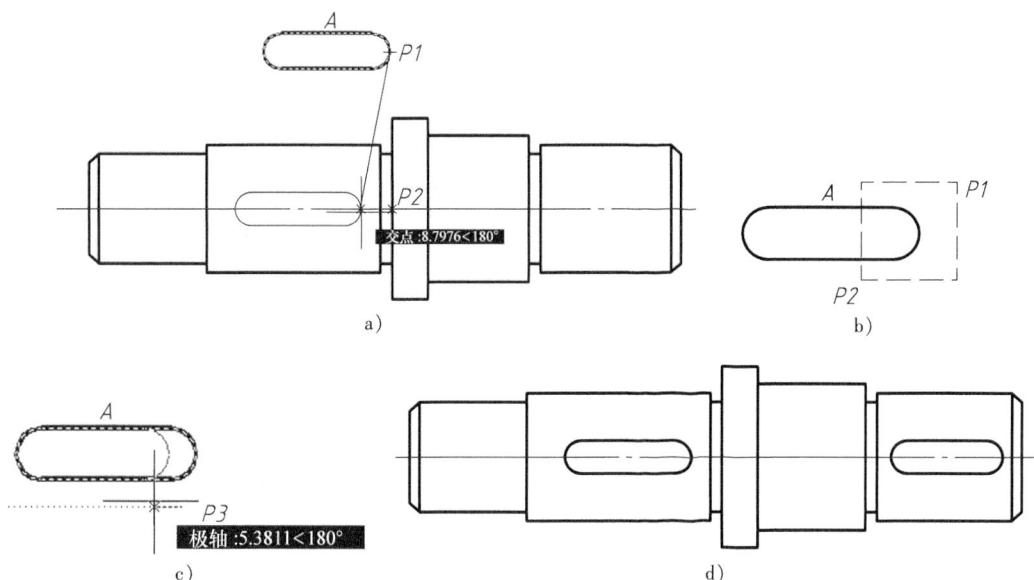

图 2-42　绘制键槽

a）复制键槽到指定位置　b）选取拉伸对象　c）确定拉伸方向和距离　d）移动键槽到指定位置

【案例 2-8】　绘制图 2-43 所示的托架俯视图，图中未注圆角为 R5。

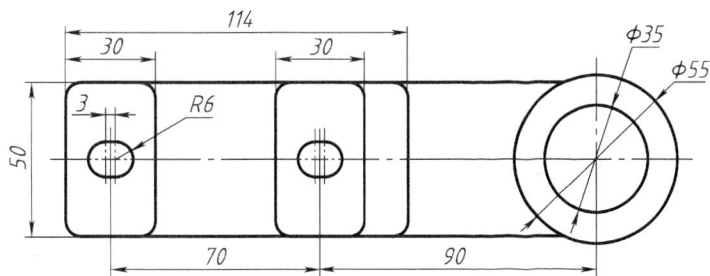

图 2-43　案例 2-8 的托架俯视图

1. 画法分析

托架俯视图是对称图形，带有铸造圆角，两个长圆形孔给出定位尺寸和圆角尺寸。在 AutoCAD 中，"圆角"命令用于给两个图形对象添加指定半径的圆弧。本案例通过"圆角"命令绘制铸造圆角和长圆。

2. 操作步骤

（1）打开素材资料中的"图层样板．dwg"。

（2）绘制托架俯视图单边基本图形。

1）应用"直线"和"圆"命令绘制直线和圆，如图2-44a所示。

2）应用"直线"和"偏移"命令绘制中心线和直线，如图2-44b所示。

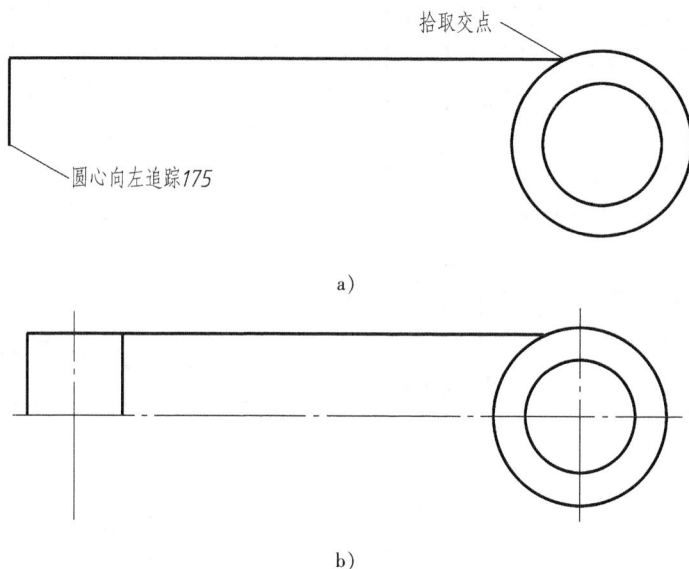

a)

b)

图2-44 绘制托架俯视图单边基本图形

a）绘制直线和圆 b）绘制中心线和直线

（3）绘制圆角，作图步骤如图2-45所示。

1）绘制左上角圆角，如图2-45a所示。

启动"圆角"命令的方法：

● 选择"修改"→"圆角"菜单选项。

● 选择"绘图"工具条图标 。

● 在命令行中输入"fillet"命令。

命令行有如下显示：

命令：fillet↙

当前设置：模式＝修剪，半径＝0.0000

选择第一个对象或［放弃（U）／多段线（P）／半径（R）／修剪（T）／多个（M）］r↙

指定圆角半径＜0.0000＞：5↙

选择第一个对象或［放弃（U）／多段线（P）／半径（R）／修剪（T）／多个（M）］：（选取图2-45a所示直线A）

选择第二个对象，或按住＜Shift＞键选择要应用角点的对象：（选取图2-45a所示直线B）

2）用同样方法绘制右上角圆角，结果如图2-45b所示。

3）应用"延伸"命令延伸直线到大圆弧，结果如图2-45c所示。

（4）绘制长圆形，作图步骤如图2-46所示。

1）在绘图区合适的位置绘制两条长度为3的直线，如图2-46a所示。

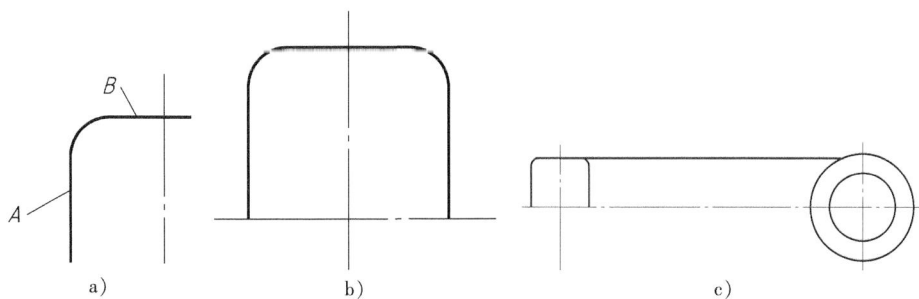

图 2-45　绘制圆角

a）绘制左上角圆角　b）绘制右上角圆角　c）延伸直线

2）应用"圆角"命令，设置圆角值为 0，选择图 2-46a 所示两条直线，结果如图 2-46b 所示。

3）绘制长圆形中心线，如图 2-46c 所示。

4）移动长圆形到图 2-46d 所示指定位置。

5）应用"打断"命令修改中心线长度，结果如图 2-46e 所示。

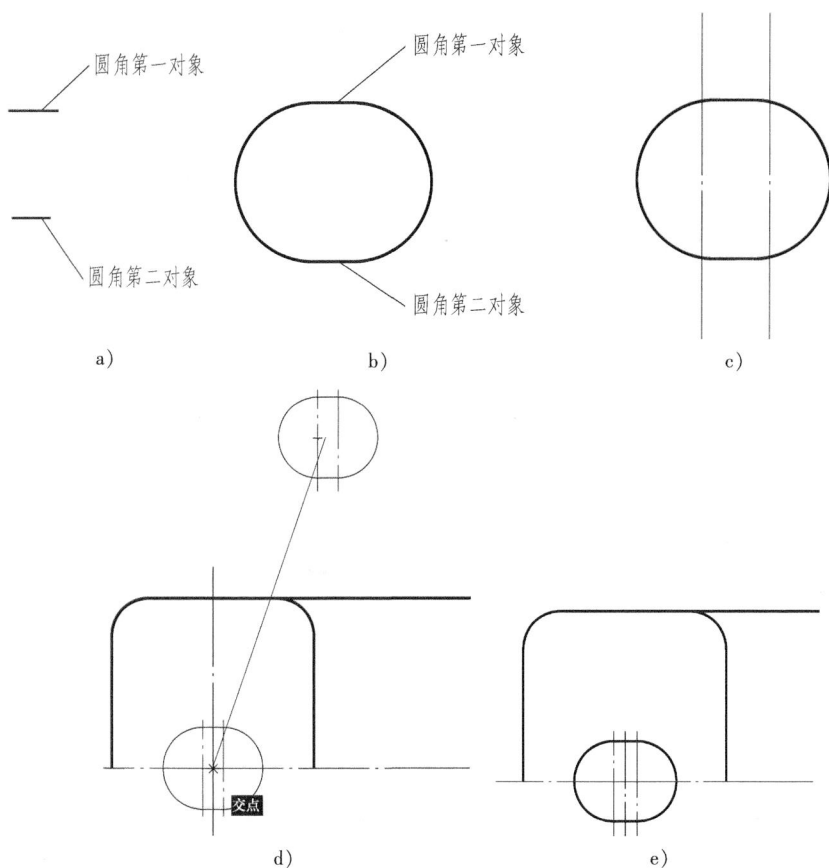

图 2-46　绘制长圆形

a）绘制两条直线　b）运用圆角命令绘制直线两端圆弧　c）绘制中心线

d）移动长圆形到指定位置　e）修改中心线长度

（5）复制左边图形到中间指定位置，结果如图 2-47 所示。

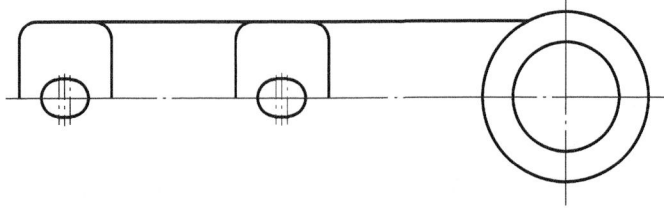

图 2-47 复制左边图形至中间位置

（6）偏移直线和圆角，完成对称图形单边的绘制，结果如图 2-48 所示。

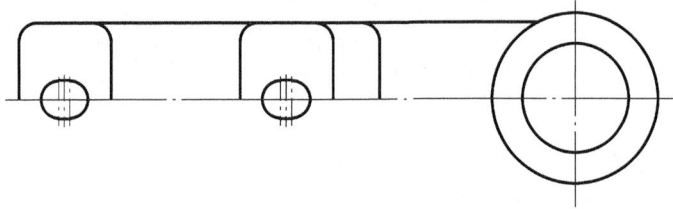

图 2-48 偏移直线和圆角

（7）应用"镜像"命令完成托架俯视图的绘制，镜像结果如图 2-49 所示。

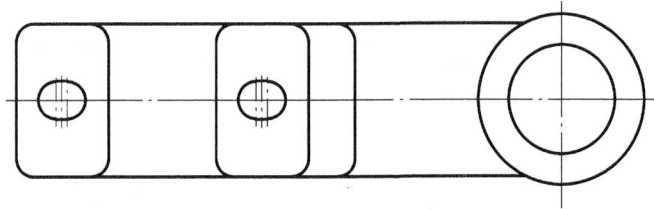

图 2-49 镜像完成托架俯视图

【案例 2-9】 绘制图 2-50 所示的曲柄视图。

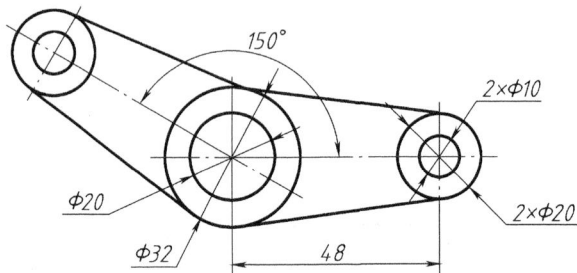

图 2-50 案例 2-9 的曲柄视图

1. 画法分析

曲柄视图由两组成一定角度的同心圆组成。在 AutoCAD 中，"旋转"命令用于将对象绕指定点旋转从而改变对象的方向。本案例主要应用"旋转"命令绘制。

2. 操作步骤

（1）打开素材资料中的"图层样板 . dwg"。

（2）绘制曲柄基本图形。

1）应用"圆"命令绘制 4 个圆，结果如图 2-51a 所示。

2）绘制中心线，结果如图 2-51b 所示。

3）绘制两条切线，结果如图 2-51c 所示。

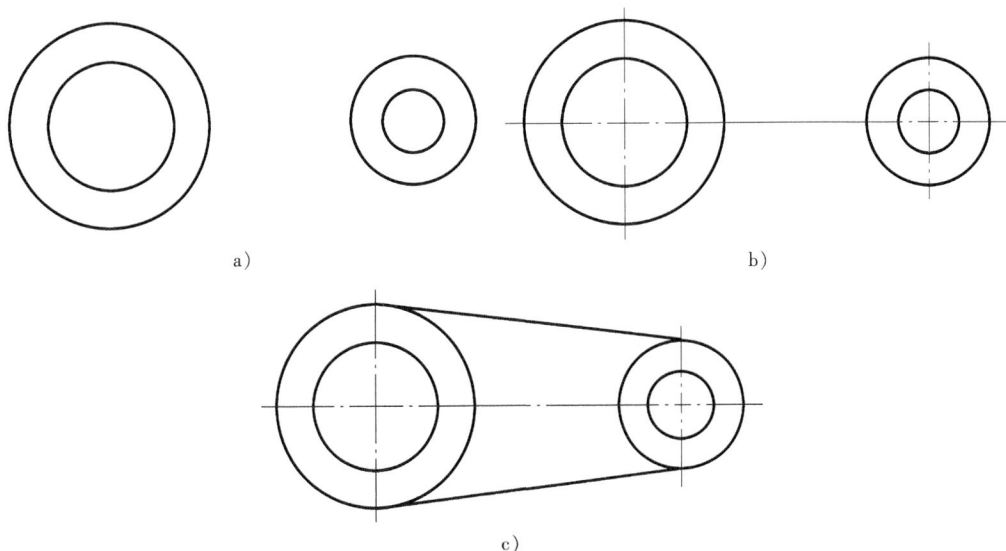

a)
b)

c)

图 2-51　曲柄视图

a）绘制 4 个圆　b）绘制中心线　c）绘制两条切线

（3）旋转曲柄轴孔及连接线，作图步骤如图 2-52 所示。

启动"旋转"命令的方法：

● 选择"修改"→"旋转"菜单选项。

● 选择"绘图"工具条图标 ⟳。

● 在命令行中输入"rotate"命令。

命令行有如下显示：

命令：rotate↙

UCS 当前的正角方向：ANGDIR = 逆时针　ANGBASE = 0

选择对象：(如图 2-52a 所示框选要旋转的对象)

选择对象：↙

指定基点：(拾取左边中心线交点)

指定旋转角度，或［复制（C）/参照（R）］＜0＞：c↙

指定旋转角度，或［复制（C）/参照（R）］＜0＞：150↙

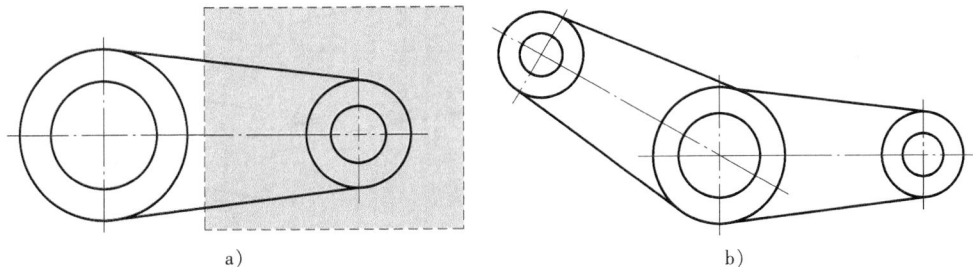

a)
b)

图 2-52　旋转曲柄轴孔及连接线

a）选择旋转对象　b）旋转结果

【案例 2-10】　综合运用常用的绘图和修改命令绘制如图 2-53 所示的前端盖图形，图中

未注圆角为 *R*2。

1. 画法分析

前端盖图形由同心圆、3 处均布的凸台及耳板组成。本案例结合所学"直线"、"圆"、"偏移"、"阵列"等命令进行绘制。

2. 操作步骤

（1）打开素材资料中的"图层样板 . dwg"。

（2）应用"圆"命令绘制同心圆，结果如图 2-54 所示。

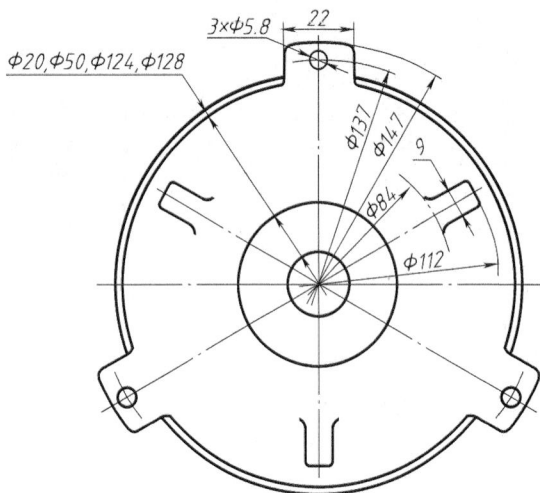

图 2-53　案例 2-10 的前端盖图形

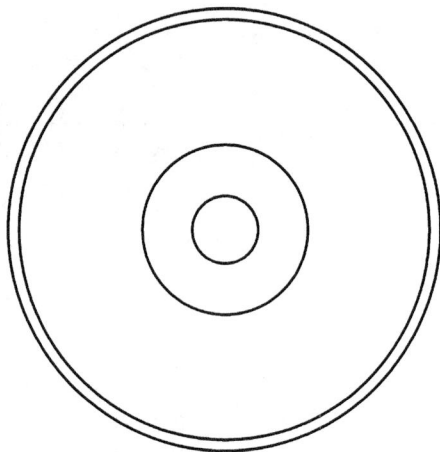

图 2-54　绘制同心圆

（3）绘制单个耳板，作图步骤如图 2-55 所示。

1）应用"直线"、"圆"、"偏移"命令绘制如图 2-55a 所示耳板基本图形。

2）应用"圆角"命令绘制耳板圆角，并转变图层，结果如图 2-55b 所示。

3）绘制 ϕ5.8mm 小圆，结果如图 2-55c 所示。

4）应用"镜像"命令得到如图 2-55d 所示图形。

5）应用"修剪"、"打断"命令修改耳板图形，结果如图 2-55e 所示。

a)　　　　　　　　　　　b)　　　　　　　　　　　c)

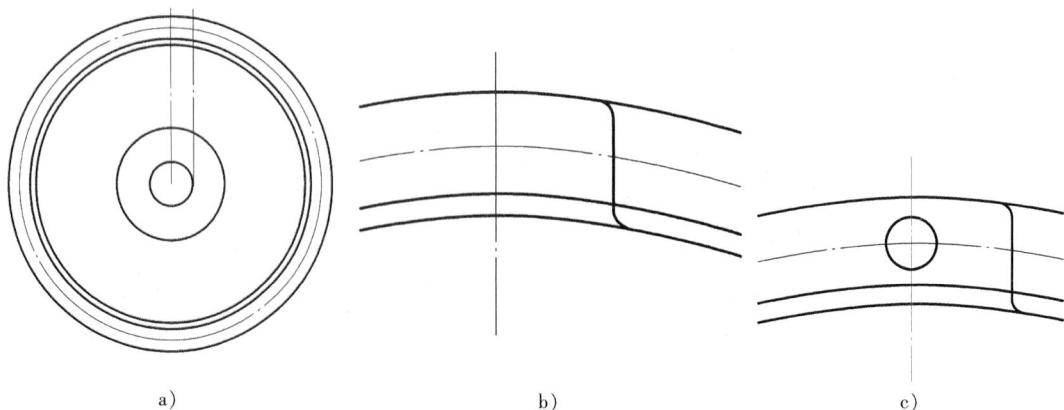

图 2-55　绘制单个耳板图形

a）绘制耳板基本图形　b）绘制耳板圆角　c）绘制小圆

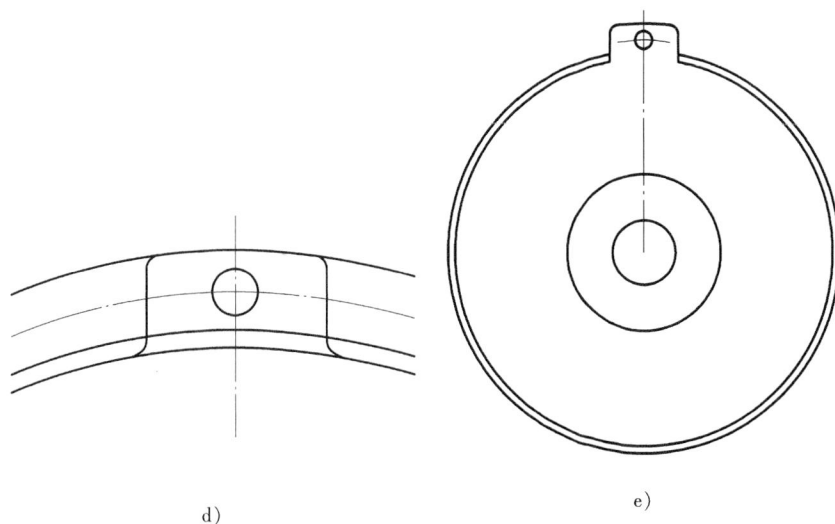

d)

图 2-55 （续）

d）镜像图形　e）单个耳板绘制结果

（4）绘制单个凸台，作图步骤如图 2-56 所示。

1）应用"直线"、"圆"命令绘制如图 2-56a 所示基本图形。

2）应用"偏移"命令得到平行线。应用"圆"命令绘制 $\phi84$ 辅助圆，结果如图 2-56b 中"细双点画线"所示。

3）应用"圆角"命令作四处圆角，结果如图 2-56c 所示。

4）修剪并转变图层，结果如图 2-56d 所示。

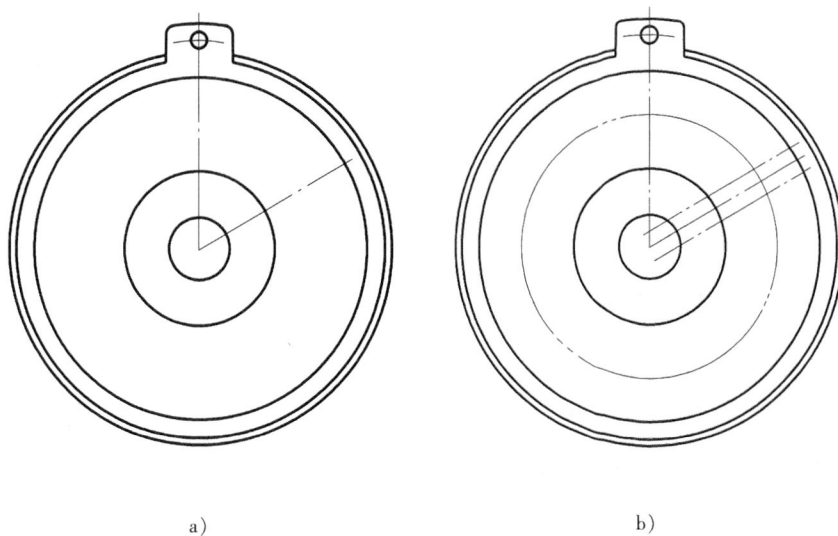

a)　　　　　　　　　　b)

图 2-56　绘制单个凸台

a）绘制凸台基本图形　b）作平行线和辅助圆

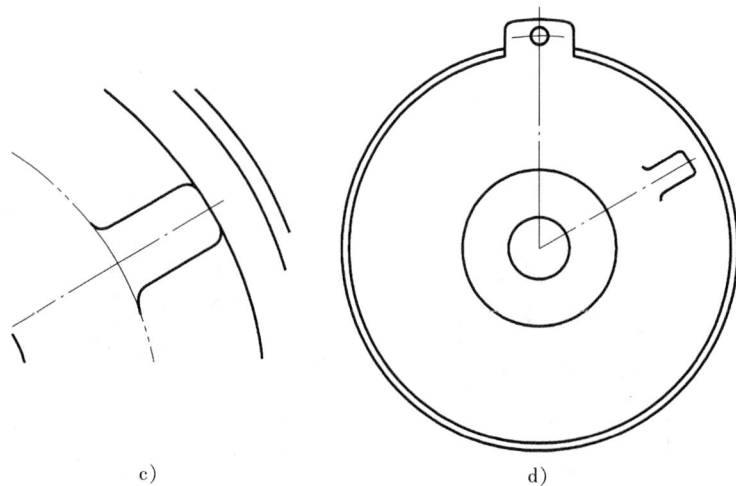

图 2-56 （续）

c）绘制圆角 d）修剪并转变图层

（5）阵列耳板和凸台，作图步骤如图 2-57 所示。

1）绘制中心线，并修剪成如图 2-57a 所示图形。

2）环形阵列耳板和凸台，结果如图 2-57b 所示。

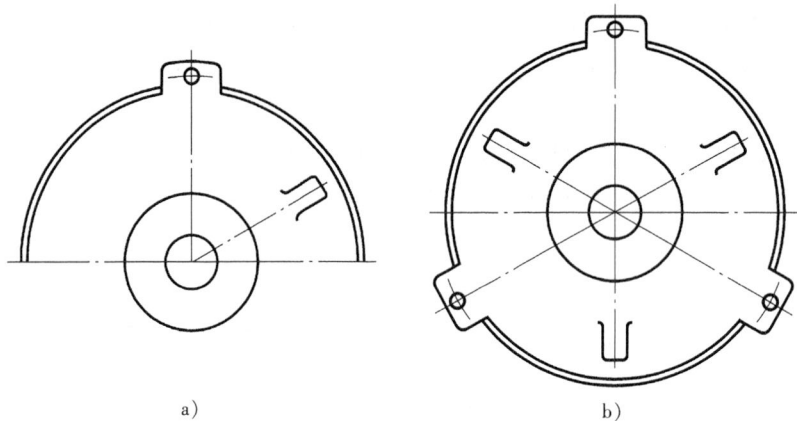

图 2-57 阵列耳板和凸台

a）修剪图形 b）环形阵列耳板和凸台

2.2 单个视图图形尺寸的标注

2.2.1 图形基本尺寸的标注

【案例 2-11】 打开素材资料中的"案例 2-11. dwg"，进行尺寸标注，结果如图 2-58 所示。

1. 画法分析

尺寸标注首先需要建立一个符合国家标准的尺寸样式，即对尺寸线、尺寸界线、箭头和文字 4 个要素的格式进行设置。在 AutoCAD 中，"线性尺寸标注"命令用于标注图形水平尺寸或垂直尺寸；"半径标注"命令用于标注图形中圆或圆弧的半径尺寸；"直径标注"命令用于标注图形中圆或圆弧的直径尺寸；"角度标注"命令用于标注图形中两直线夹角、圆心角或三点之间的角度。本案例将建立符合机械制图要求的尺寸样式来进行图形基本尺寸的标注。

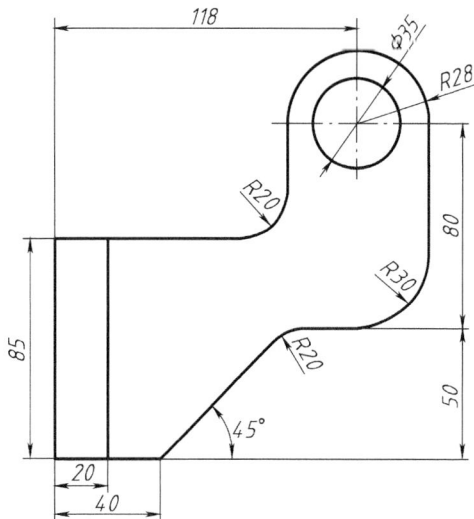

图 2-58　案例 2-11 的尺寸标注

2. 操作步骤

（1）打开素材资料中的"案例 2-11. dwg"。

（2）建立符合机械制图要求的尺寸标注样式。

启动"标注样式"命令的方法：

● 选择"标注"→"标注样式"菜单选项。

● 选择"标注"工具条图标🖉。

● 在命令行中输入"dimstyle"命令。

1）运行"标注样式"命令，打开如图 2-59 所示"标注样式管理器"对话框。

2）单击"新建"按钮，打开"创建新标注样式"对话框。在"新样式名"文本框内输入"机械-5"，如图 2-60 所示。

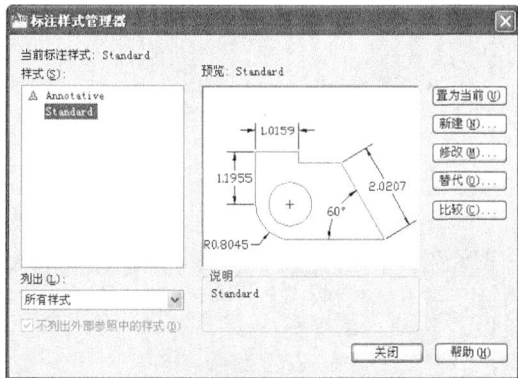

图 2-59　"标注样式管理器"对话框

图 2-60　"创建新标注样式"对话框

3）单击"继续"按钮，弹出"新建标注样式：机械-5"对话框。在"线"选项卡中（见图 2-61）"尺寸线"功能区→"基线间距"文本框设为 10.0000；"延伸线"功能区→"超出尺寸线"文本框设为 2.0000、"起点偏移量"设为 0。

4）切换到"符号和箭头"选项卡，如图 2-62 所示；"箭头"功能区→"箭头大小"文本框设为 3.5000。

5）切换到"文字"选项卡，如图 2-63 所示。"文字样式"选择"机械"；"文字外观"功能区→"文字高度"设为 5.0000；"文字位置"功能区→"从尺寸线偏移"设为 1.0000；"文字对齐"功能区点选"与尺寸线对齐"。

6）切换到"调整"选项卡，有 4 个功能区选项，如图 2-64 所示。

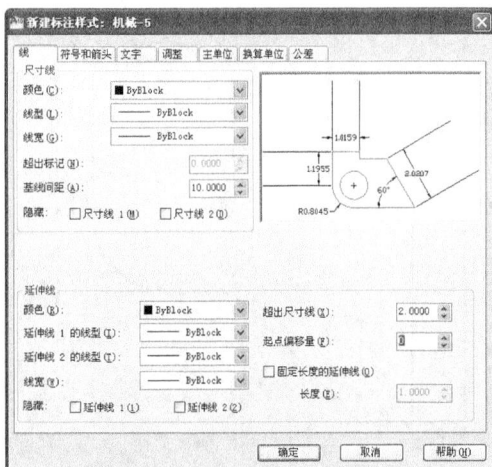

图 2-61　"线"选项卡

图 2-62　"符号和箭头"选项卡

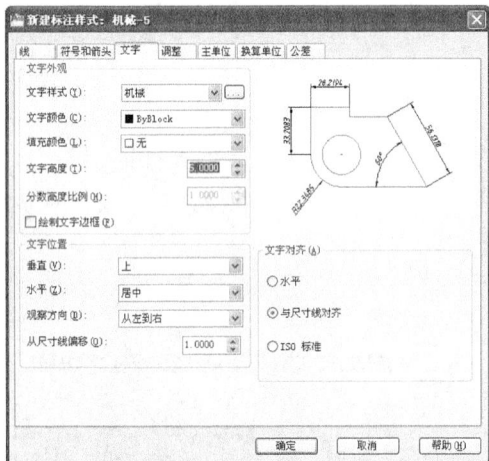

图 2-63　"文字"选项卡

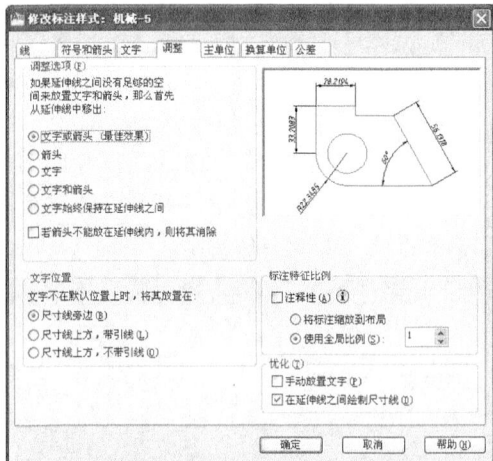

图 2-64　"调整"选项卡

7）切换到"主单位"选项卡，有 5 个功能区选项，如图 2-65 所示。单击"确定"按钮，回到"标注样式管理器"对话框，在左边式样栏中增加了"机械-5"，单击"置为当前"按钮，并关闭对话框。

（3）标注线性尺寸，操作步骤如图 2-66 所示。

启动"线性标注"命令的方法：

- 选择"标注"→"线性"菜单选项。
- 选择"标注"工具条图标▯。
- 在命令行中输入"dimlinear"命令。

1）启动"线性标注"命令标注尺寸 85，

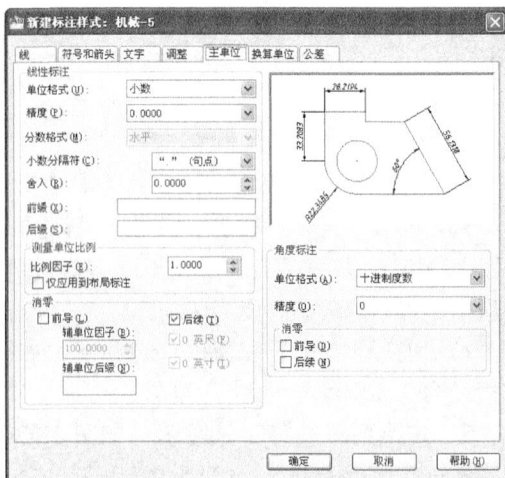

图 2-65　"主单位"选项卡

按图 2-66a 所示选取原点。

2）用同样方法标注尺寸 118，结果如图 2-66b 所示。

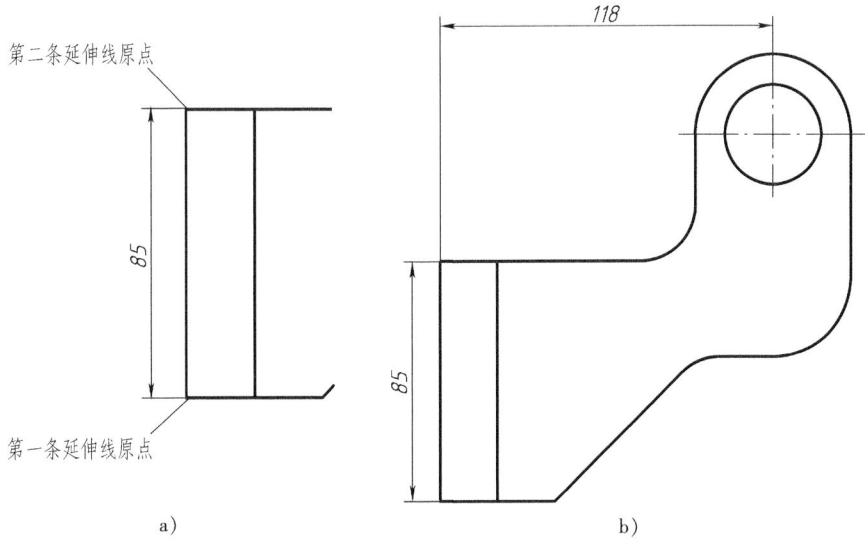

图 2-66　标注线性尺寸

a）选取原点，标注尺寸 85　b）标注尺寸 118

（4）标注基线尺寸。

启动"基线标注"命令的方法：

- 选择"标注"→"基线"菜单选项。
- 选择"标注"工具条图标凹。
- 在命令行中输入"dimbaseline"命令。

1）启动"线性标注"命令标注尺寸 20，按图 2-67 所示选取原点。

2）启动"基线标注"命令标注尺寸 40，按图 2-67 所示拾取基线标注原点。

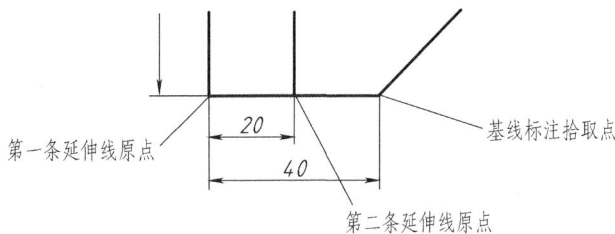

图 2-67　拾取基线标注原点

（5）标注连续尺寸。

启动"连续标注"命令的方法：

- 选择"标注"→"连续"菜单选项。
- 选择"标注"工具条图标凹。
- 在命令行中输入"dimcontinue"命令。

1）启动"线性标注"命令标注尺寸 80，按图 2-68 所示选取原点。

2）启动"连续标注"命令标注尺寸 50，按图 2-68 所示拾取连续标注原点。

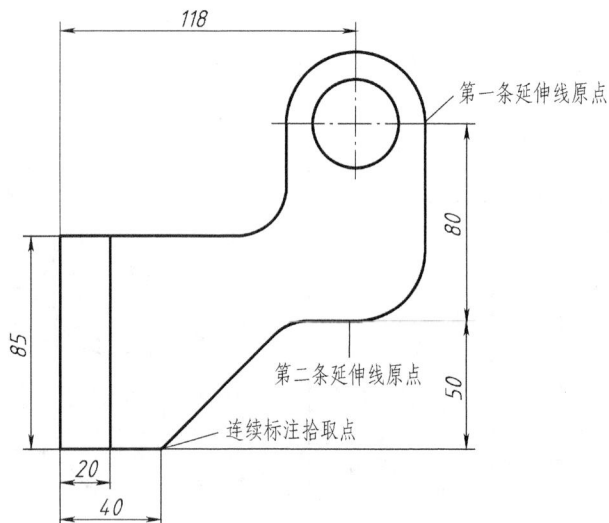

图 2-68　标注连续尺寸

（6）标注半径尺寸。启动"半径标注"命令，结果如图 2-69 所示。

启动"半径标注"命令的方法：

- 选择"标注"→"半径"菜单选项。
- 选择"标注"工具条图标 ⊙ 。
- 在命令行中输入"dimradius"命令。

（7）标注直径尺寸。启动"直径标注"命令，结果如图 2-70 所示。

启动"直径标注"命令的方法：

- 选择"标注"→"直径"菜单选项。
- 选择"标注"工具条图标 ⊘ 。
- 在命令行中输入"dimdiameter"命令。

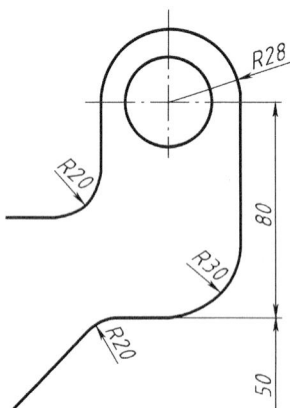

图 2-69　标注半径尺寸

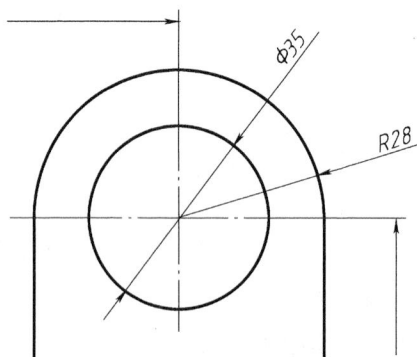

图 2-70　标注直径尺寸

（8）标注角度尺寸，角度尺寸数字必须水平放置。一般的情况，新建一个标注样式，新样式名"机械-5 水平"，如图 2-71a 所示；在"文字"选项卡中，"文字对齐"功能区点选"水平"单选项，如图 2-71b 所示。

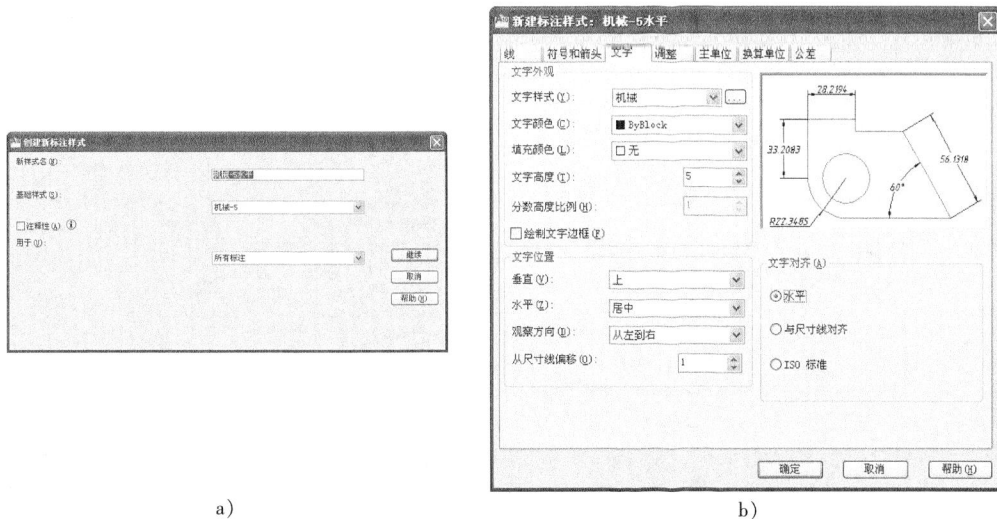

a)   b)

图 2-71　标注角度尺寸

a）新建"机械-5 水平"尺寸样式　b）文字水平对齐设置

启动"角度标注"命令的方法：

- 选择"标注"→"角度"菜单选项。
- 选择"标注"工具条图标△。
- 在命令行中输入"dimangular"命令。

将"机械-5 水平"尺寸样式置为当前，标注角度45°，结果如图2-58所示。

【**案例 2-12**】　打开素材资料中的"案例 2-12. dwg"，进行尺寸标注，结果如图2-72所示。

1. 画法分析

本案例中的尺寸"11"和"$2 \times \phi 4$"，应用案例2-11的尺寸样式及标注方法不能实现。

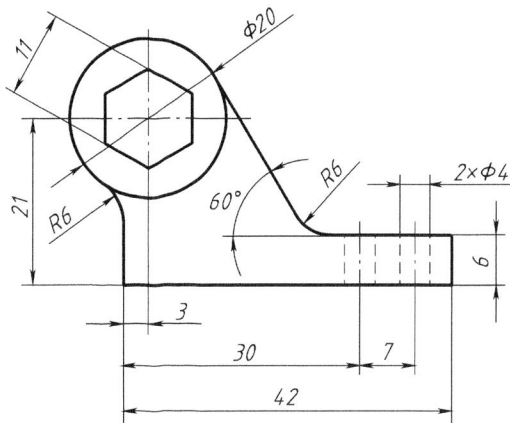

图 2-72　案例 2-12 的尺寸标注

在 AutoCAD 中，"对齐标注"命令用于标注尺寸线平行于两个尺寸界线起点之间的连线，通过输入标注文字来改变默认的尺寸数字。

2. 操作步骤

（1）打开素材资料中的"案例 2-11. dwg"。

（2）修改"机械-5"标注样式为"机械-3.5"，以适应图形大小。

1）选用素材资料中提供的标注样式"机械-5"文件，启动"线性尺寸标注"命令，标注尺寸21，结果如图2-73a所示。相对于图形，尺寸标注显得偏大，建议字号减小一号。

2）运行"标注样式"命令，打开"标注样式管理器"对话框，单击"修改"按钮，在"修改标注样式：机械-5"对话框的"调整"选项卡中修改"使用全局比例"为"0.7"，如图2-73b所示。单击"确定"按钮，回到"标注样式管理器"对话框，修改"机械-5"为"机械-3.5"，如图2-73c所示。单击"关闭"按钮。在图形区，尺寸标注比例缩小0.7倍，效果如图2-73d所示。

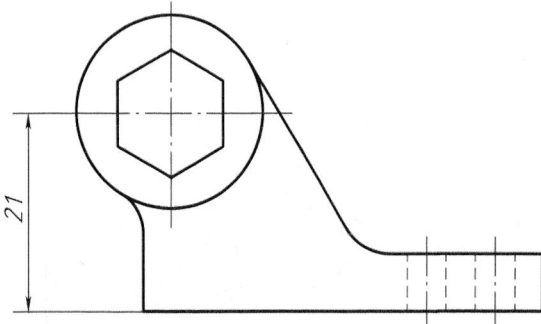

a)

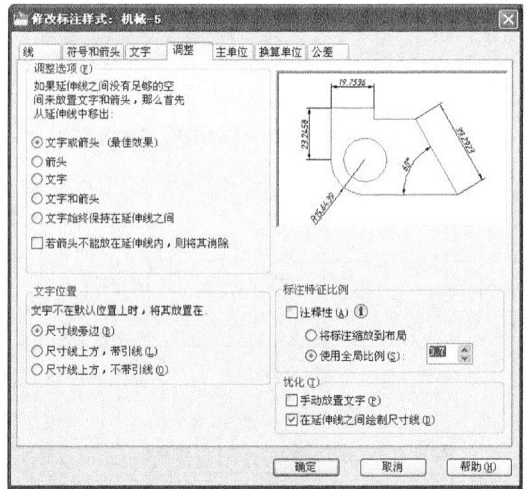

b)

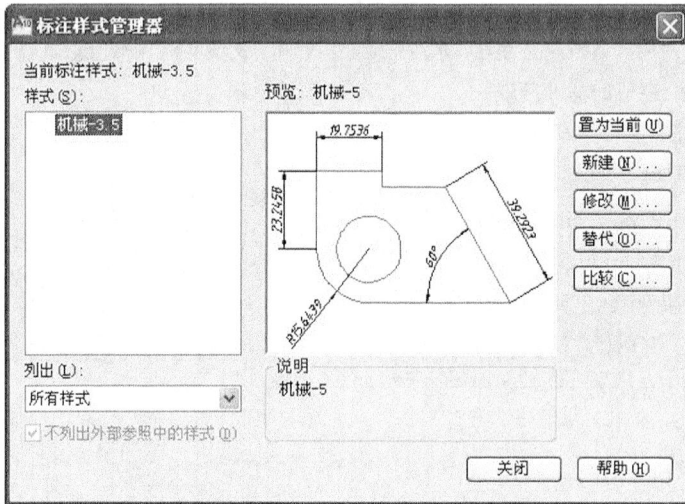

c)

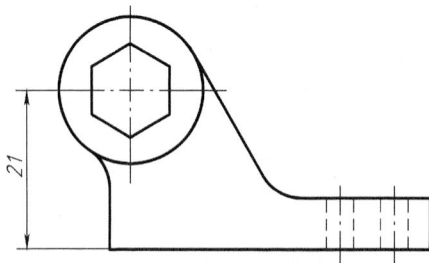

d)

图 2-73　修改已有标注样式的标注比例

a）偏大字号的标注效果　b）"调整"选项卡　c）修改样式名　d）修改字号后的标注效果

（3）启用"线性标注"、"基线标注"、"连续标注"命令，标注尺寸 6、3、30、7、42，结果如图 2-74 所示。

（4）启用"半径标注"、"直径标注"命令，标注半径尺寸 R6 和直径尺寸 φ20，结果如图 2-75 所示。

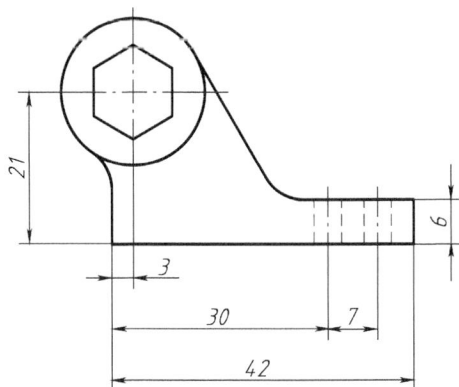

图 2-74　标注线性尺寸

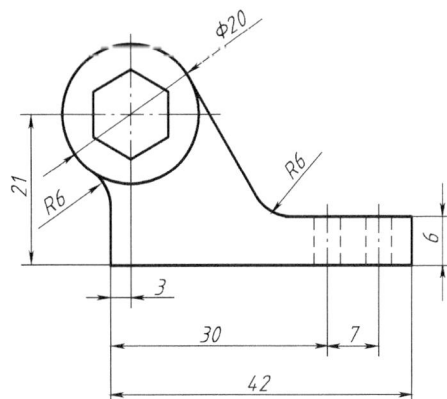

图 2-75　标注半径、直径尺寸

（5）启用"线性标注"命令，标注尺寸 2×φ4，结果如图 2-76 所示。

命令：dimlinear↙

指定第一条延伸线原点或＜选择对象＞：(拾取虚线孔一个端点)

指定第二条延伸线原点：(拾取虚线孔另一个端点)

指定尺寸线位置或［多行文字（M）/文字（T）/角度（A）/水平（H）/垂直（V）/旋转（R）］：t↙

输入标注文字＜4＞：2x%%c4↙

指定尺寸线位置或［多行文字（M）/文字（T）/角度（A）/水平（H）/垂直（V）/旋转（R）］：(在虚线孔上方合适位置单击)

标注文字 =4

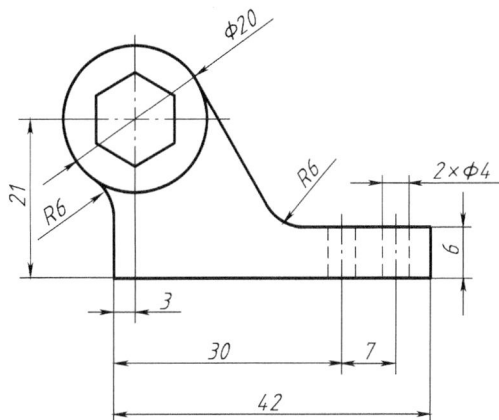

图 2-76　标注 2×φ4 尺寸

　操作提示：输入标注文字时，"%%c"表示"φ"；"%%d"表示"°"；"%%p"表示"±"。可用英文字母"x"代替"×"。

（6）启用"对齐标注"命令，标注倾斜线性尺寸11，步骤如图 2-77 所示。

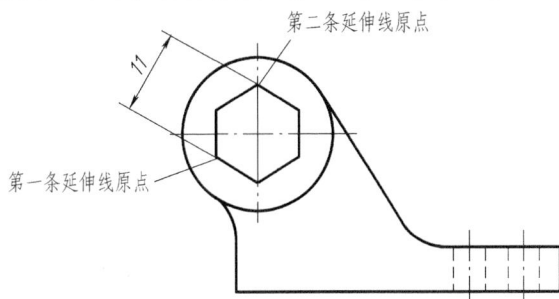

图 2-77　标注倾斜线性尺寸

（7）标注角度尺寸60°，步骤如图 2-78 所示。

1）启动"标注样式"命令，打开"标注样式管理器"对话框；单击"新建"按钮，弹出"创建新标注样式"对话框；在"用于"框中选择"角度标注"，如图2-78a所示，单击"继续"按钮，在弹出的"新建标注样式：机械-3.5：角度"对话框的"文字"选项卡中，在"文字对齐"功能区点选"水平"单选项，如图2-78b所示，单击"确定"按钮。在图形区，启动"角度标注"命令，标注角度尺寸60°，如图2-78c所示。

2）选中角度尺寸，单击鼠标右键，在图2-78d所示快捷菜单中选择"标注文字位置"→"单独移动文字"，将文字"60°"移动到合适位置，结果如图2-78e所示。

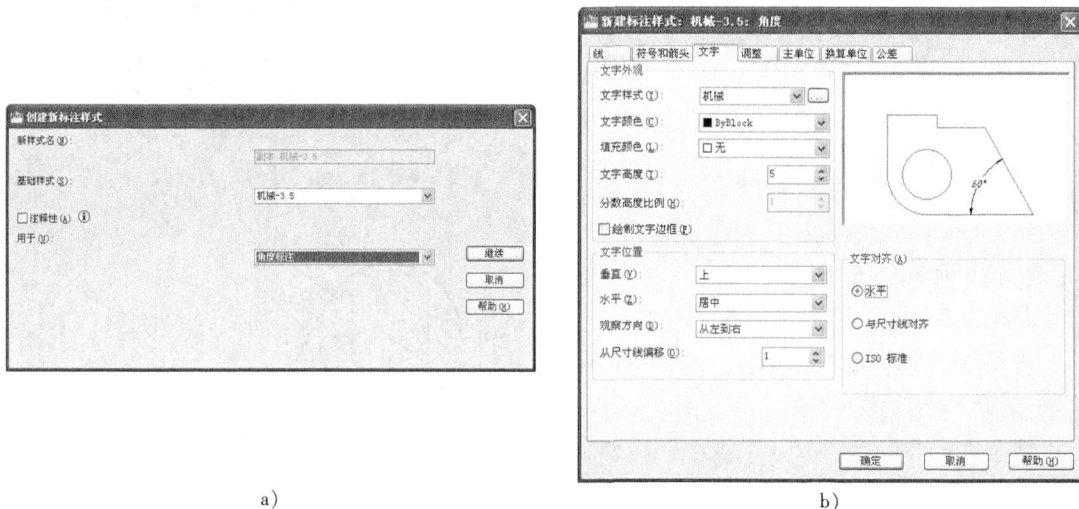

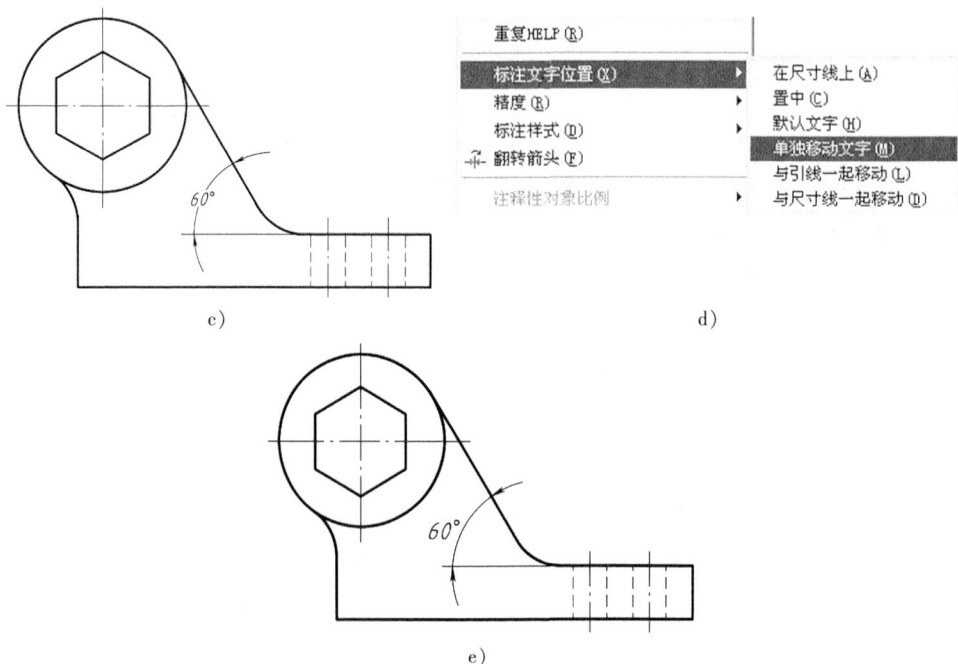

a)

b)

c)

d)

e)

图2-78　标注角度尺寸

a）创建角度标注子样式　b）"文字"选项卡　c）角度标注　d）"标注文字位置"快捷菜单

e）调整角度标注文字位置

🖰 操作提示：机械制图标准要求角度的文字必须是水平放置，除了运用案例 2-11 单独建立一个水平样式外，还可以如本案例所示在基本样式下建立一个子样式。这种建立子样式的方法也可以用于直径标注、半径标注。

2.2.2 视图上的其他标注

【案例 2-13】 打开素材资料中的"案例 2-13. dwg"，进行标注，结果如图 2-79 所示。

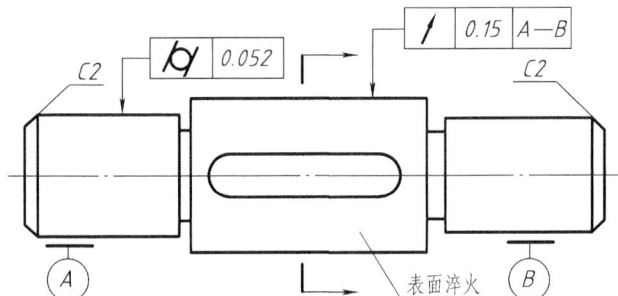

图 2-79 案例 2-13 的标注结果

1. 画法分析

机械制图上的其他标注常包括剖切符号、倒角引出标注、形位公差⊖及基准符号等。在 AutoCAD 中，"快速引线标注"命令用于由图面上一点建立引线并引出一段注释或尺寸标注。本案例通过"快速引线标注"命令实现箭头、引线、多行文字、形位公差的标注。

2. 操作步骤

（1）打开素材资料中的"案例 2-13. dwg"。

（2）标注剖切符号，步骤如图 2-80 所示。

1）启动"直线"命令绘制剖切符号的粗短画线，长度 5，结果如图 2-80a 所示。

2）标注层绘制箭头。运行快速引线命令。

命令：qleader↙

指定第一个引线点或 [设置（S）] <设置>：↙（打开"引线设置"对话框）

在"引线设置"对话框的"注释"选项卡中，选中"注释类型"功能区的"无"单选项，如图 2-80b 所示。切换到如图 2-80c 所示的"引线和箭头"选项卡，在"点数"功能区设置"最大值"为"2"，单击"确定"按钮，回到绘图区，绘制两处箭头，结果如图 2-80d 所示。

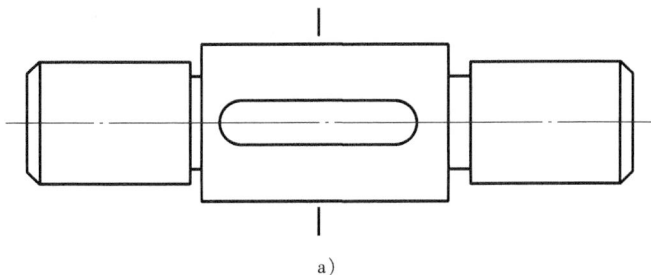

a)

图 2-80 标注剖切符号

a）绘制粗短画线

⊖ 计算机框图中为形位公差，本书中仍采用形位公差一词。

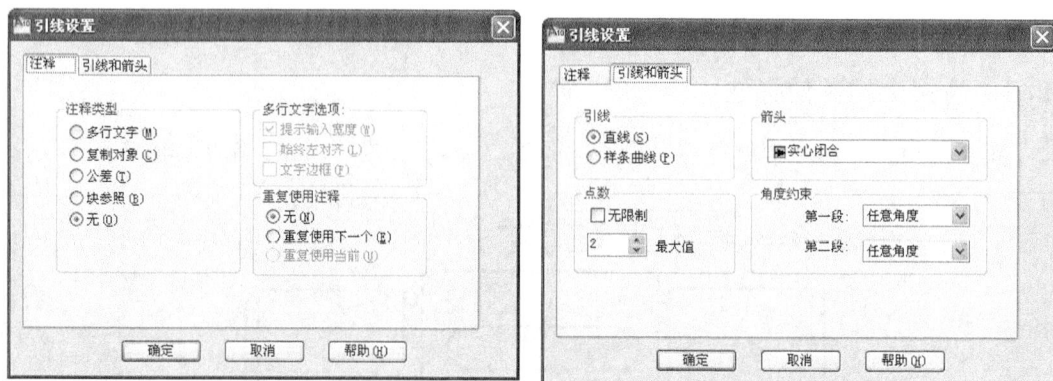

b)　　　　　　　　　　　　　　　　　　c)

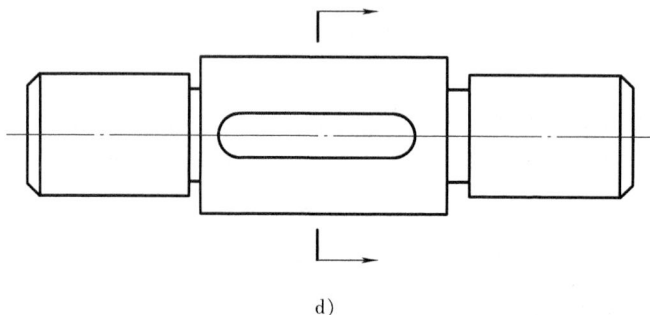

d)

图 2-80　（续）

b)"注释"选项卡　c)"引线和箭头"选项卡　d)完成剖切符号的标注

（3）标注倒角。

1）标注左端面倒角，操作步骤如图 2-81 所示。

在"引线设置"对话框的"注释"选项卡中，选择"注释类型"功能区的"多行文字"单选项，如图 2-81a 所示。切换到如图 2-81b 所示的"引线和箭头"选项卡，在"点数"功能区选"最大值"为"3"，并在"箭头"功能区选中"无"单选项，"角度约束"功能区分别选择"第一段"为"45°"、"第二段"为"水平"。切换到如图 2-81c 所示的"附着"选项卡，勾选"最后一行加下划线"复选框，单击"确定"按钮，回到绘图区。

命令行有如下显示：

指定第一个引线点或［设置（S）］＜设置＞：（拾取在倒角端点）

指定下一点：（沿 45°方向拾取一点）

指定下一点：（沿水平方向拾取一点）

输入注释文字的第一行 ＜多行文字（M）＞：C2✓

输入注释文字的下一行：✓

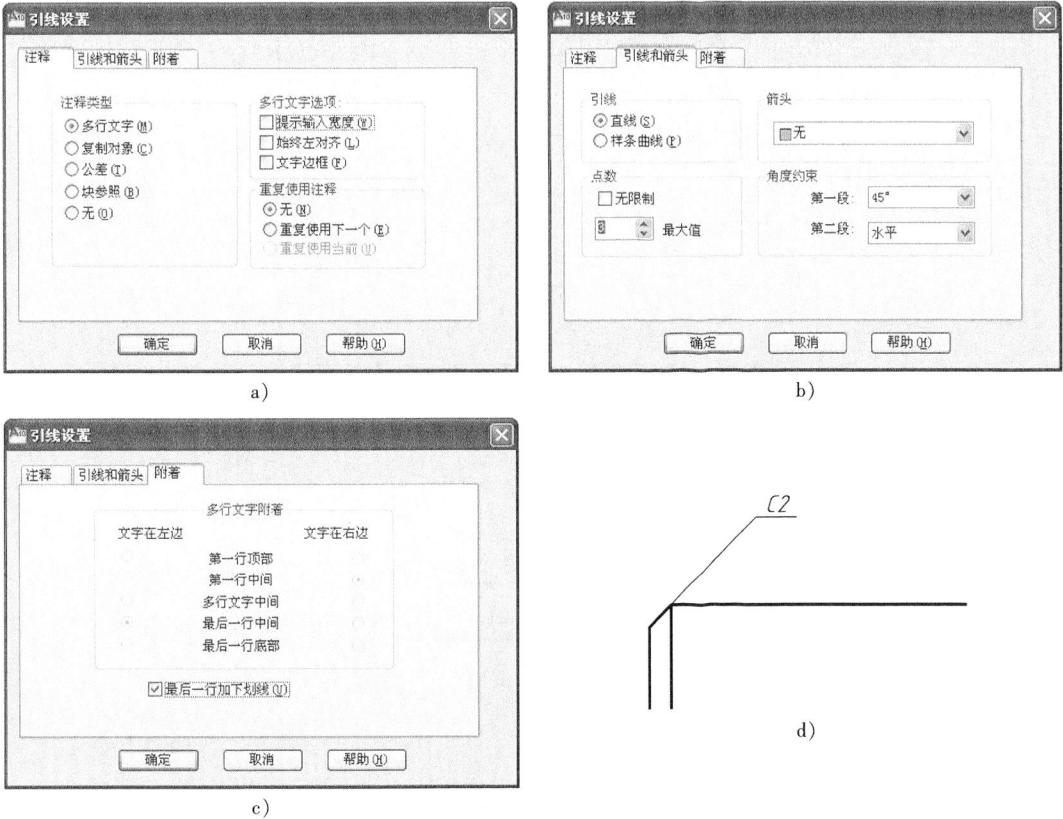

图 2-81　标注倒角

a)"注释"选项卡　b)"引线和箭头"选项卡　c)"附着"选项卡　d)完成倒角标注

2）同样方法标注右端面倒角。

（4）标注旁注文字，操作步骤如图 2-82 所示。

重复"快速引线"命令，打开"引线设置"对话框。在如图 2-82a 所示的"引线和箭头"选项卡中，"箭头"功能区选中"点"选项，"角度约束"功能区分别选择"第一段"为"任意角度"、"第二段"为"水平"，单击"确定"按钮，回到绘图区。完成旁注文字标注如图 2-82b 所示。

命令行有如下显示：

指定第一个引线点或［设置（S）］＜设置＞：（拾取中间轴段适当的位置）

指定下一点：（拾取另一点）

指定下一点：（沿水平方向拾取一点）

输入注释文字的第一行＜多行文字（M）＞：表面淬火↙

输入注释文字的下一行：↙

（5）标注形位公差，操作步骤如图 2-83 所示。

1）重复"快速引线"命令，打开"引线设置"对话框，在"注释"选项卡中，选中"注释类型"功能区中的"公差"单选项，如图 2-83a 所示。切换到如图 2-83b 所示的"引线和箭头"选项卡，选中"箭头"功能区的"实心闭合"；在"角度约束"功能区分别选择"第一段"为"任意角度"、"第二段"为"任意角度"；单击"确定"按钮，回到绘图区。

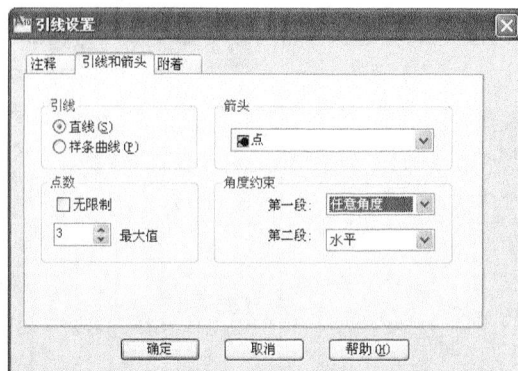

a)

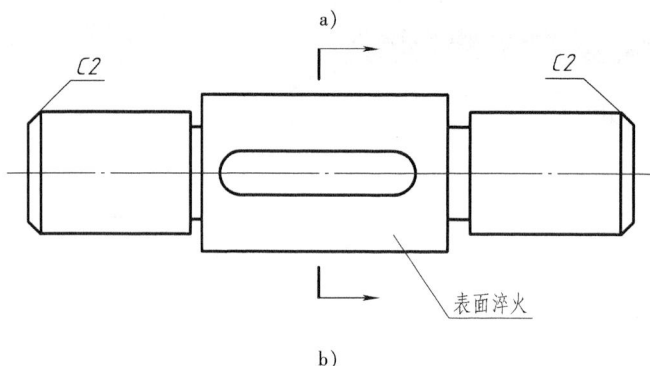

b)

图 2-82　标注旁注文字

a)"引线和箭头"选项卡　b)完成旁注标注

命令行有如下显示：

指定第一个引线点或［设置（S）］＜设置＞：（拾取中间轴段上一点）

指定下一点：（沿竖直方向拾取另一点）

指定下一点：（沿水平方向拾取一点）（打开图 2-83c 所示"形位公差"对话框）

　　单击"形位公差"对话框→"符号"功能区第一行的黑框，打开如图 2-83d 所示的"特征符号"对话框，选择"圆跳动"符号，返回到"形位公差"对话框，输入图 2-83c 所示文本，单击"确定"按钮，完成圆跳动形位公差标注。

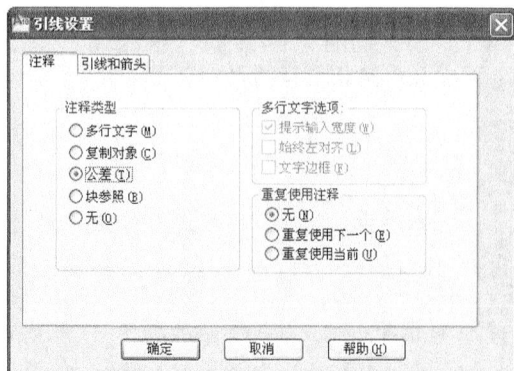

a)

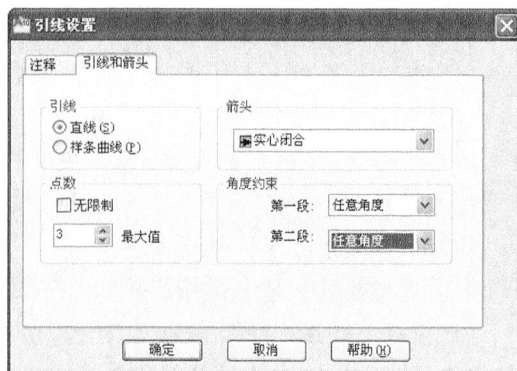

b)

图 2-83　标注形位公差

a)"注释"选项卡　b)"引线和箭头"选项卡

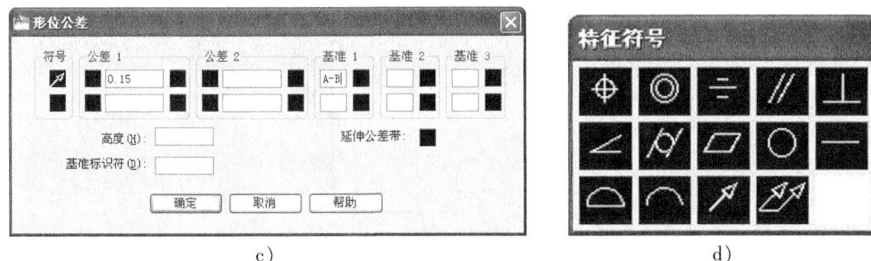

图 2-83 （续）

c）"形位公差"对话框 d）"特征符号"对话框

2）用同样的方法标注圆柱度形位公差，结果如图 2-84 所示。

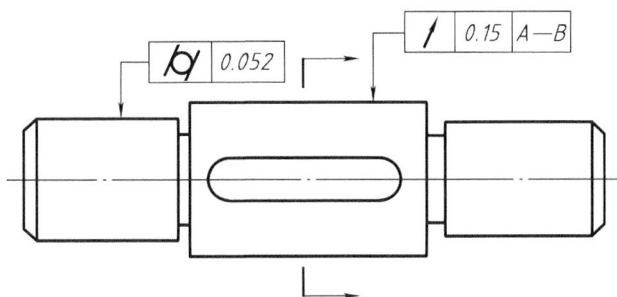

图 2-84 完成圆跳动形位公差的标注

3）运行"直线 "、"圆"和"单行文字注释"命令，标注基准符号 *A*，尺寸按图 2-85a 所示，结果如图 2-85b 所示。

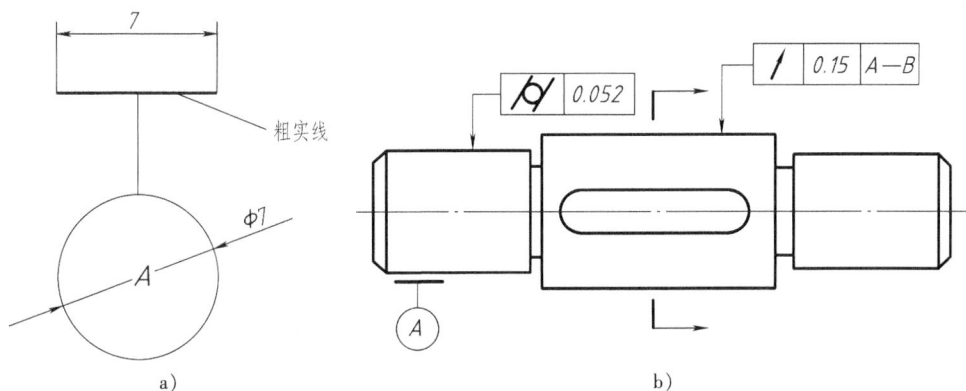

图 2-85 基准符号的标注

a）基准符号尺寸参考 b）标注基准符号 *A*

4）运行"复制"和"修改"文本命令标注基准符号 *B*，完成如图 2-79 所示标注。

2.3 单个视图综合案例

【案例 2-14】 绘制图 2-86 所示的托架断面图，并标注尺寸。

1. 画法分析

托架是铸件，断面图上有铸造圆角和剖面符号。本案例运用"图案填充"命令绘制剖

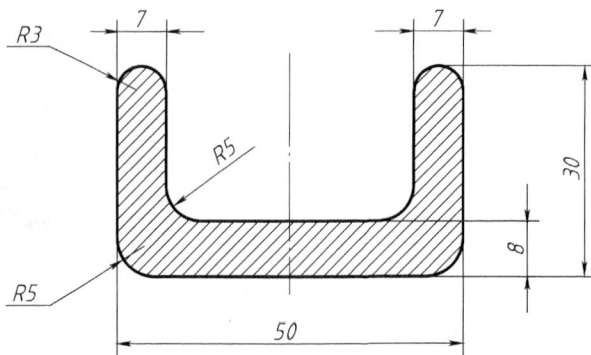

图 2-86　案例 2-14 的托架断面图

面符号，运用"圆角"命令绘制铸造圆角。

2. 操作步骤

（1）打开素材资料中的"图层样板 . dwg"。

（2）启动"直线"和"偏移"命令绘制基本图形，结果如图 2-87 所示。

（3）启动"圆角"命令，绘制 8 处铸造圆角，结果如图 2-88 所示。

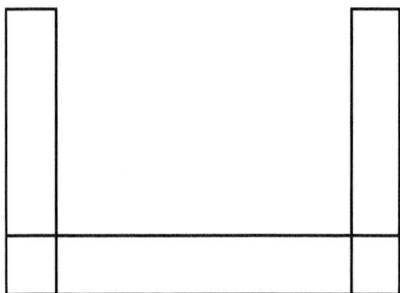

图 2-87　托架的基本图形

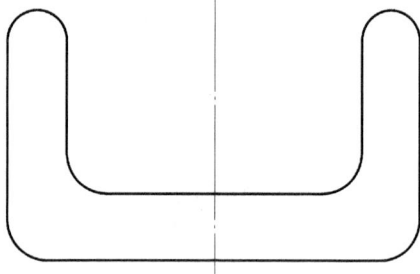

图 2-88　绘制铸造圆角

（4）建立文字样式"机械"。"文字样式"对话框各项选择如图 2-89 所示。

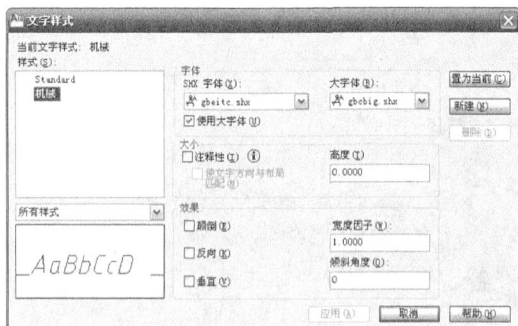

图 2-89　"文字样式"对话框各选项

（5）建立尺寸标注样式"机械-5"，字体选择"机械"，字高为"5"其余各参数按案例 2-12 的介绍进行设置；新建"机械-5 水平"，在"机械-5"样式基础上，调整文字对齐为"水平"。标注尺寸结果如图 2-90 所示。

（6）绘制剖面符号，"图案填充"选项卡如图 2-91 所示。

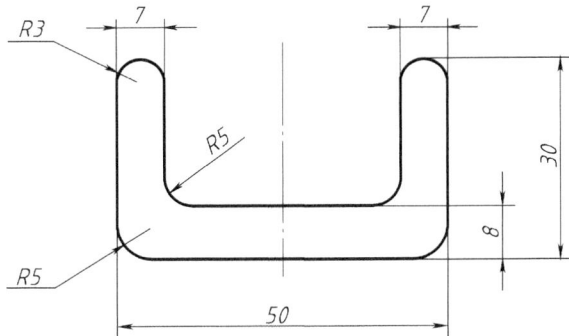

图 2-90　标注托架尺寸

启动"图案填充"命令的方法：

● 选择"绘图"→"图案填充"菜单选项。

● 选择"图案填充"工具条图标 。

● 在命令行中输入"bhatch"命令。

1) 启动"图案填充"命令，打开"图案填充和渐变色"对话框，选择"图案填充"选项卡→"类型和图案"功能区→"图案"为"ANSI31"，如图 2-91 所示。

2) 单击"边界"功能区→"添加：拾取点"按钮　，进入绘图区。在绘图区点取剖面区域，单击〈Enter〉键返回"图案填充和渐变色"对话框。

3) 单击"确定"按钮，完成剖面符号的绘制，如图 2-87 所示。

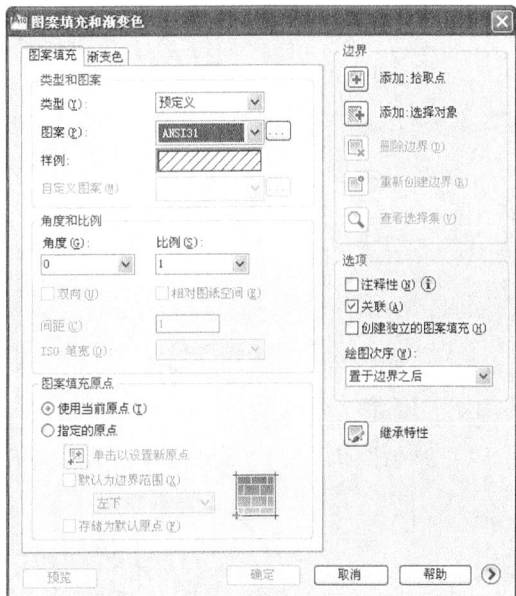

图 2-91　"图案填充和渐变色"对话框

🖰　**操作提示**：案例 2-14 完成后保存，删除图形和尺寸标注，另存为"视图样板习作 . dwg"，该图形文件不仅有图层，还建立了"机械"文字样式和"机械-5"、"机械-5 水平"尺寸样式。后续绘制视图时将直接在该文件下进行。

【**案例 2-15**】　绘制图 2-92 所示的支架顶杆视图，并标注尺寸。

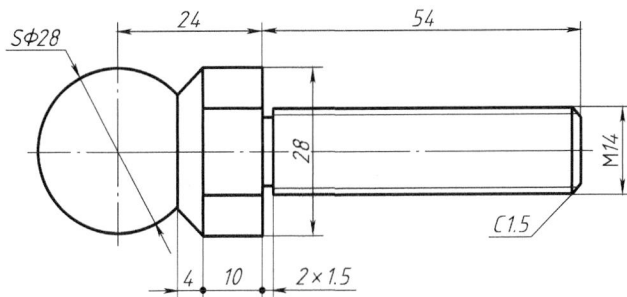

图 2-92　案例 2-15 的支架顶杆视图

1. 画法分析

支架顶杆左边是球体，中间部分是六角螺栓头部及螺纹退刀槽，右边是外螺纹圆柱体及倒角结构。连续标注尺寸4、10和2×1.5没有足够的位置放置尺寸箭头，需要改变尺寸箭头为点。

2. 操作步骤

（1）打开素材资料中的"视图样板.dwg"。

（2）启动"直线"命令绘制中心线，参考尺寸如图2-93所示。

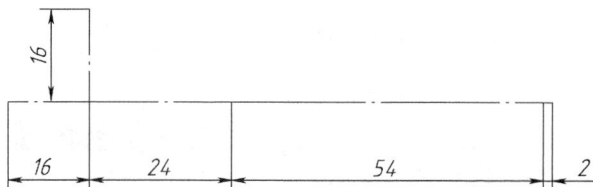

图2-93　绘制中心线

（3）启动"圆"和"直线"命令绘制图2-94所示图形。

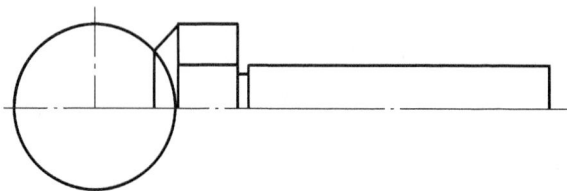

图2-94　绘制圆和直线

（4）绘制倒角、螺纹小径线并修剪。完成对称图形上半部分，如图2-95所示。

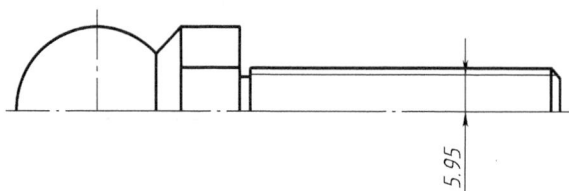

图2-95　完成对称图形的上半部分

（5）启动"镜像"命令完成顶杆视图的绘制，结果如图2-96所示。

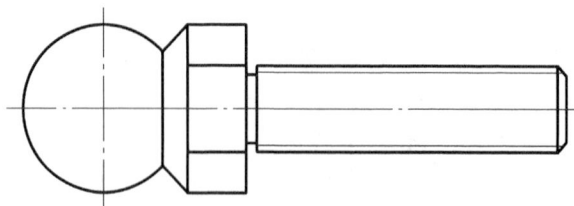

图2-96　完成顶杆视图的绘制

（6）标注图2-97所示的线性尺寸。

（7）改变尺寸箭头为点，操作步骤如图2-98所示。

1）在绘图区选中标注尺寸4，单击鼠标右键，弹出如图2-98a所示快捷菜单。单击"特性"选项，弹出如图2-98b所示"特性"工具栏，更改"直线和箭头"功能区"箭头

2"为"小点"。

2）单击〈Esc〉键退出选择，点
选标注尺寸10，更改"直线和箭头"
功能区"箭头1"为"无"、"箭头2"
为"无。

3）单击〈Esc〉键退出选择，点
选标注尺寸2×1.5，更改"直线和箭
头"功能区"箭头1"为"小点"。

图2-97　标注线性尺寸

关闭"特性"工具栏，尺寸4、10和2×1.5的标注如图2-98c所示。

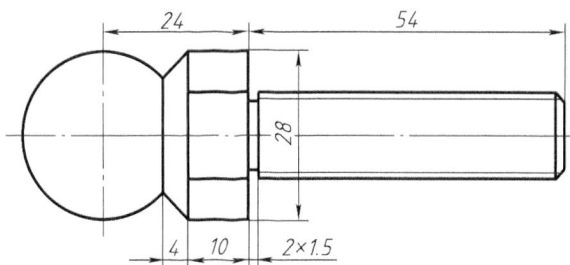

a)

b)

c)

图2-98　改变尺寸箭头为点

a）快捷菜单　b）"特性"工具栏　c）完成尺寸箭头的改变

（8）标注 *Sϕ*28 和 M14 尺寸，结果如图 2-99 所示。

（9）快速引线命令标注倒角 *C*1.5，完成后如图 2-92 所示。

【**案例 2-16**】 绘制图 2-100 所示支架的顶碗视图，并标注尺寸。

1. 画法分析

顶碗右边是空心半球体，左边是圆柱体，中间部分由圆弧过渡。在非圆视图上需要标注直径尺寸。本案例运用标注文字前缀方式实现非圆直径尺寸的标注。

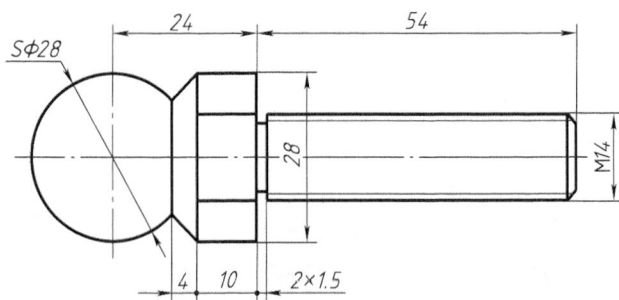

图 2-99 标注 *Sϕ*28 和 M14 尺寸

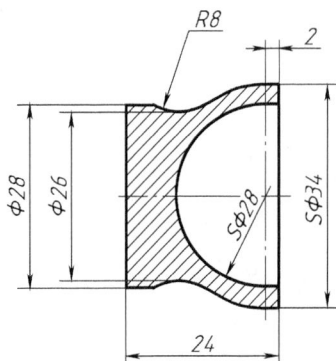

2. 操作步骤

（1）打开素材资料中的"视图样板 . dwg"。

（2）启动"直线"命令绘制中心线，参考尺寸如图 2-101 所示。

图 2-100 案例 2-16 的支架的顶碗视图

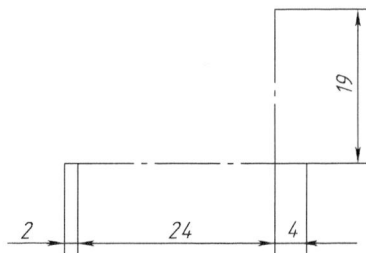

图 2-101 绘制中心线

（3）启动"直线"、"圆"命令绘制顶碗基本图形，结果如图 2-102 所示。

（4）绘制连接圆弧。绘制如图 2-103 所示一条直线和一个圆。

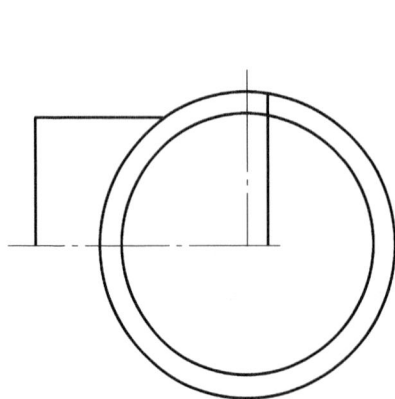

图 2-102 绘制顶碗基本图形

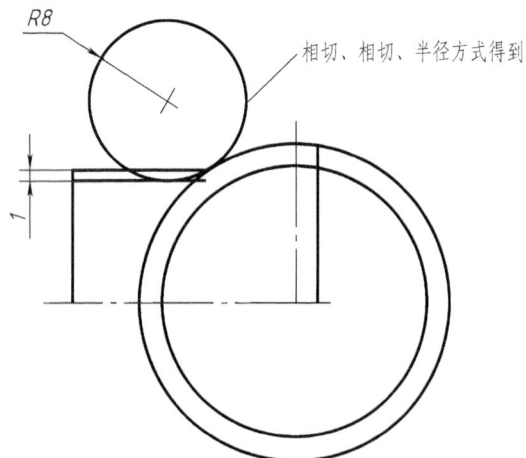

图 2-103 绘制连接圆弧

（5）启动"修剪"、"删除"命令完成对称图形上半部分图形，结果如图 2-104 所示。

（6）启动"镜像"命令完成顶碗图形，结果如图 2-105 所示。

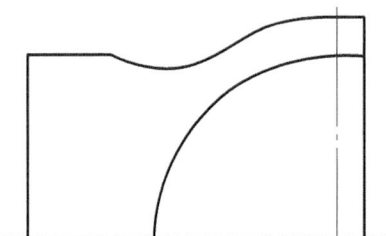

图 2-104　完成对称图形的上半部分

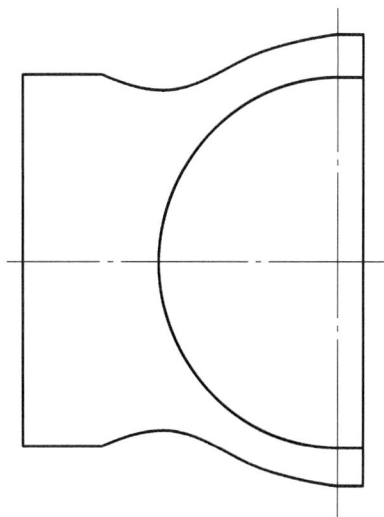

图 2-105　完成顶碗图形

（7）标注尺寸。

1）按照案例 2-12 介绍的方法修改"机械-5"样式为"机械-3.5"，并新建一个名为"机械-3.5 非圆"的新尺寸样式，修改"主单位"选项卡→"线性标注"功能区→"前缀"文本框为"％％c"，如图 2-106 所示。

2）在不同尺寸样式下分别标注尺寸，完成顶碗尺寸标注结果如图 2-107 所示。

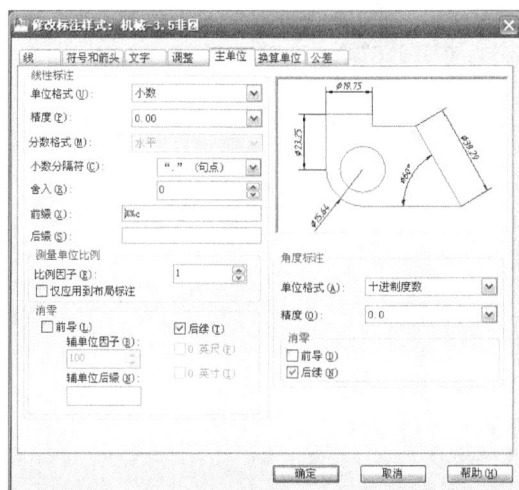

图 2-106　"主单位"选项卡

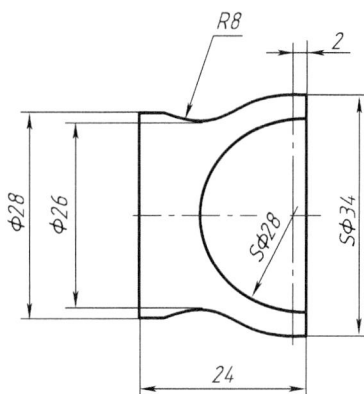

图 2-107　完成顶碗尺寸标注

（8）启动"图案填充"命令绘制剖面符号，结果如图 2-100 所示。

【案例 2-17】　圆锥销示意图如图 2-108 所示，请画出销 GB/T 117—2000 6×30。

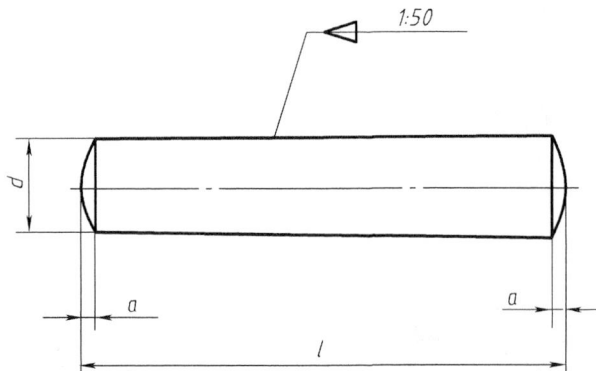

图 2-108　圆锥销示意图

1. 画法分析

圆锥销作为标准件，需要查表确定其具体尺寸。查表得 $d=6$，$l=30$，$a=0.8$。圆锥销左右两端为圆弧，中间部分为 1∶50 的锥度。在 AutoCAD 中"圆弧"命令用于在各种已知条件下进行圆弧的绘制。本案例运用"圆弧"命令绘制圆弧，运用"延伸"命令绘制圆锥销锥度。

2. 操作步骤

（1）打开素材资料中的"视图样板.dwg"。

（2）启动"直线"、"偏移"命令绘制中心线及辅助线，参考尺寸如图 2-109 所示。

（3）启动"直线"命令绘制一条直线和带锥度的辅助三角形，参考尺寸如图 2-110 所示。

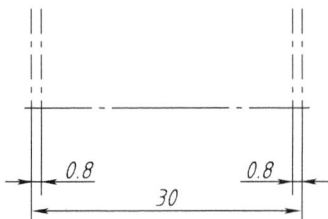

图 2-109　绘制中心线和辅助线

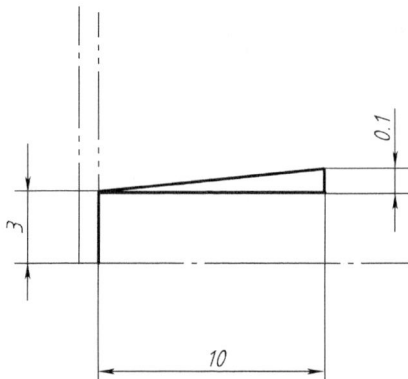

图 2-110　绘制直线和辅助三角形

（4）启动"延伸"命令将辅助三角形的斜边延伸至右边辅助线，如图 2-111 所示。

（5）启动"直线"和"镜像"命令完成如图 2-112 所示图形。

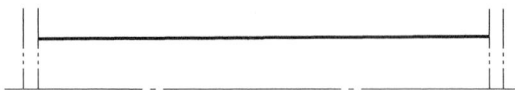

图 2-111　延伸辅助三角形斜边

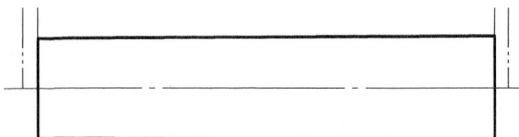

图 2-112　镜像图形结果

（6）启动"圆弧"命令绘制圆锥销左端部，操作步骤如图 2-113 所示。

启动"圆弧"命令的方法：

- 选择"绘图"→"圆弧"菜单选项。
- 选择"绘图"工具条图标 。
- 在命令行中输入"arc"命令。

命令行有如下显示：

命令：arc↙

指定圆弧的起点或〔圆心（C）〕：（拾取图 2-113 所示第 1 点）

指定圆弧的第二个点或〔圆心（C）/端点（E）〕：（拾取图 2-113 所示第 2 点）

指定圆弧的端点：（拾取图 2-113 所示第 3 点）

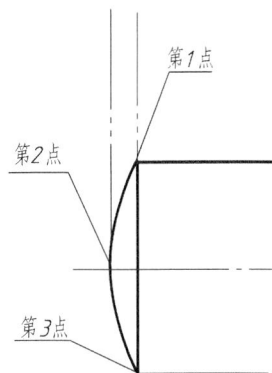

图 2-113　绘制圆锥销左端圆弧

（7）用同样方法绘制圆锥销右端部，删除辅助线，结果如图 2-114 所示。

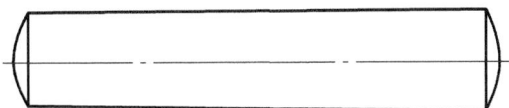

图 2-114　完成圆锥销的绘制

（8）标注尺寸，结果如图 2-115 所示。

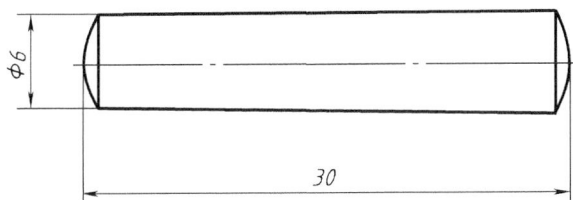

图 2-115　完成圆锥销的尺寸标注

2.4　实训

【实训 2-1】　绘制图 2-116 所示挡圈。

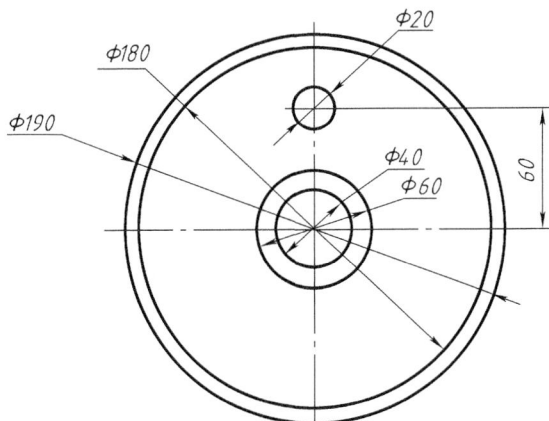

图 2-116　实训 2-1 的挡圈

【实训 2-2】 绘制图 2-117 所示花键。

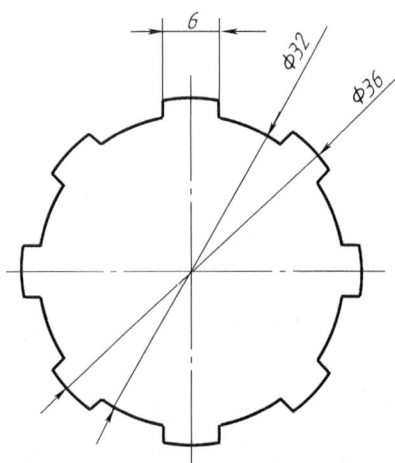

图 2-117 实训 2-2 的花键

【实训 2-3】 绘制图 2-118 所示手轮。

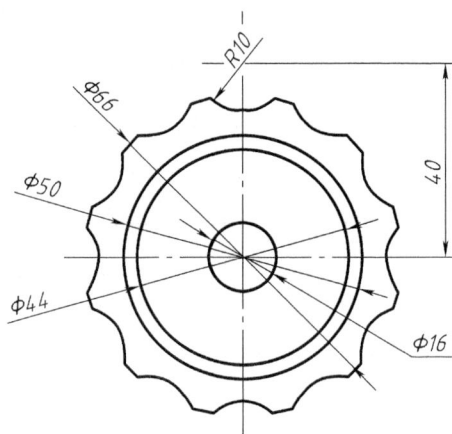

图 2-118 实训 2-3 的手轮

【实训 2-4】 绘制图 2-119 所示棘轮。

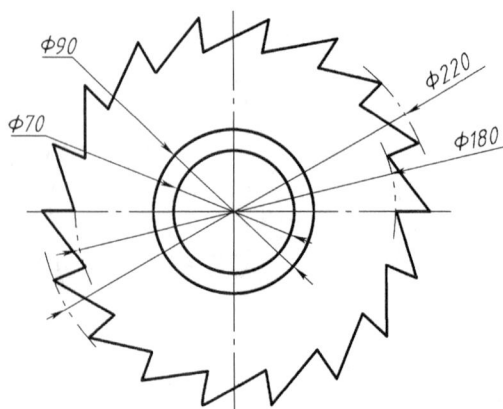

图 2-119 实训 2-4 的棘轮

🖰 **操作提示：**棘轮作图步骤如图 2-120 所示。

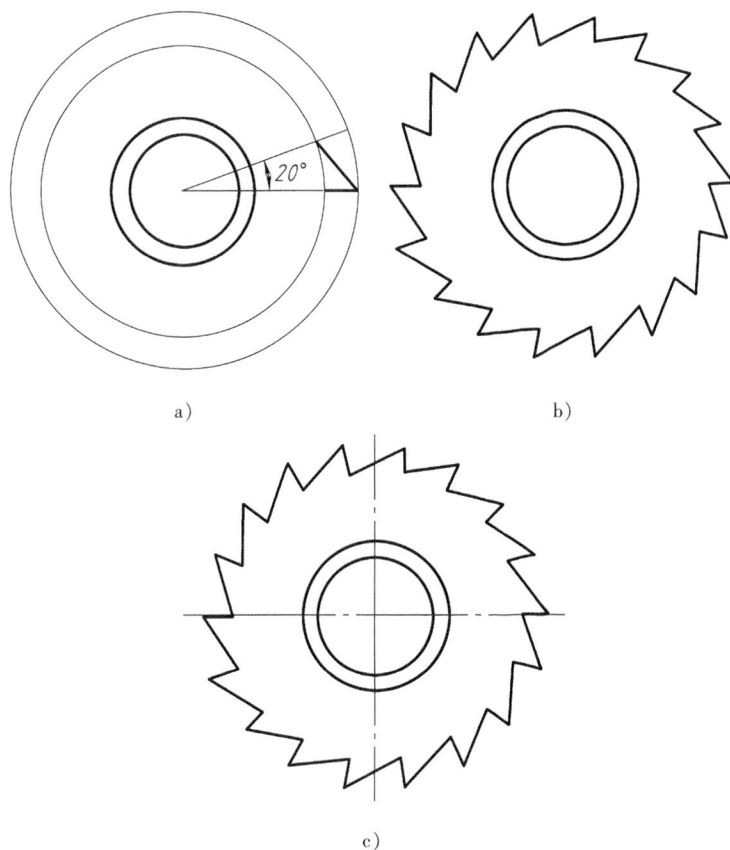

图 2-120　棘轮作图步骤

a）用"直线"、"圆"命令绘制基本图形　b）阵列棘轮的齿　c）绘制中心线

【**实训 2-5**】　绘制图 2-121 所示填料压盖。

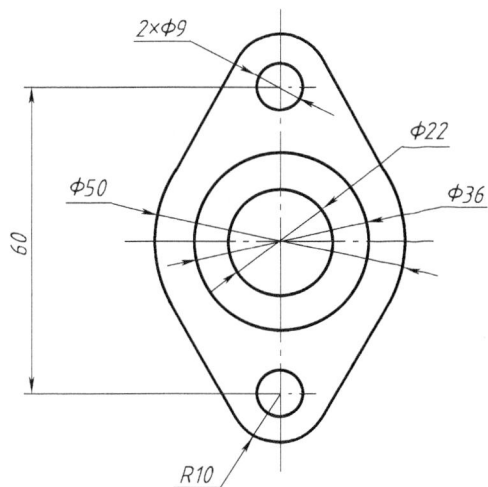

图 2-121　实训 2-5 的填料压盖

【**实训 2-6**】　绘制图 2-122 所示卡盘。

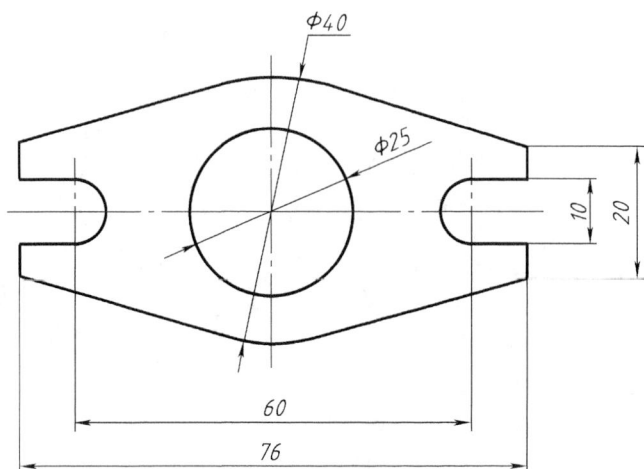

图 2-122 实训 2-6 的卡盘

操作提示：卡盘作图步骤如图 2-123 所示。

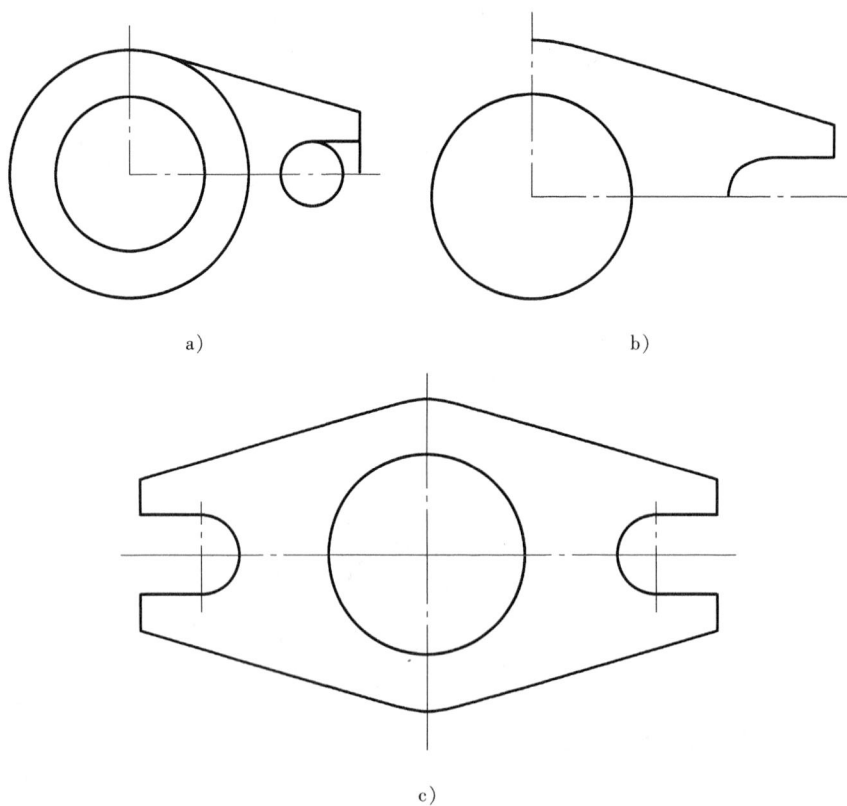

a)

b)

c)

图 2-123 卡盘作图步骤

a)"直线"、"圆"命令绘制基本图形 b)修剪完成 1/4 图形 c)镜像完成图形

【实训 2-7】 绘制图 2-124 所示托架局部视图。

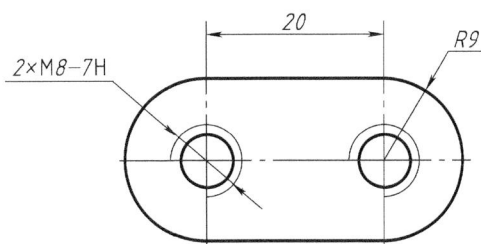

图 2-124　实训 2-7 的托架局部视图

【**实训 2-8**】　绘制图 2-125 所示减速器箱盖局部视图。

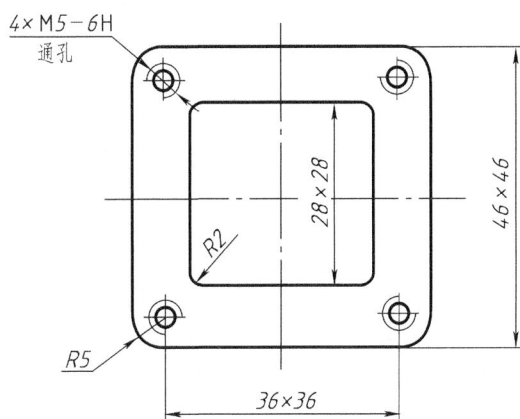

图 2-125　实训 2-8 的减速器箱盖局部视图

【**实训 2-9**】　绘制图 2-126 所示内螺纹孔，其孔板的尺寸自定。

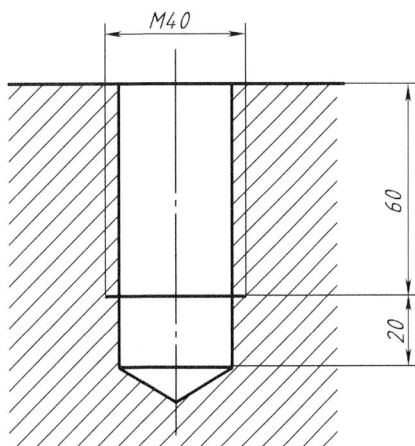

图 2-126　实训 2-9 的内螺纹孔

【实训 2-10】 绘制图 2-127 所示泵盖视图。

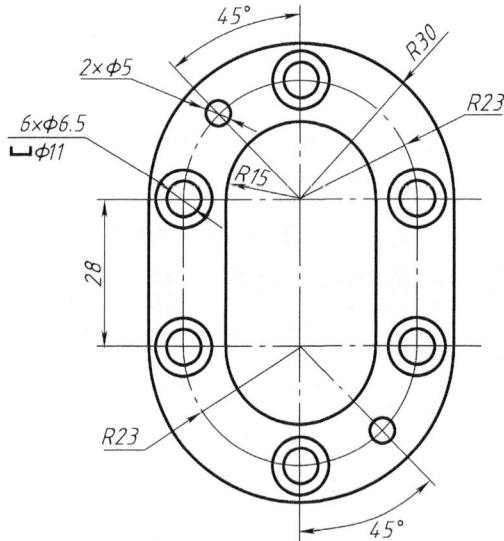

图 2-127 实训 2-10 的泵盖视图

【实训 2-11】 绘制图 2-128 所示蜗轮箱体向视图。

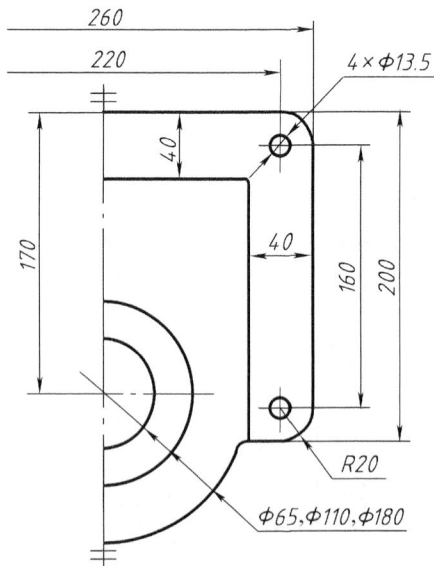

图 2-128 实训 2-11 的蜗轮箱体向视图

【**实训2-12**】 绘制图2-129所示拨叉。

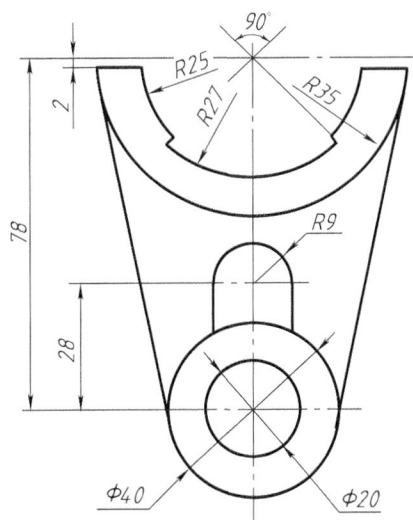

图2-129 实训2-12的拨叉

【**实训2-13**】 绘制图2-130所示支座俯视图。

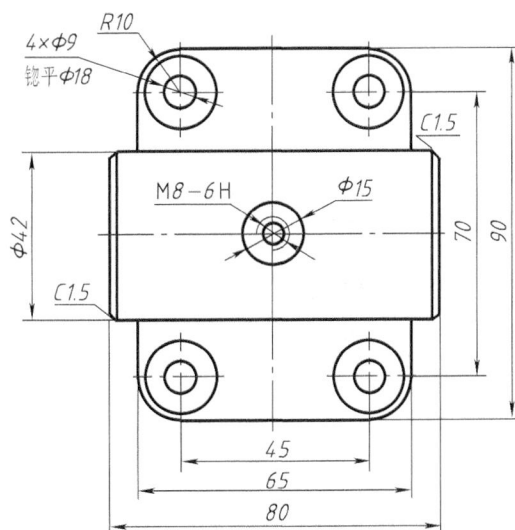

图2-130 实训2-13的支座俯视图

【实训 2-14】　绘制图 2-131 所示从动轴。

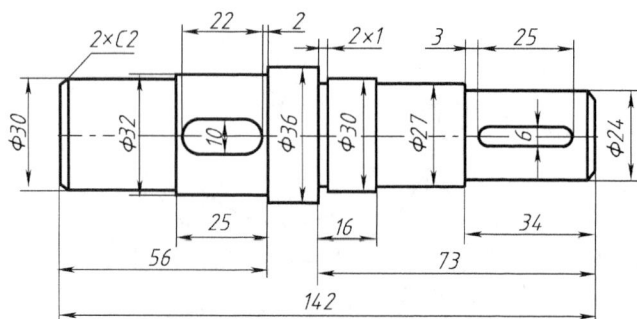

图 2-131　实训 2-14 的从动轴

【实训 2-15】　绘制图 2-132 所示蜗杆。

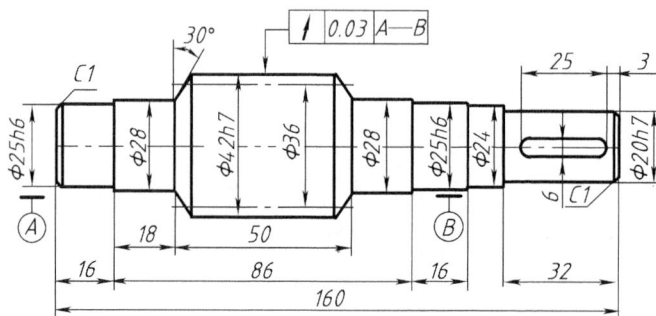

图 2-132　实训 2-15 的蜗杆

【实训 2-16】　绘制图 2-133 所示锁紧螺钉，其中网格尺寸自定。

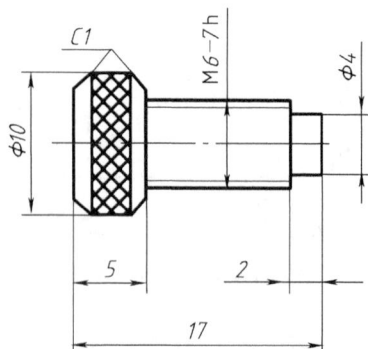

图 2-133　实训 2-16 的锁紧螺钉

【实训 2-17】　螺纹紧固件在装配图中通常采用比例画法，螺栓比例画法如图 2-134 所示。请画出螺栓 GB/T 5782—2000 M10×30。

🖰　**操作提示：** 根据螺栓的规格，可以按比例计算出各结构尺寸，如图 2-135 所示。

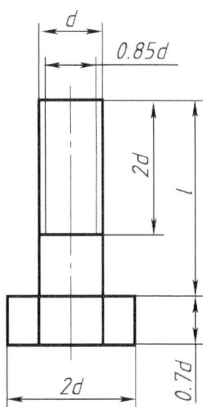

图 2-134　实训 2-17 的
螺栓比例画法

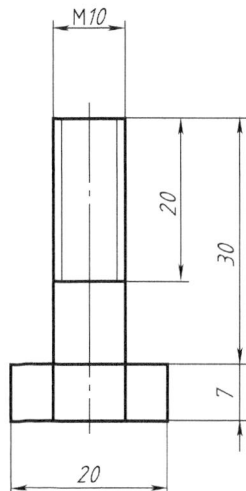

图 2-135　螺栓 GB/T 5782—2000 M10×30
结构尺寸（参考）

【**实训 2-18**】　绘制销 GB/T 117—2000 3×18。查表后尺寸如图 2-136 所示。

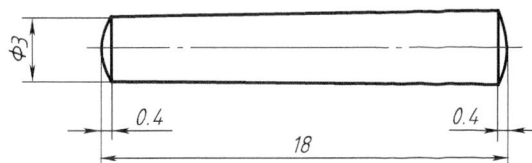

图 2-136　实训 2-18 的销 GB/T 117—2000 3×18

【**实训 2-19**】　绘制图 2-137 所示塞子。

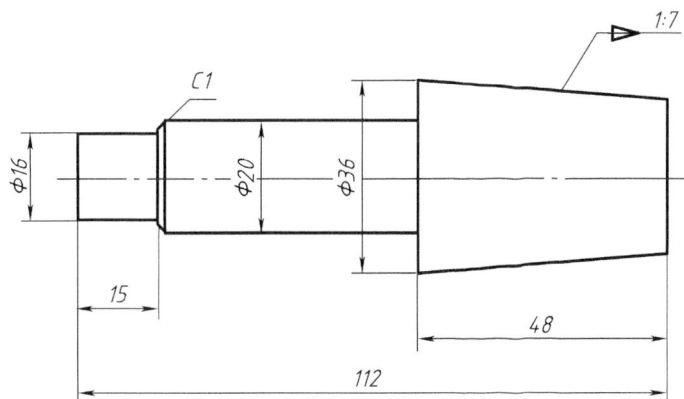

图 2-137　实训 2-19 的塞子

课题 3 机件常用表达方法及画法

学习目标

【知识目标】

1. 熟练掌握视图画法与技巧。
2. 了解正等轴测图的画法。
3. 掌握剖视图的画法及标注。
4. 了解断面图、局部放大图的画法及标注。

【能力目标】

1. 补画三视图，并能通过简化画法绘制相贯线。
2. 绘制各种视图。
3. 会画正等轴测图。
4. 绘制各种剖视图并标注。
5. 会画断面图和局部放大图。

3.1 视图画法

3.1.1 补画三视图

【案例 3-1】 打开素材资料中的"案例 3-1. dwg"，如图 3-1 所示。根据轴测图，补画组合体的主视图。

1. 画法分析

三视图包括主视图、俯视图和左视图。主视图和俯视图都体现了物体的长度尺寸，主视图和左视图都体现了物体的高度尺寸，左视图和俯视图都体现了物体的宽度尺寸。三个视图之间的投影关系可概括为"长对正，高平齐，宽相等"。本案例已知俯视图和左视图，补画主视图，并需要满足"长对正，高平齐"投影关系。画法要点是利用 AutoCAD 软件的对象捕捉、对象水平和垂直追踪等绘图辅助工具，来保证三视图的投影关系。

2. 操作步骤

（1）打开素材资料中的"案例 3-1. dwg"。

（2）设置草图。

1）设置自动对象捕捉模式：在"草图设置"对话框"对象捕捉"选项卡中勾选"端点"、"交点"、"延长线"复选框，如图 3-2 所示。

2）设置极轴追踪模式：在"草图设置"对话框"极轴追踪"选项卡中点选"仅正交追踪"单选项，如图 3-3 所示。

3）改变十字光标大小：单击"草图设置"对话框的"选项"按钮，弹出"选项"对

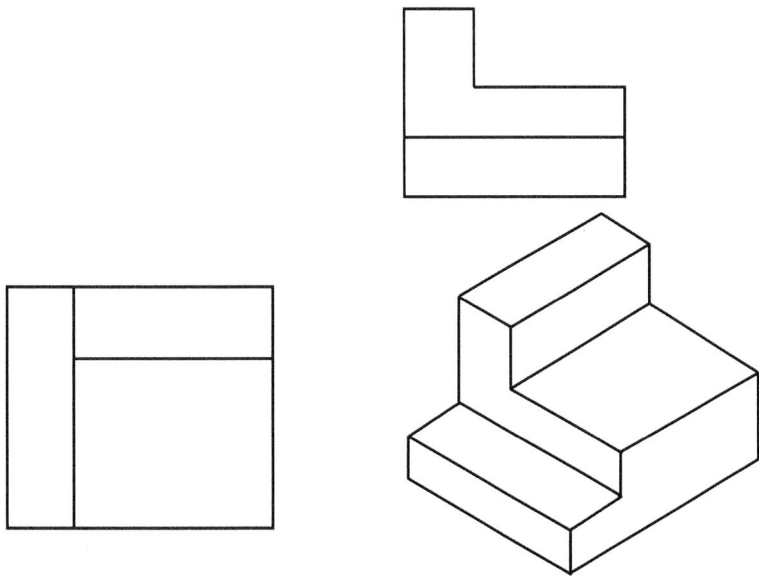

图 3-1　案例 3-1 的补画主视图

话框；在"显示"选项卡中将"十字光标大小"设置为"100"，如图 3-4 所示。

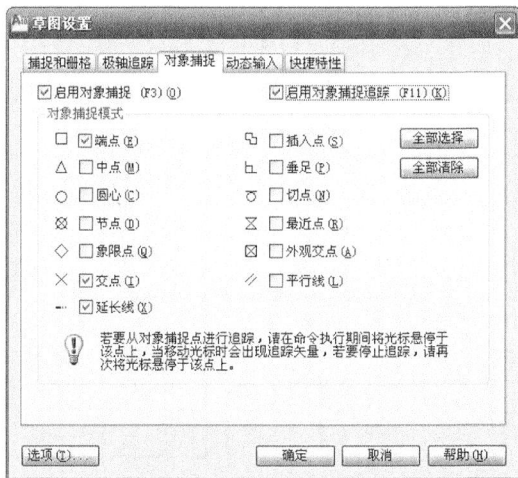

图 3-2　"草图设置"对话框中的
"对象捕捉"选项卡

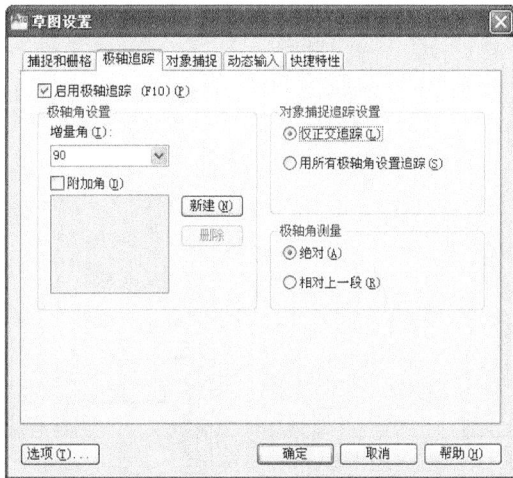

图 3-3　"草图设置"对话框中的
"极轴追踪"选项卡

🖰 **操作提示**：利用全屏显示的十字光标可以快速目测视图之间的"长对正，高平齐"。

（3）补画主视图外轮廓图线，作图步骤如图 3-5 所示。

1）启动"直线"命令，分别捕捉俯视图 A 点和左视图 B 点，正交追踪得到主视图外轮廓图线第 1 点，如图 3-5a 所示。

2）利用"对象捕捉"命令捕捉俯视图 C 点，正交追踪得到主视图外轮廓图线第 2 点，如图 3-5b 所示。

3）利用"对象捕捉"命令捕捉俯视图 C 点和左视图 D 点，正交追踪得到主视图外轮廓图线第 3 点，如图 3-5c 所示。

图 3-4 "选项"对话框中的"显示"选项卡

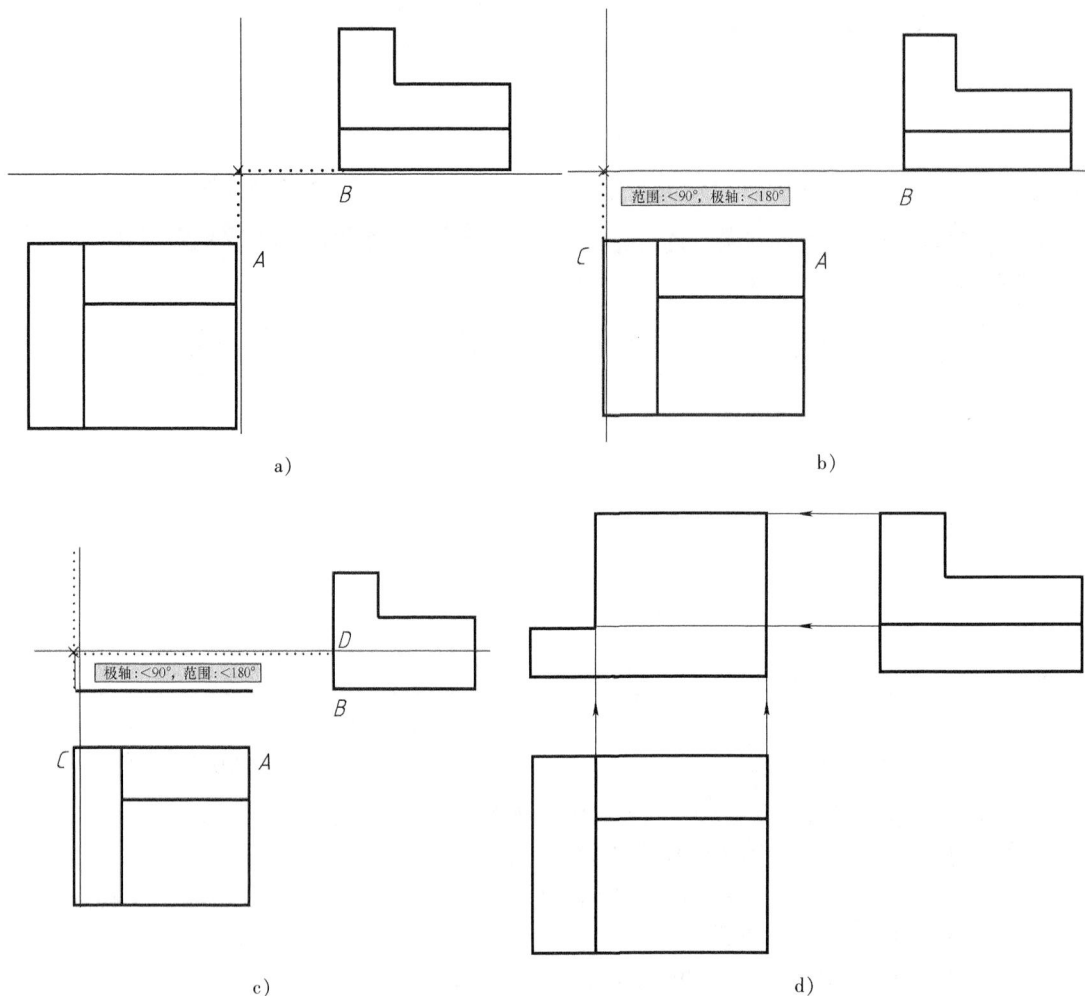

a)

b)

c)

d)

图 3-5 补画主视图外轮廓图线

a）确定第1点 b）确定第2点 c）确定第3点 d）完成主视图外轮廓图线

4）利用"极轴追踪"、"对象捕捉"和"对象追踪"命令，保证"长对正，高平齐"，完成主视图外轮廓其余各线条，如图3-5d所示。

（4）绘制主视图其余直线，结果如图3-6所示。

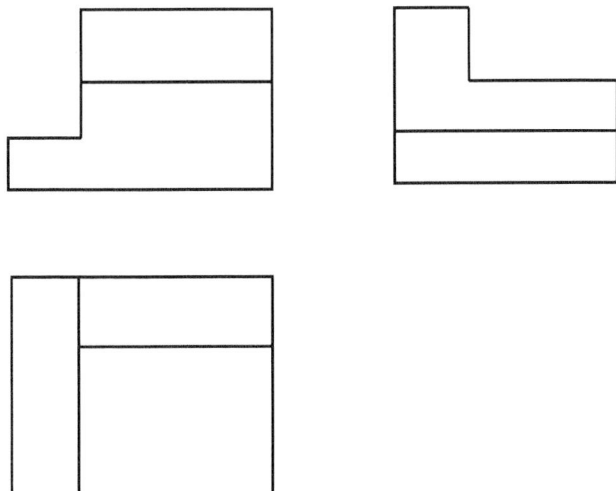

图3-6　主视图完成效果图

【**案例3-2**】　打开素材资料中的"案例3-2. dwg"，根据轴测图，补画组合体俯视图，如图3-7所示。

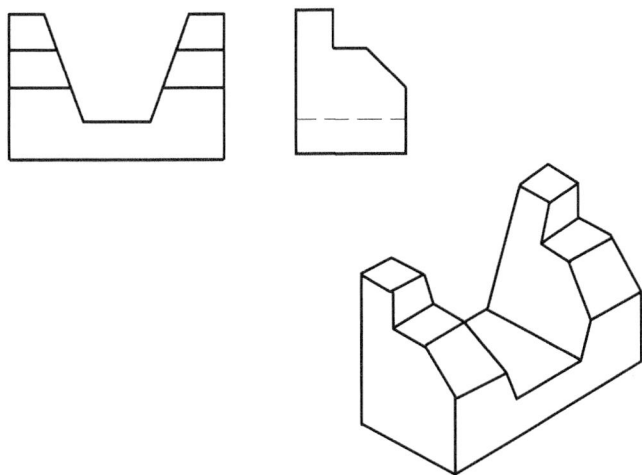

图3-7　案例3-2的补画俯视图

1. 画法分析

已知主视图和左视图，补画俯视图，需要满足"长对正，宽相等"的投影关系。本案例通过绘制135°作图辅助线，启用"临时对象追踪点"来保证"长对正，宽相等"。

2. 操作步骤

（1）打开素材资料中的"案例3-2. dwg"。

（2）在草图设置对话框中设置极轴追踪模式；在"极轴角设置"功能区选择"增量角"为"45"；在"对象捕捉追踪设置"功能区点选"用所有极轴角设置追踪"单选项，如图3-8所示。

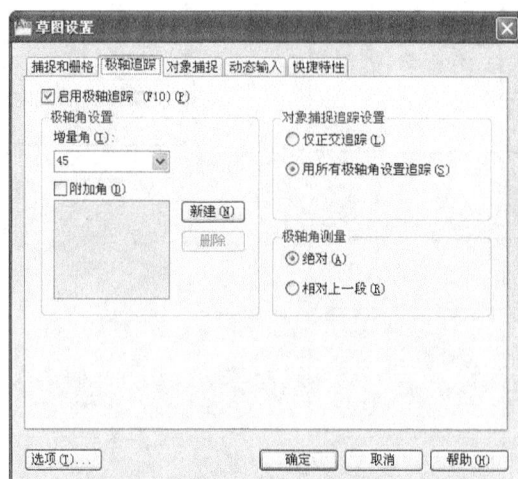

图3-8   "草图设置"对话框"极轴追踪"选项卡的设置

🖱 **操作提示：** 在投影视图的绘制中均需设置对象捕捉模式和十字光标的大小。草图设置中的对象捕捉模式和十字光标大小的显示设置在案例3-1中已经作了介绍，后续案例不重复介绍。

（3）补画组合体俯视图。

1）绘制135°作图辅助线：启动"直线"命令，捕捉左视图 A 点，向下正交追踪适当的位置 B 点，如图3-9a所示；利用极轴追踪线在左视图下方画出一条135°作图辅助线，如图3-9b所示。

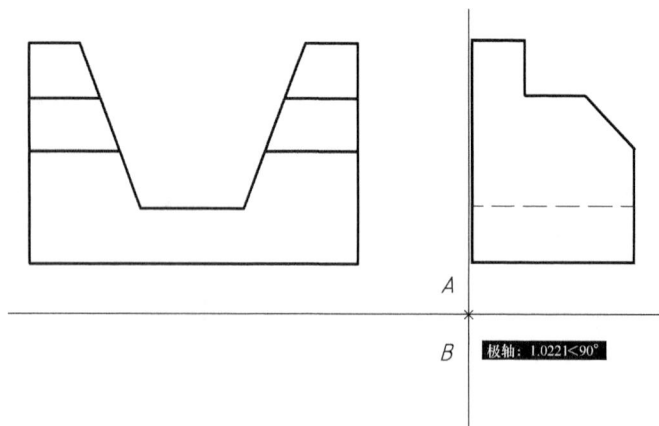

a)

图3-9　绘制135°作图辅助线

a）确定第1点

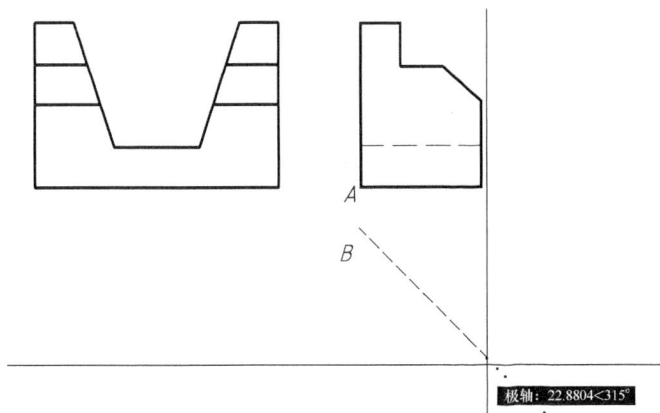

b)

图 3-9 （续）

b）确定第 2 点

2）绘制俯视图外轮廓线，作图步骤如图 3-10 所示。

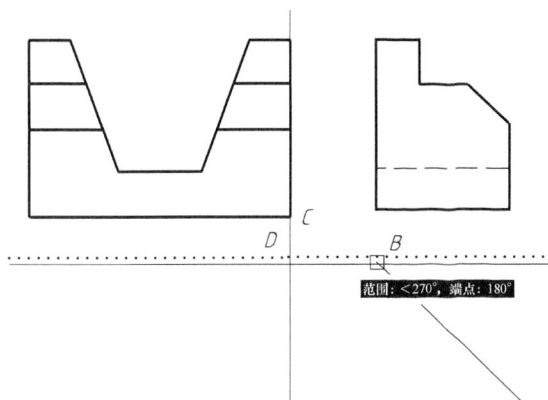

a)

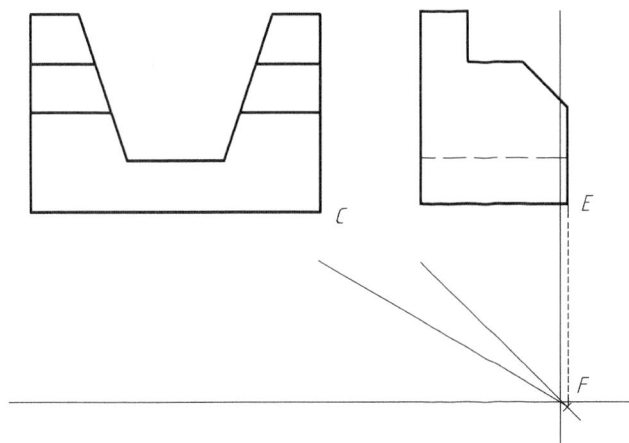

b)

图 3-10 绘制俯视图外轮廓线

a）确定点 *D* b）抬取临时追踪点 *F*

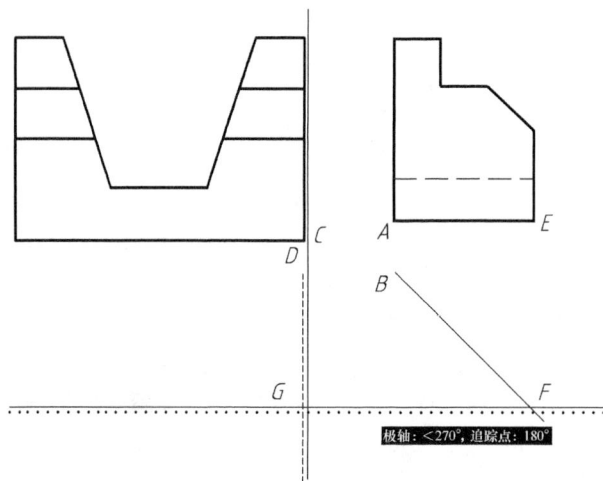

c)

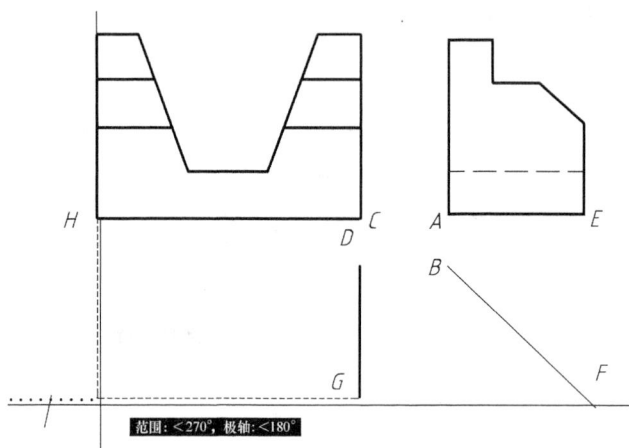

d)

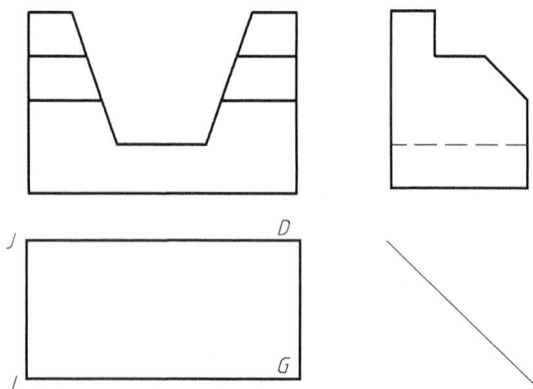

e)

图 3-10 （续）

c）确定点 G　d）确定点 I　e）确定点 J

启动"直线"命令，调用"临时追踪点"命令，命令行有如下显示：

命令：_line↙

指定第一点：（拾取如图 3-10a 所示 D 点）

指定下一点或 [放弃（U）]：tt↙，指定临时对象追踪点：（拾取如图 3-10b 所示 F 点）

指定下一点或 [放弃（U）]：（拾取如图 3-10c 所示 G 点）

指定下一点或 [放弃（U）]：（拾取如图 3-10d 所示 I 点）

指定下一点或 [闭合（C）/放弃（U）]：（拾取如图 3-10e 所示 J 点）

指定下一点或 [闭合（C）/放弃（U）]：c↙

3）绘制俯视图小矩形。启动"直线"命令，作图步骤如图 3-11 所示。

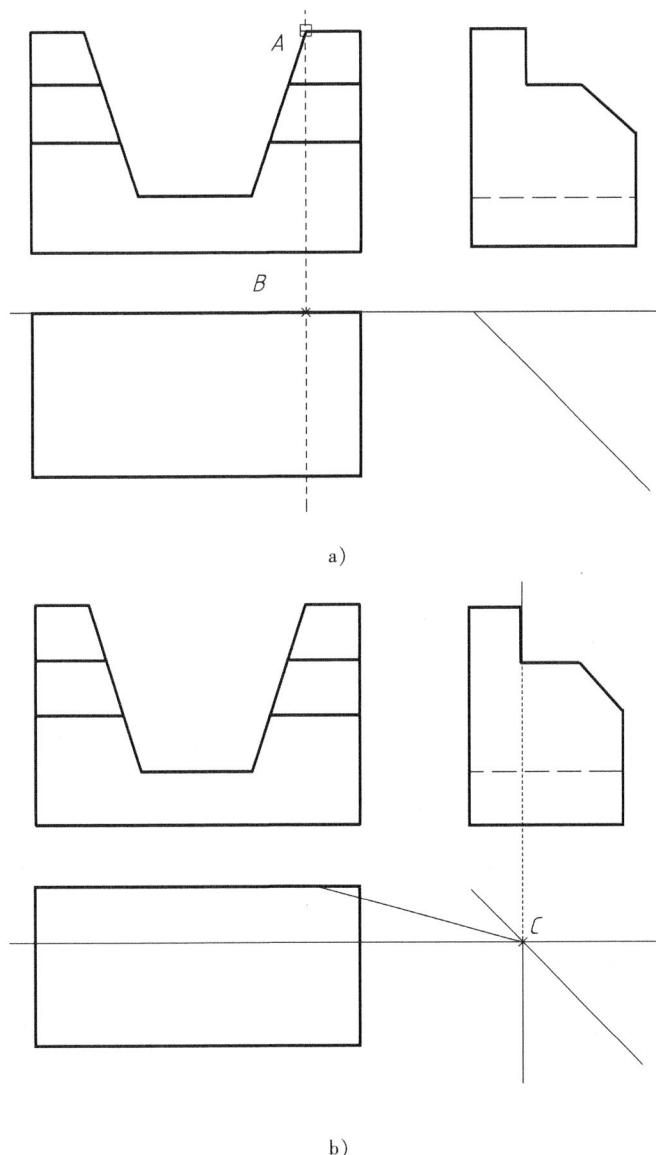

a)

b)

图 3-11　绘制俯视图小矩形

a）确定点 B　b）拾取临时追踪点 C

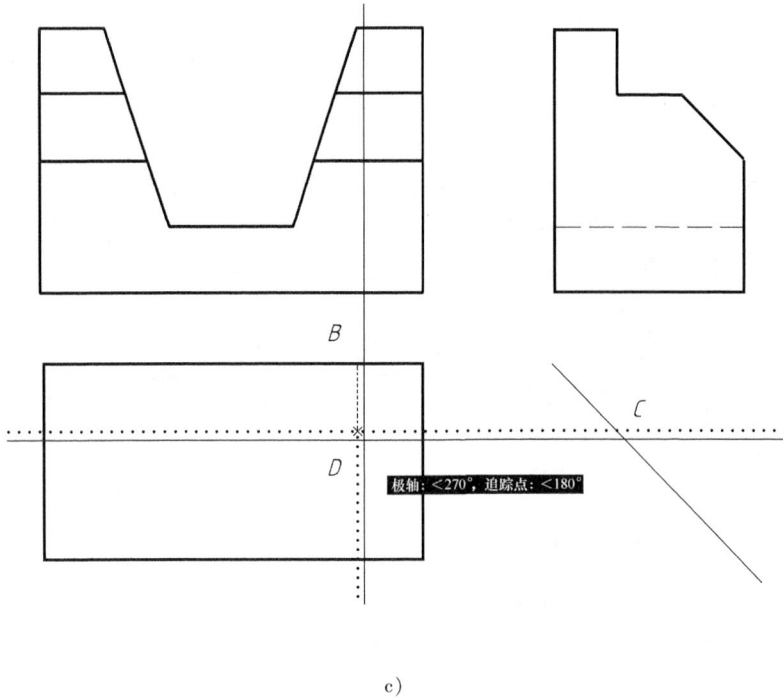

c)

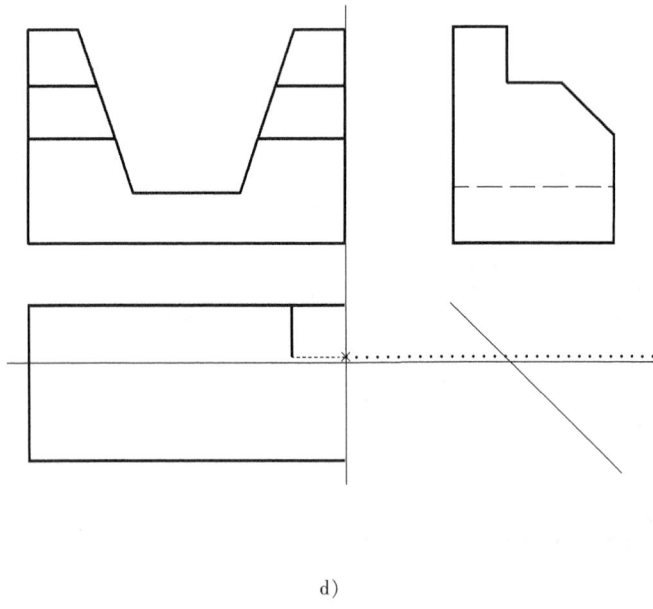

d)

图 3-11　（续）

c）确定点 *D*　d）确定垂直线交点

4）绘制俯视图右边其余图线。启动"直线"命令，作图步骤如图 3-12 所示。

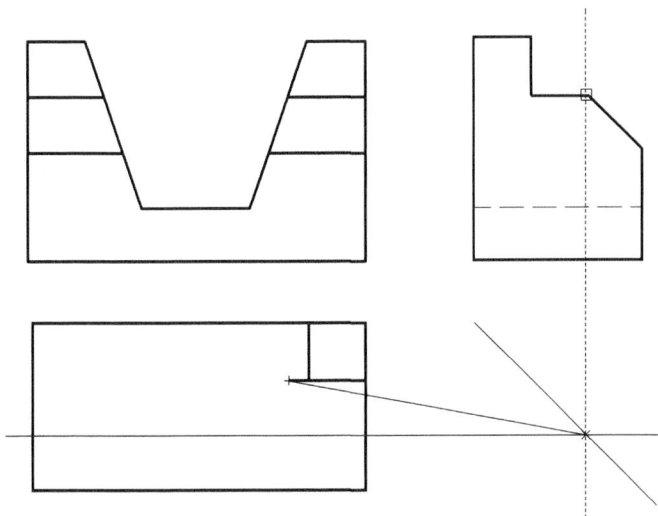

a)

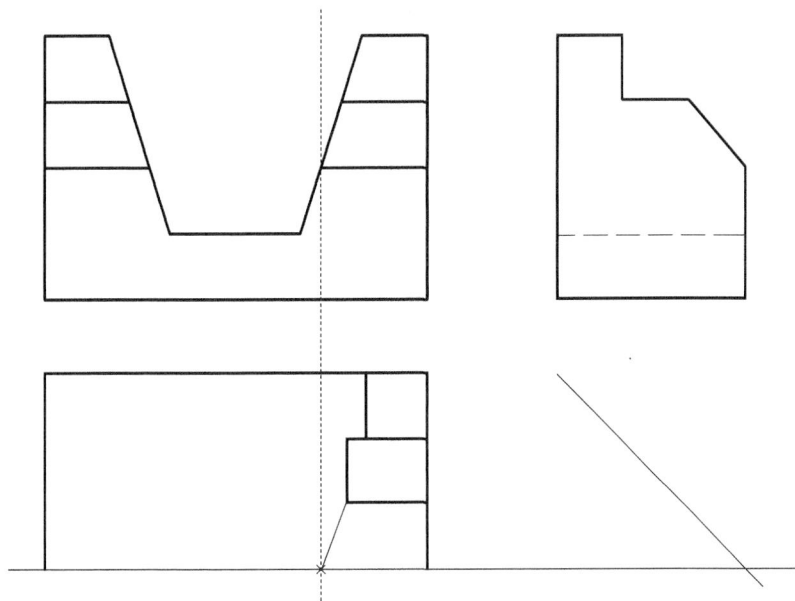

b)

图 3-12　绘制俯视图右边其余图线

a）拾取临时追踪点　b）绘制斜线

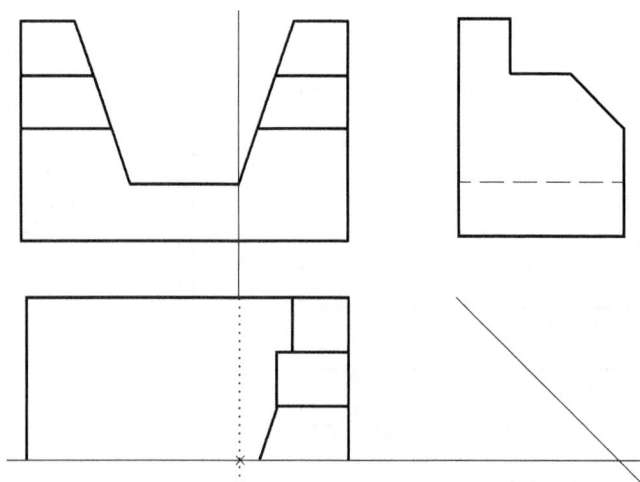

c)

图 3-12 （续）

c）确定垂直线交点

5）完成俯视图。鼠标在状态栏"对象捕捉"按钮上单击鼠标右键，弹出快捷菜单，如图 3-13 所示，单击"中点"选项，启动"镜像"命令，作图步骤如图 3-14 所示。

图 3-13　在对象捕捉模式中增加"中点"选项

a)   b)

c)

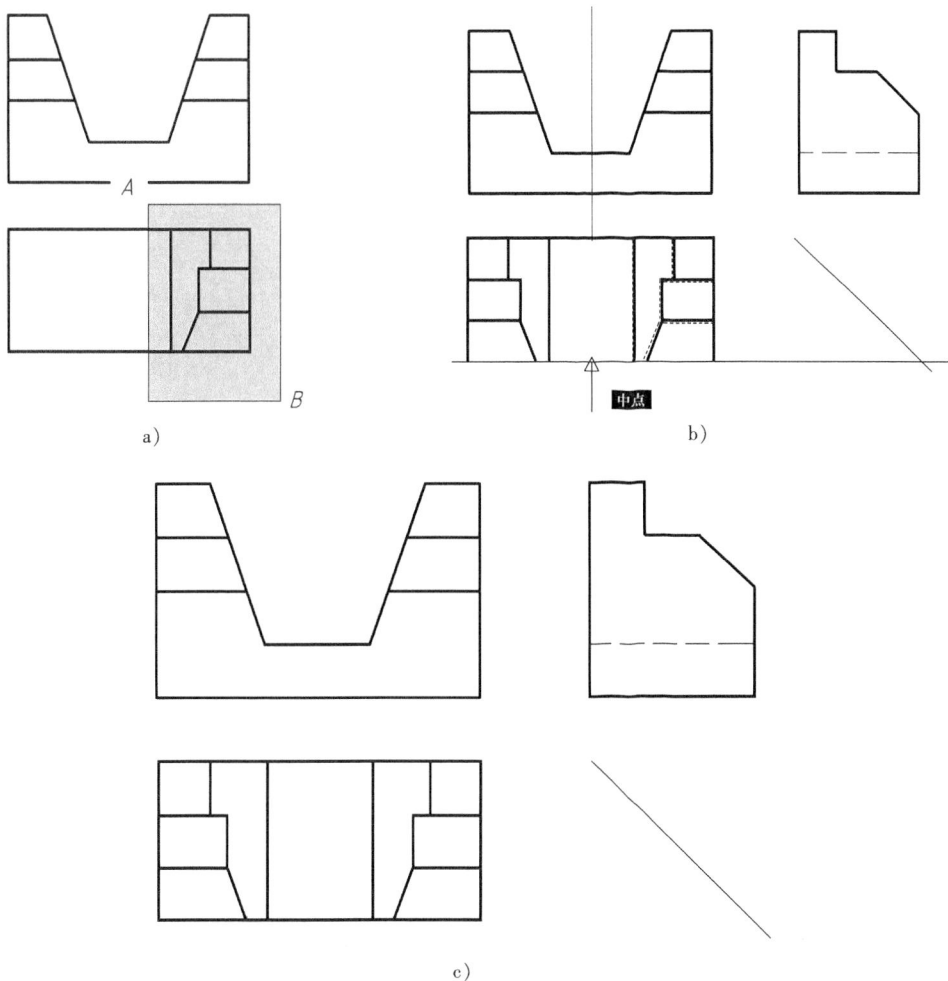

图 3-14　启动"镜像"命令完成俯视图

a）框选对角点 *A*、*B*　b）拾取两处中点确定镜像中心线　c）完成俯视图

🖱 **操作提示**：在 AutoCAD 2010 中，对象捕捉模式的打开或关闭，可随时用鼠标右击状态栏"对象捕捉"按钮，在弹出的快捷菜单中进行。

【案例 3-3】　打开素材资料中的"案例 3-3. dwg"，如图 3-15 所示。已知组合回转体的主视图和左视图，补画俯视图。

1. 画法分析

组合回转体左边的截面为正垂面，经过锥顶切割，其截面为等腰三角形；中间为水平面切割圆柱，其截面为矩形；右边为正垂面切割圆柱，其截面是由椭圆和直线组成的平面图形。在 AutoCAD 中，"对齐"命令用于将选定的对象与其他对象对齐。本案例将利用对齐命令对已知左视图进行移动、旋转后补画俯视图，以保证"长对正，宽相等"。

2. 操作步骤

（1）打开素材资料中的"案例 3-3. dwg"。

（2）补画俯视图。

1）绘制回转体外轮廓线。启动"复制"、"镜像"命令，作图步骤如图 3-16 所示。

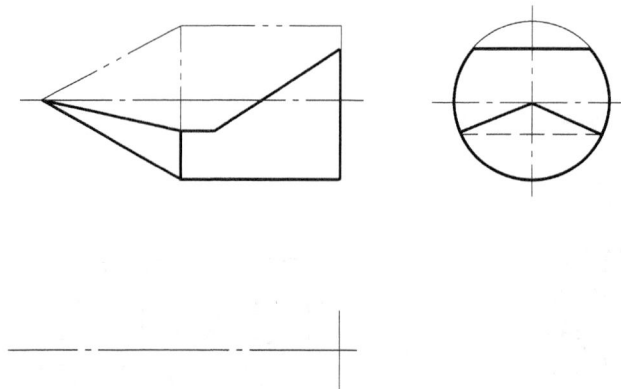

图 3-15　案例 3-3 的补画俯视图

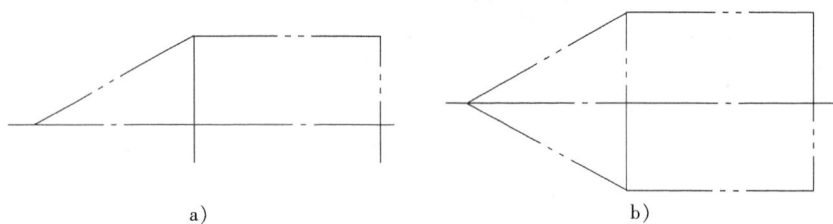

a)　　　　　　　　　　　　　　　　b)

图 3-16　绘制回转体外轮廓线

a）复制主视图上外轮廓线到指定位置　b）镜像后完成外轮廓线

2）对齐左视图，作图步骤如图 3-17 所示。

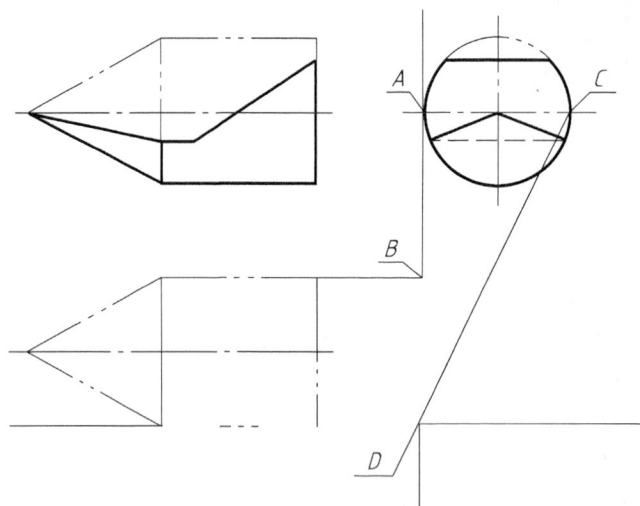

图 3-17　对齐左视图

启动"对齐"命令的方法：

● 选择"修改"→"三维操作"→"对齐"菜单选项。

● 在命令行中输入"align"命令。

命令行有如下显示：

命令：<u>align</u>↙

选择对象：(框选左视图不包括中心线) 找到 1 个，总计 6 个

选择对象：↙

指定第一个源点：(拾取如图 3-17 所示 A 点)

指定第一个目标点：(拾取如图 3-17 所示 B 点)

指定第二个源点：(拾取如图 3-17 所示 C 点)

指定第二个目标点：(拾取如图 3-17 所示 D 点)

指定第三个源点或 <继续>：↙

3）绘制俯视图左边等腰三角形和中间矩形截交线。启动"直线"命令，利用图 3-18 所示的追踪线作图。

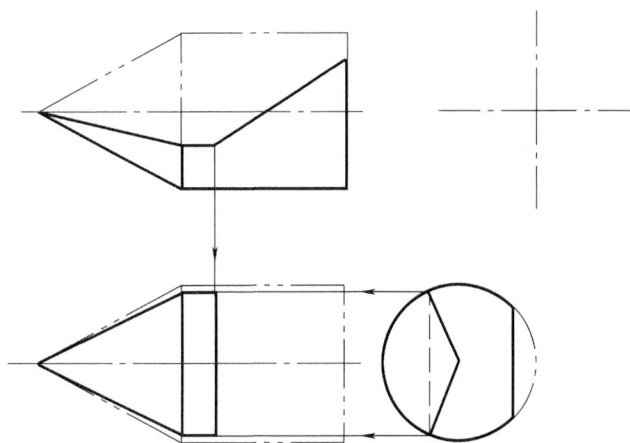

图 3-18　绘制俯视图左边等腰三角形和中间矩形截交线

4）绘制俯视图右边椭圆弧截交线。启动"直线"、"椭圆"和"修剪"命令，作图步骤如图 3-19 所示。

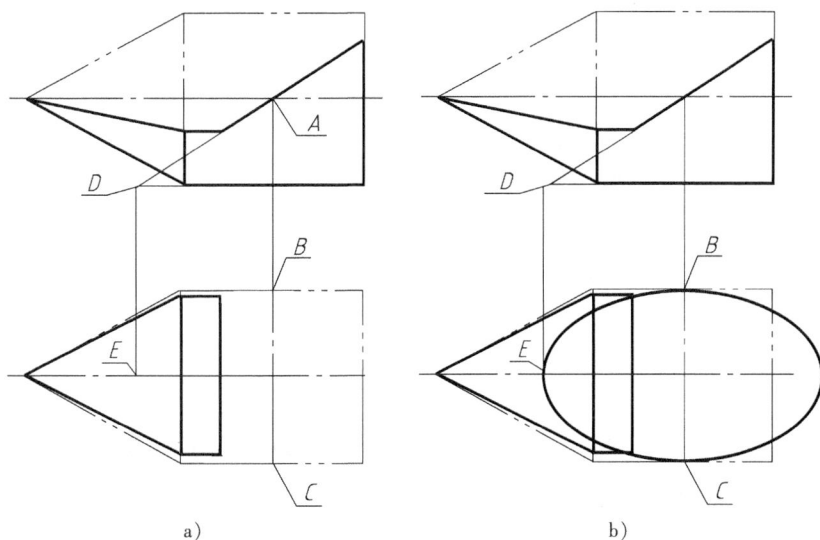

a)　　　　　　　　　　　　　b)

图 3-19　绘制俯视图椭圆弧截交线

a）由图示 A、D 两点确定椭圆 3 个端点 B、C、E　b）过 B、C、E 3 个端点绘制椭圆

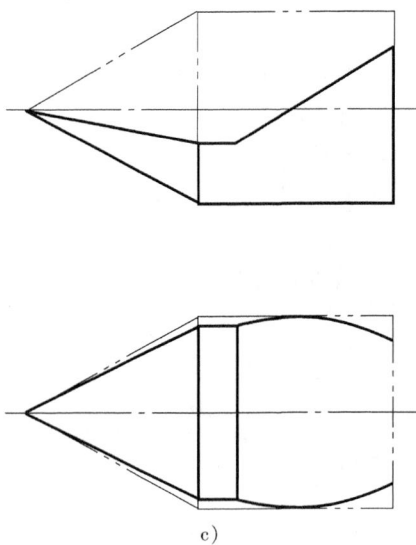

图 3-19 （续）

c）启动"修剪"命令得到椭圆弧

5）完成俯视图。启动"直线"命令绘制外轮廓线，删除多余线条，结果如图 3-20 所示。

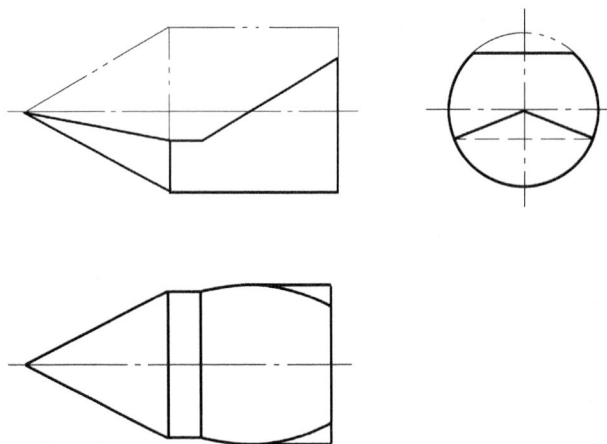

图 3-20　完成俯视图

【案例 3-4】　打开素材资料中的"案例 3-4.dwg"，如图 3-21 所示。已知圆柱穿孔后的主视图和俯视图，补画左视图。

1. 画法分析

本案例要绘制的左视图有 4 种相贯线，其中两个相等直径的内孔相贯线处于特殊位置，投影后为直线；另 3 种相贯线将利用圆弧命令实现。

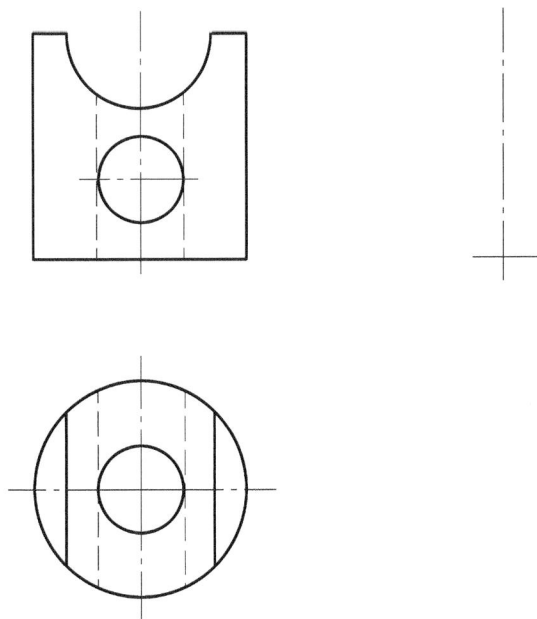

图 3-21　案例 3-4 补画左视图

2. 操作步骤

（1）打开素材资料中的"案例 3-4. dwg"。

（2）补画左视图。

1）绘制回转体内外轮廓线，如图 3-22 所示。

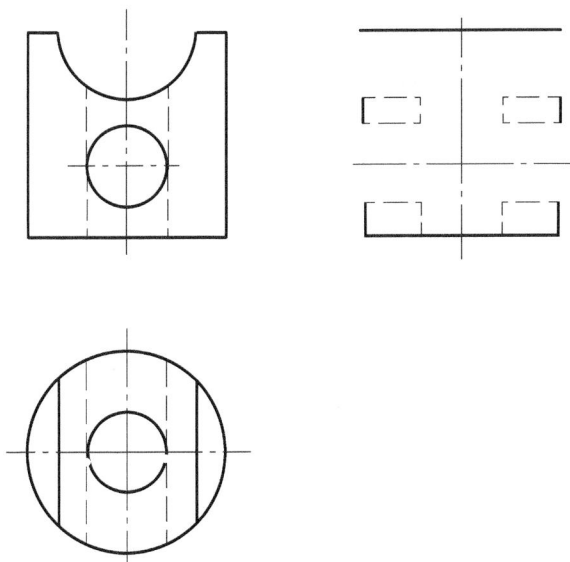

图 3-22　绘制回转体内外轮廓线

2）绘制内孔纵向相贯线，作图步骤如图 3-23 所示。

3）绘制水平内孔相贯线，作图步骤如图 3-24 所示。

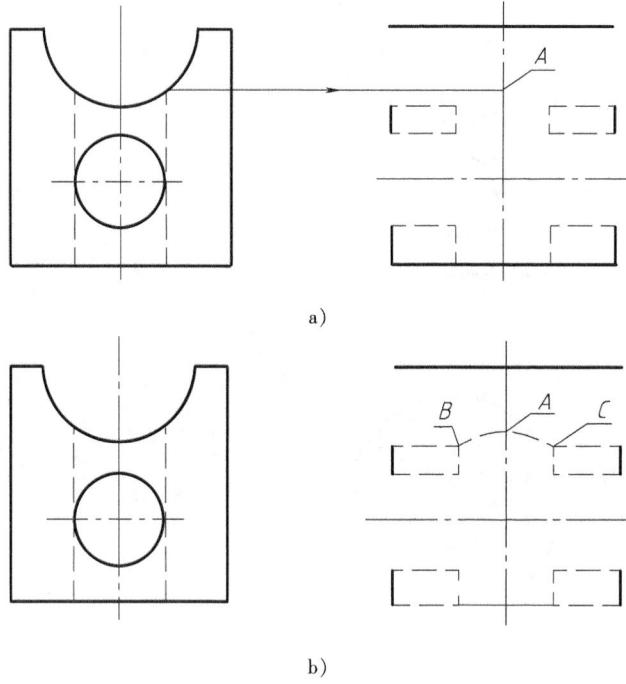

图 3-23　绘制内孔纵向相贯线

a）作水平辅助线得到交点 A　b）用圆弧命令顺次连接 B、A、C 三点得到相贯线

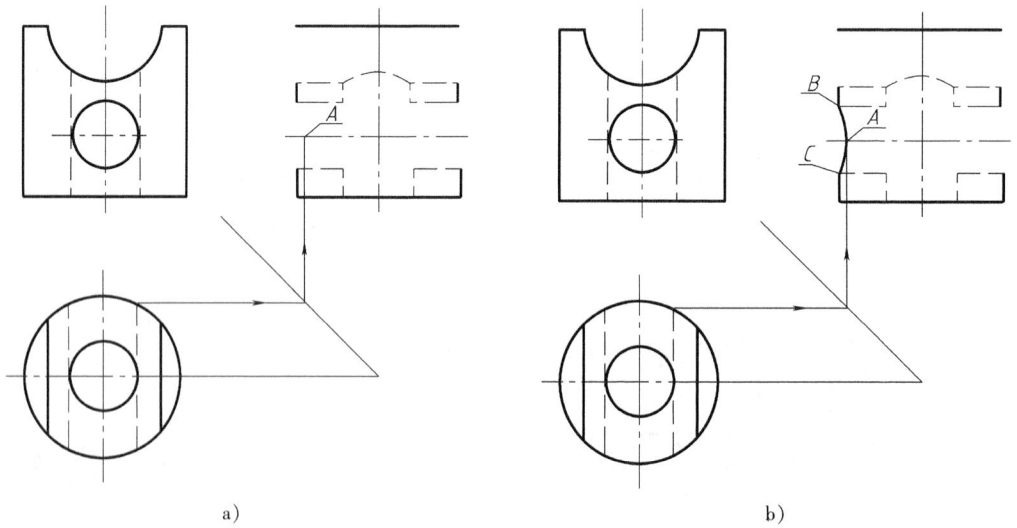

图 3-24　绘制水平内孔相贯线

a）利用 135°辅助线得到交点 A　b）用圆弧命令顺次连接 B、A、C 三点得到相贯线

4）绘制回转体上方半圆柱孔相贯线，作图步骤如图 3-25 所示。

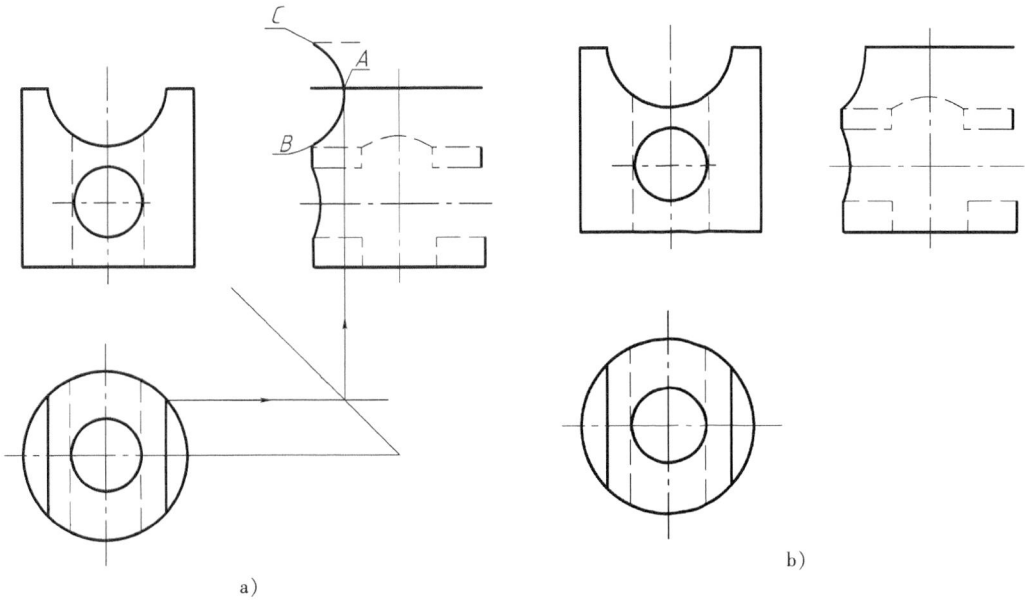

图 3-25　绘制回转体上方半圆柱孔相贯线
a）绘制圆弧　b）修剪多余相贯线

5）完成左视图，结果如图 3-26 所示。

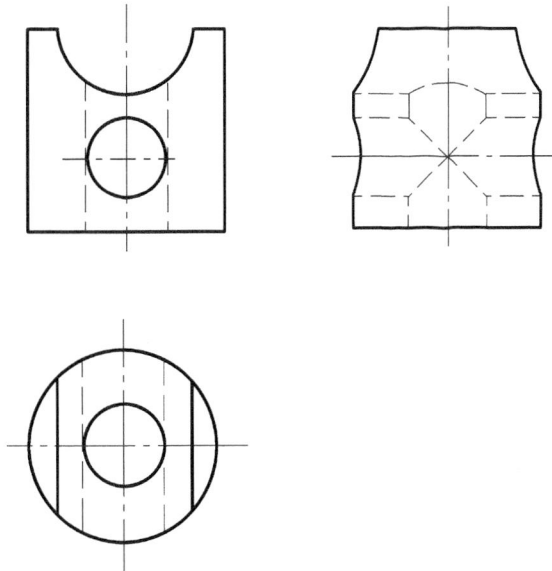

图 3-26　完成左视图

3.1.2　轴测图与三视图

【案例 3-5】　打开素材资料中的"案例 3-5. dwg"，如图 3-27 所示。根据轴测图，按 1:1的比例画出该组合体的三视图。

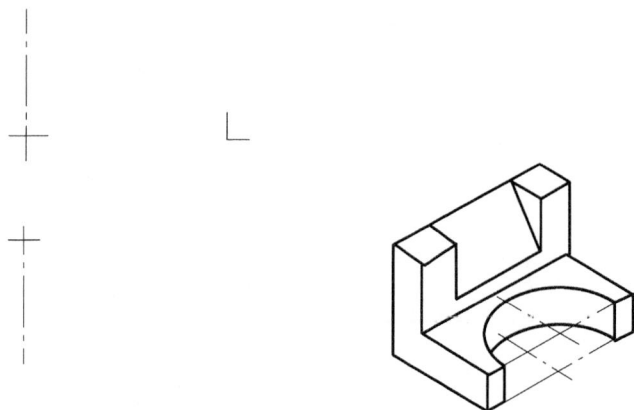

图 3-27　案例 3-5 的组合体三视图

1. 画法分析

通过"对齐线性标注"量取轴测图上组合体的长、宽、高的尺寸，绘制三视图。

2. 操作步骤

（1）打开素材资料中的"案例 3-5. dwg"。

（2）画三视图

1）在所给轴测图上标注长度和高度尺寸，根据尺寸数字绘制主视图结果如图 3-28 所示。

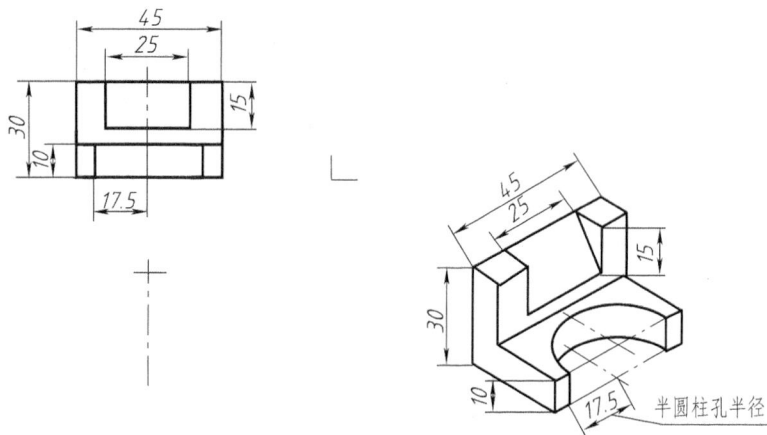

图 3-28　绘制主视图并标注尺寸

2）在轴测图上标注宽度尺寸，根据尺寸数字绘制俯视图结果如图 3-29 所示。

3）启动"高平齐"命令并根据宽度尺寸绘制左视图。完成三视图的结果如图 3-30 所示。

【**案例 3-6**】　打开素材资料中的"案例 3-6. dwg"，如图 3-31 所示。根据组合体三视图，按 1:1 的比例画出该组合体的正等轴测图。

1. 画法分析

在 AutoCAD 2010 中，使用轴测投影模式是绘制正等轴测图最简便的方法。当激活轴测投影模式时，"捕捉"和"栅格"被调整到正等轴测图的 X 轴、Y 轴和 Z 轴方向。单击

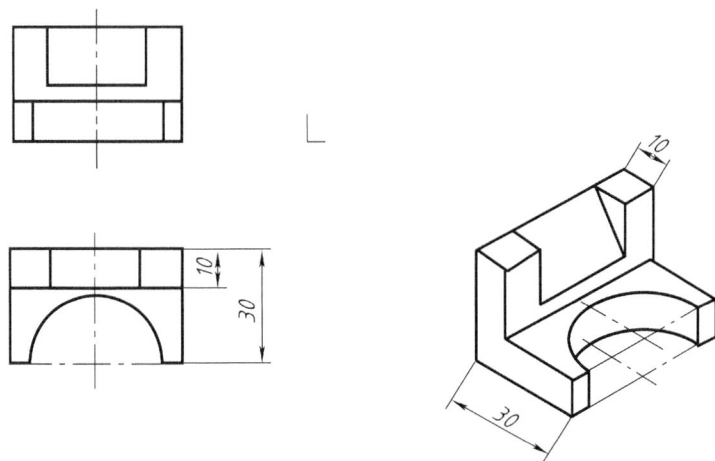

图 3-29 绘制俯视图并标注尺寸

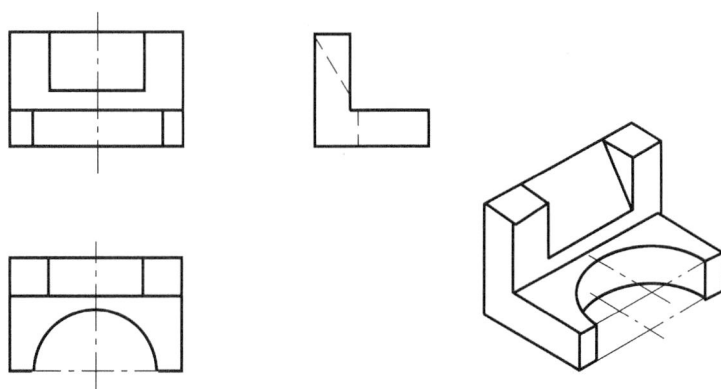

图 3-30 完成三视图

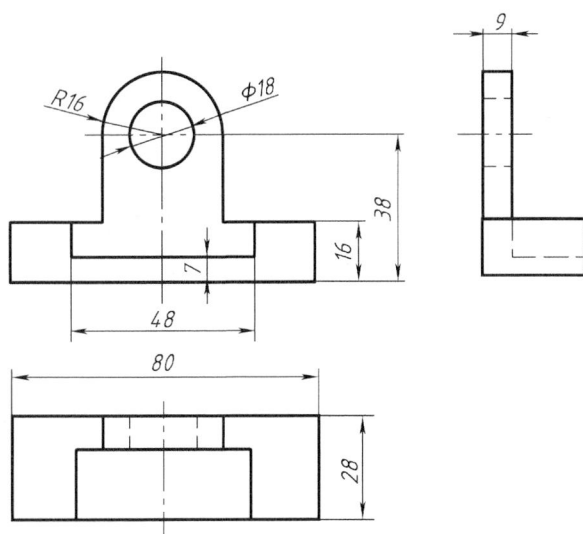

图 3-31 案例 3-6 的三视图

<F5>键可实现等轴测平面切换。

2. 操作步骤

（1）打开素材资料中的"案例3-6. dwg"。

（2）设置轴测投影模式。

1）设置极轴追踪模式：选择"草图设置"对话框→"极轴追踪"选项卡→选择"增量角"为"30"，点选"对象捕捉追踪设置"区域中的"用所有极轴角设置追踪"，并勾选"启用极轴追踪"，如图3-32所示。

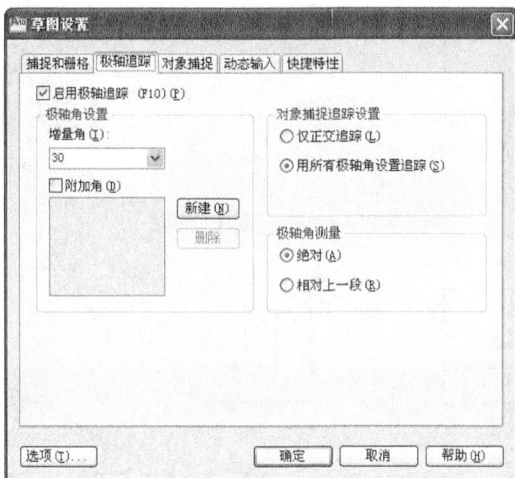

图3-32 在"草图设置"对话框中设置"极轴追踪"选项卡

2）激活轴测投影模式：在"草图设置"对话框→"捕捉和栅格"选项卡→"捕捉类型"功能区点选"等轴测捕捉"，如图3-33所示。

图3-33 在"草图设置"对话框中激活轴测投影模式

（3）画正等轴测图。

1）连续单击<F5>键，直至命令行显示"等轴测平面右视"。按图3-34所示尺寸画出凹形图形。

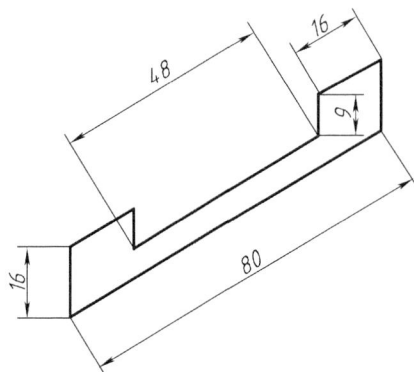

图 3-34 绘制凹形图形

2）继续启用"直线"命令，完成如图 3-35 所示图形。

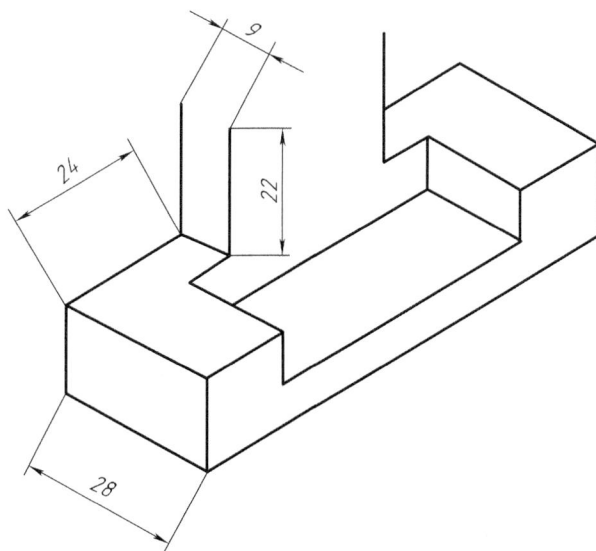

图 3-35 启用"直线"命令完成图形

3）绘制等轴测圆。启动椭圆命令，作图步骤如图 3-36 所示。

命令行有如下显示：

命令：ellipse↙

指定椭圆轴的端点或［圆弧（A）／中心点（C）／等轴测圆（I）］：I↙

指定等轴测圆的圆心：(捕捉如图 3-36a 所示 *A* 点，30°追踪) 16↙

指定等轴测圆的半径或 [直径 (D)]：18↙

命令：ELLIPSE

指定椭圆轴的端点或 [圆弧 (A) /中心点 (C) /等轴测圆 (I)]：I↙

指定等轴测圆的圆心：(拾取大椭圆圆心)

指定等轴测圆的半径或 [直径 (D)]：9↙

按照图 3-36b、c 所示完成等轴测圆的绘制。

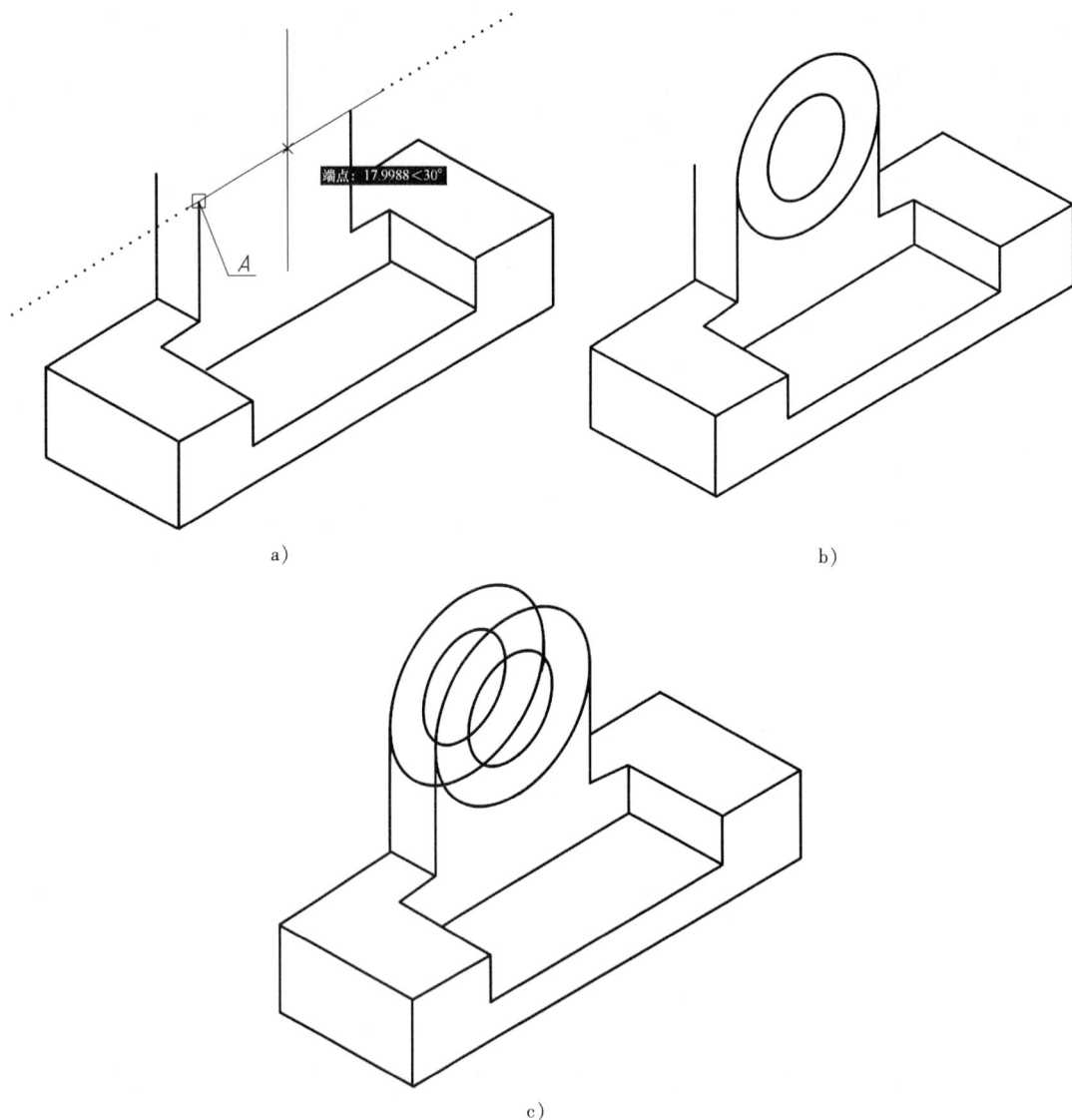

a)

b)

c)

图 3-36　绘制等轴测圆

a) 捕捉椭圆圆心　b) 绘制两个等轴测圆　c) 复制两个等轴测圆

4) 绘制直线，并修剪整理图形，作图步骤如图 3-37 所示。

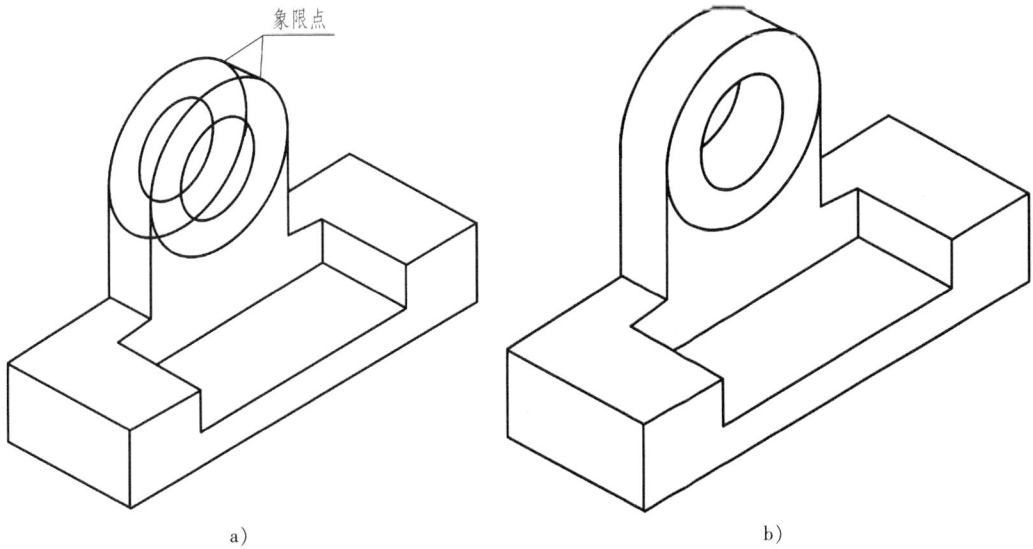

图 3-37　完成轴测图

a) 拾取象限点绘制直线　b) 修剪不可见等轴测圆圆弧

3.1.3　斜视图画法

【案例 3-7】　绘制如图 3-38 所示弯板。

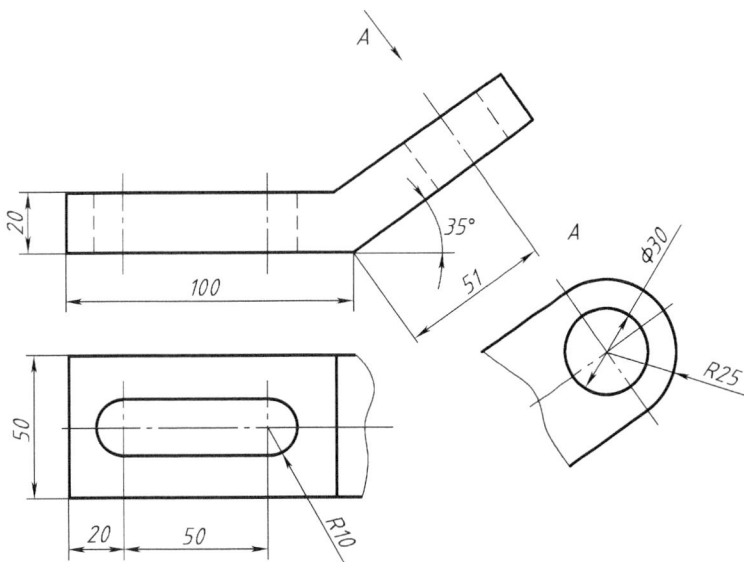

图 3-38　案例 3-7 的弯板

1. 画法分析

弯板右边结构倾斜，可用斜视图表达。根据所给出的尺寸画出旋转后的图形再启用"对齐"命令实现旋转。在 AutoCAD 中，"样条曲线"命令常用于绘制局部剖视图的分界线、相贯体的相贯线、已知多点分布位置的光滑连接线等。本案例中的波浪线可启用"样条曲线"绘制。

2. 操作步骤

（1）打开素材资料中的"视图样板．dwg"。

（2）绘制弯板主视图基本轮廓线，作图步骤如图 3-39 所示。

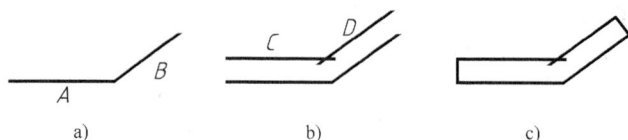

图 3-39　绘制弯板主视图基本轮廓线

a）根据所给尺寸绘制 A、B 直线　b）偏移得到 C、D 直线　c）绘制弯板两端轮廓线

（3）绘制弯板俯视图。

1）绘制弯板俯视图基本轮廓线，作图步骤如图 3-40 所示。

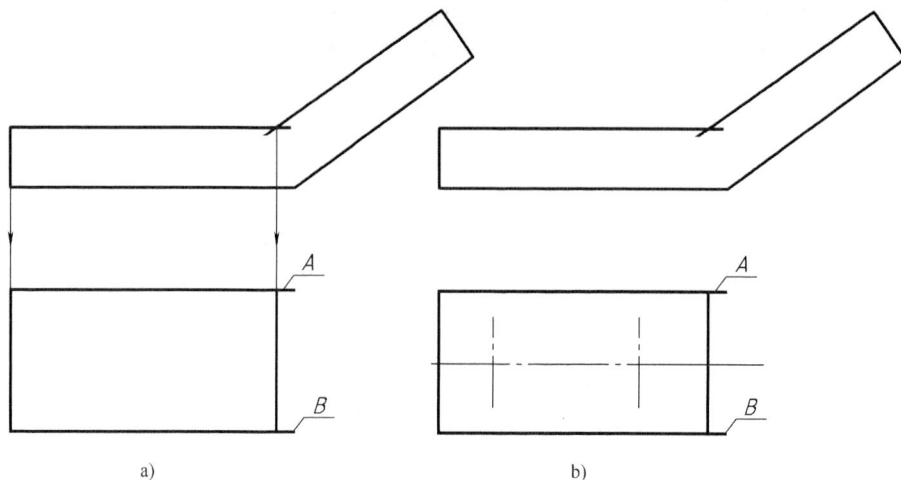

图 3-40　绘制弯板俯视图基本轮廓线

a）绘制可见轮廓线　b）绘制中心线

2）绘制波浪线，作图结果如图 3-41 所示。

启动"样条曲线"命令的方法：

- 选择"绘图"→"样条曲线"菜单选项。
- 选择"绘图"工具条图标～。
- 在命令行中输入"spline"命令。

命令行有如下显示：

命令：spline ↙

指定第一个点或［对象（O）］：（拾取如图 3-41 所示端点 A）

指定下一点：＜对象捕捉 关＞＜正交 关＞（拾取目测中间点）

指定下一点或［闭合（C）／拟合公差（F）］＜起点切向＞：（拾取目测中间点）

指定下一点或［闭合（C）／拟合公差（F）］＜起点切向＞：＜对象捕捉 开＞（拾取如图 3-41 所示端点 B）

指定下一点或［闭合（C）／拟合公差（F）］＜起点切向＞：↙

指定起点切向：↙

指定端点切向：↙

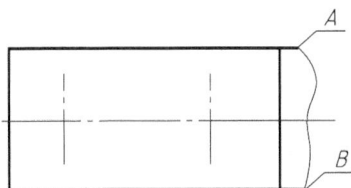

图 3-41　绘制波浪线

3）绘制长圆形槽，结果如图 3-42 所示。

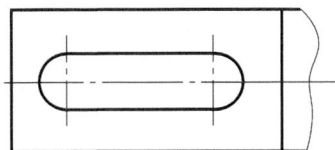

图 3-42　绘制长圆形槽

（4）绘制弯板长圆形槽的主视图投影，结果如图 3-43 所示。

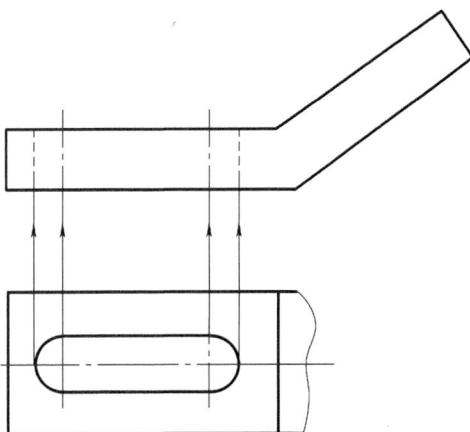

图 3-43　绘制长圆形槽主视图投影

（5）启动"对齐"命令绘制斜视图，作图步骤如图 3-44 所示。

启动"对齐"命令，命令行有如下显示：

命令：align ↙

选择对象：(框选斜视图图形)

选择对象：↙

指定第一个源点：(拾取如图 3-44b 所示 *C* 点)

指定第一个目标点：(拾取如图 3-44b 所示 *A* 点)

指定第二个源点：(拾取如图 3-44b 所示 *D* 点)

指定第二个目标点：(拾取如图 3-44b 所示 *B* 点)

指定第三个源点或 ＜继续＞：↙

是否基于对齐点缩放对象？［是（Y）/否（N）］＜否＞：↙

（6）绘制弯板主视图上的圆孔投影，完成弯板图形结果如图 3-45 所示。

94

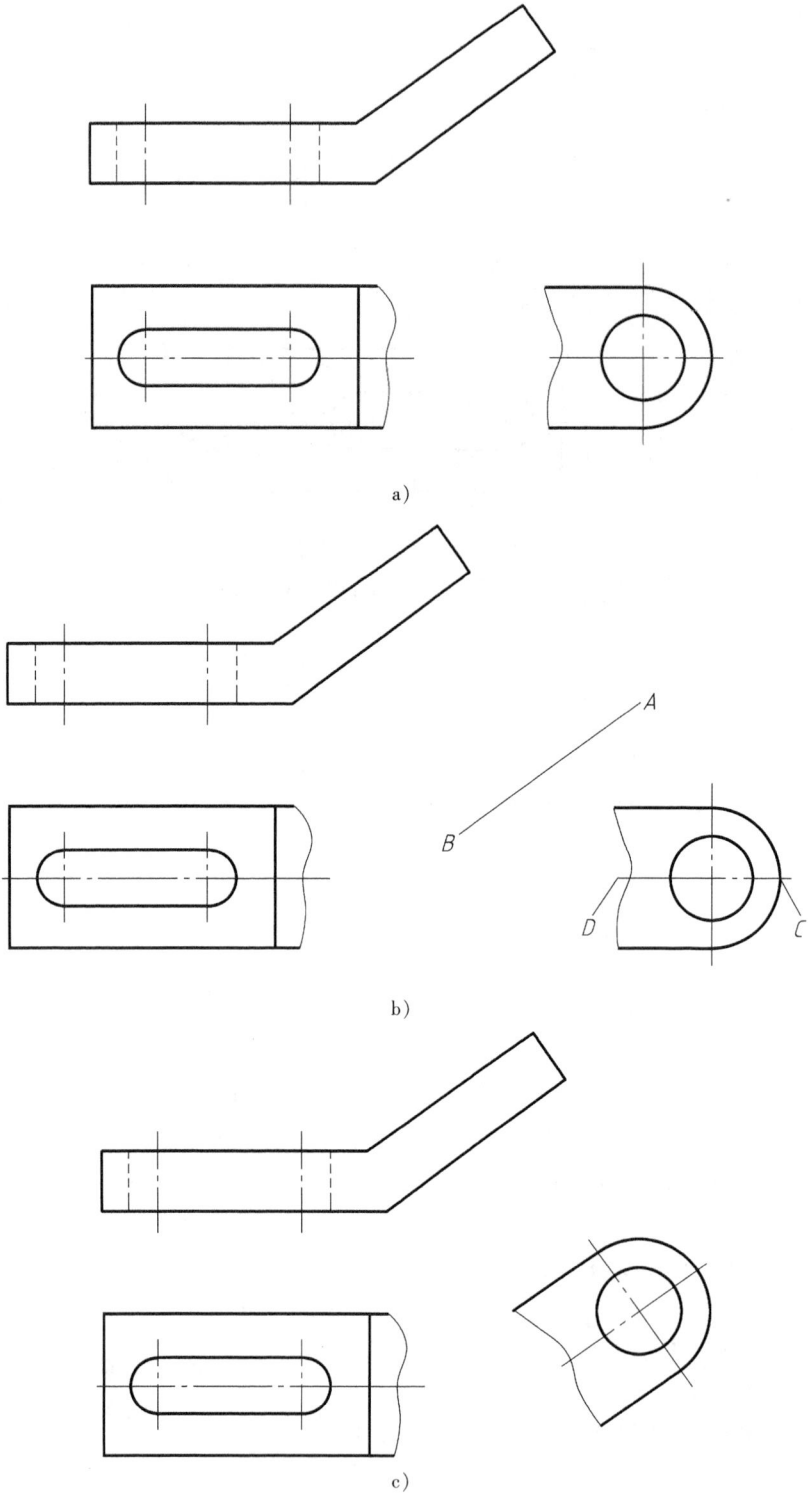

图 3-44　绘制弯板斜视图

a）在空白处绘制斜视图图形　b）偏移一条辅助直线 AB　c）用"对齐"命令对齐图形，并删除辅助线 AB

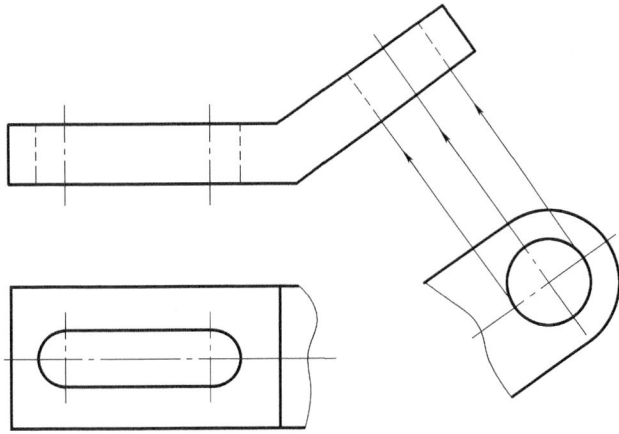

图 3-45　完成弯板图形

（7）选用"机械-7"的"尺寸标注样式"命令，标注所有尺寸，完成弯板绘制，结果如图 3-38 所示。

3.2　表达方法及画法

【**案例 3-8**】　绘制图 3-46 所示的连杆。

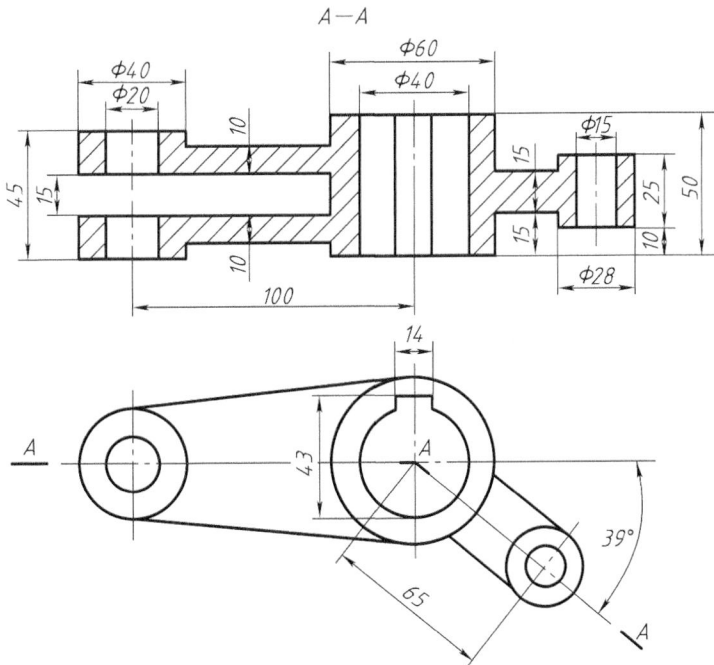

图 3-46　案例 3-8 的连杆

1. 画法分析

该连杆主视图是由两个相交剖切平面得到的全剖视图。本案例采用的画法是先绘制旋转到同一条水平线位置的俯视图，完成全剖视图后再绘制旋转倾斜部分。

2. 操作步骤

（1）打开素材资料中的"视图样板.dwg"。

（2）绘制连杆俯视图基本图形，作图步骤如图3-47所示。

a)

b)

c)

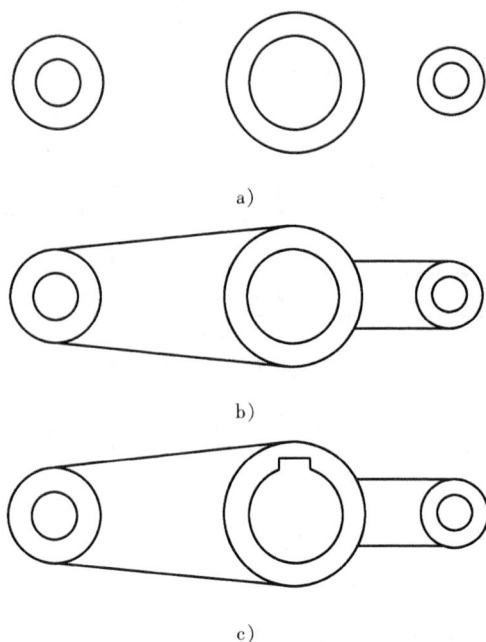

图3-47　绘制连杆俯视图基本图形

a）绘制6个圆　b）绘制4条直线　c）绘制键槽

（3）绘制连杆主视图基本图形，作图步骤如图3-48所示。

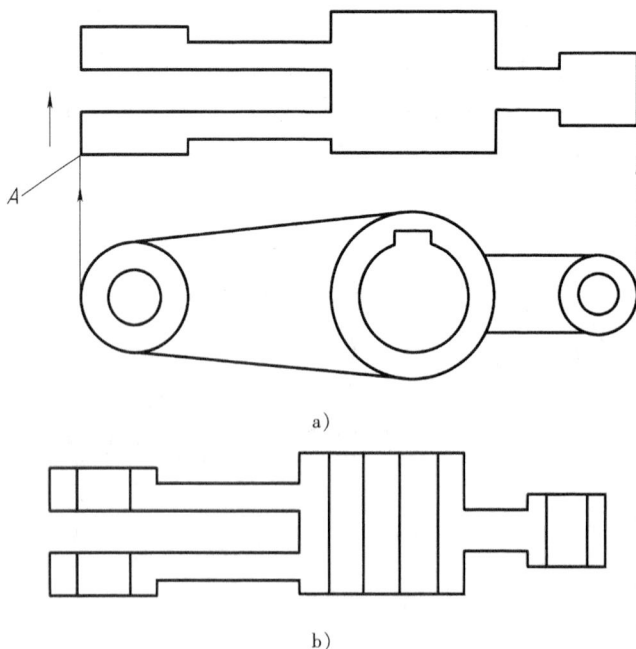

a)

b)

图3-48　绘制连杆主视图基本图形

a）从A点出发绘制连杆外轮廓线　b）绘制连杆竖直线段

（4）绘制连杆中心线，结果如图 3-49 所示。

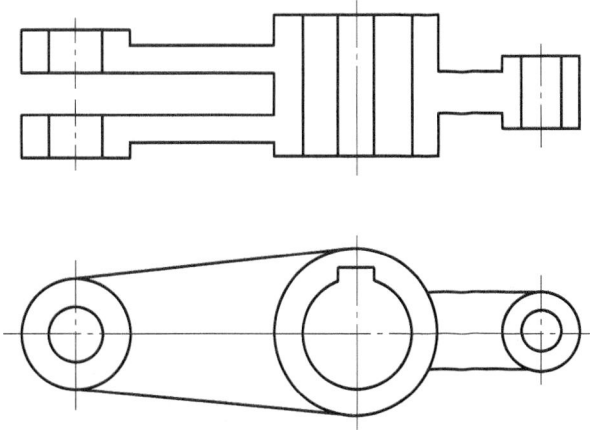

图 3-49　绘制连杆中心线

（5）启动"旋转"命令绘制连杆俯视图，结果如图 3-50 所示。

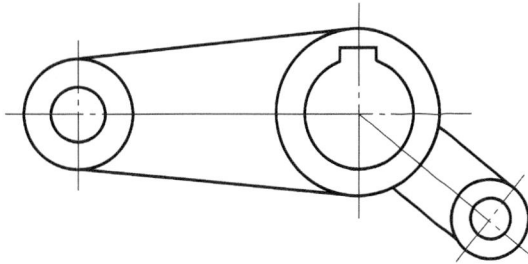

图 3-50　启动"旋转"命令绘制连杆俯视图

（6）标注剖视图标记。在粗实线层绘制假想剖切平面起、迄和转折处粗短划线，标注各处的标示文字，结果如图 3-51 所示。

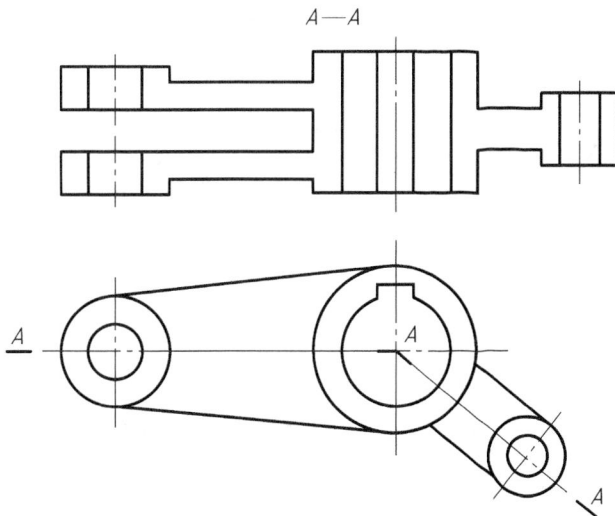

A—A

图 3-51　标注连杆剖视图标记

（7）绘制连杆主视图剖面符号，结果如图 3-52 所示。

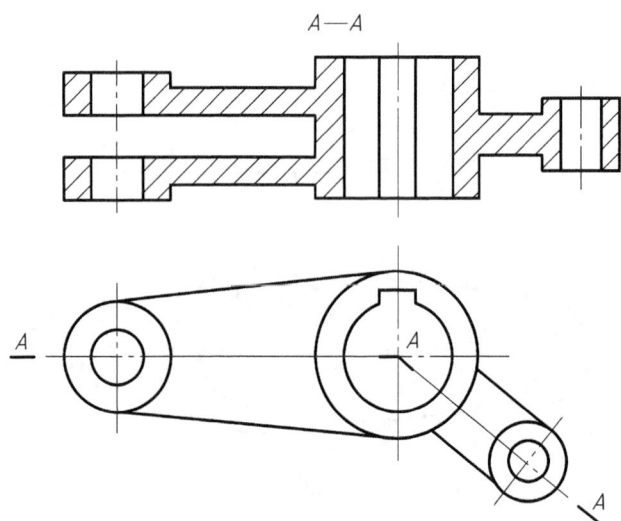

图 3-52　绘制连杆主视图剖面符号

（8）选用"机械-5"的"标注样式"命令，标注连杆所有线性尺寸和角度尺寸，结果如图 3-53 所示。

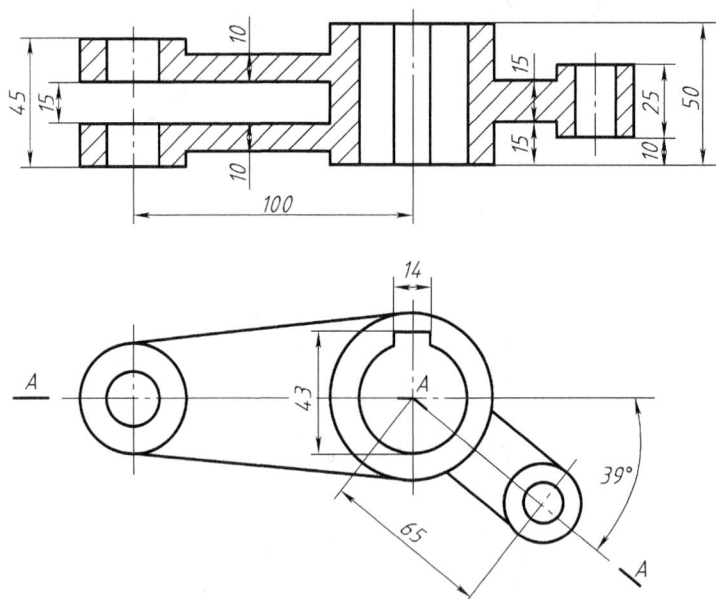

图 3-53　标注连杆线性尺寸和角度尺寸

（9）选用"机械-5 非圆"的"标注样式"命令，标注所有投影为非圆视图的直径尺寸，完成连杆的绘制，结果如图 3-46 所示。

【案例 3-9】　绘制图 3-54 所示导杆零件。

1. 画法分析

该导杆零件主视图是局部剖视图。比例为 2:1 的局部放大图，是为了表达开槽的细部，

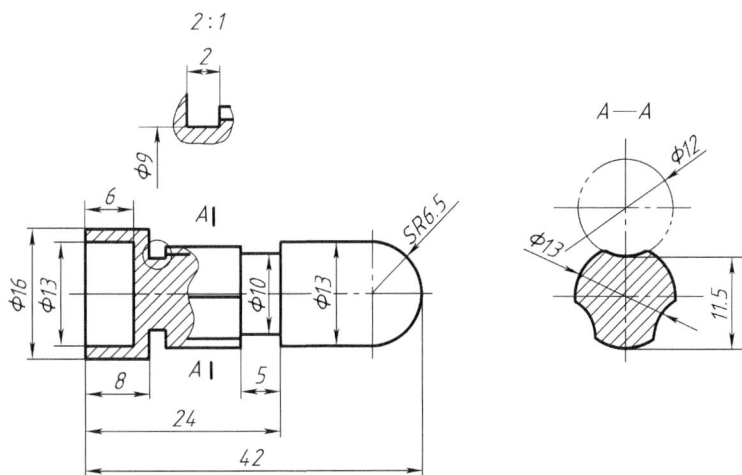

图 3-54 案例 3-9 的导杆零件

A-A 断面图则是为了表达圆弧铣削细部。在 AutoCAD 中,"缩放"命令用于修改选定对象或整个图形的大小,在 *X*、*Y*、*Z* 三个方向使用相同的缩放比例系数。本案例中的局部放大图运用缩放命令来实现。

2. 操作步骤

(1) 打开素材资料中的"视图样板.dwg"。

(2) 绘制导杆 *A-A* 断面图,作图步骤如图 3-55 所示。

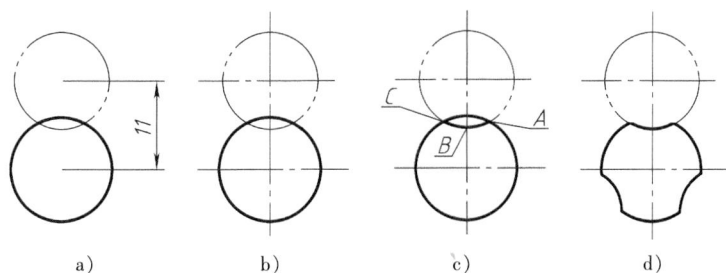

a) b) c) d)

图 3-55 绘制导杆 *A-A* 断面图

a) 绘制两个圆 b) 绘制中心线 c) 过 *A*、*B*、*C* 三个交点绘制圆弧 d) 阵列、修剪完成断面图

(3) 绘制导杆主视图。

1) 绘制导杆主视图中心线和辅助线,结果如图 3-56 所示。

2) 绘制导杆主视图轮廓线,如图 3-57a 所示。直线 *la* 追踪断面图上的 *A* 点,直线 *lb* 追踪断面图上的 *B* 点。

3) 删除辅助线。启动"镜像"命令完成导杆对称图形,如图 3-57b 所示。直线 *ld*、*le*、*lf* 分别追踪断面图上的 *D*、*E*、*F* 点。

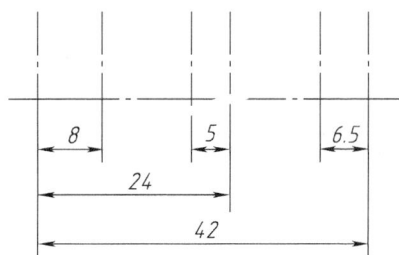

图 3-56 绘制导杆主视图中心线和辅助线

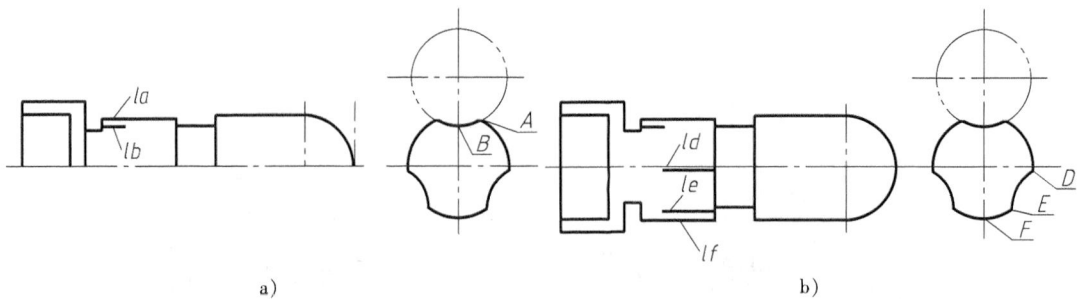

图 3-57　绘制导杆主视图轮廓线

a）绘制上方轮廓线　b）镜像完成下方轮廓线

4）绘制导杆主视图波浪线和小圆，结果如图 3-58 所示。

（4）绘制导杆局部放大图。

1）复制小圆及里面包含的线条到合适的位置，并以小圆为边界修剪，结果如图 3-59a 所示。

2）放大图形，结果如图 3-59b 所示。

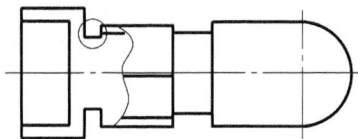

图 3-58　绘制导杆主视图波浪线和小圆

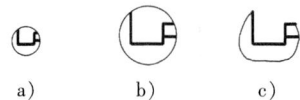

图 3-59　绘制导杆局部放大图

a）复制小圆并修剪　b）放大图形

c）完成放大图形

启动"缩放"命令的方法：

● 选择"修改"→"缩放"菜单选项。

● 选择"修改"工具条图标□。

● 在命令行中输入"scale"命令。

命令行有如下显示：

命令：scale↙

选择对象：指定对角点：（框选如图 3-59a 所示图形）找到 6 个

选择对象：↙

指定基点：（拾取小圆圆心）

指定比例因子或〔复制（C）／参照（R）〕＜1.0000＞：2↙

是否基于对齐点缩放对象？〔是（Y）／否（N）〕＜否＞：↙

3）绘制波浪线，删除小圆，结果如图 3-59c 所示。

（5）剖切文本标注。在粗实线层绘制假想剖切平面起、止处粗短划线，在合适的位置标注剖切标示文字及放大比例，结果如图 3-60 所示。

（6）绘制导杆剖面符号。启动"图案填充"命令，完成导杆零件图形的绘制，结果如图 3-61 所示。

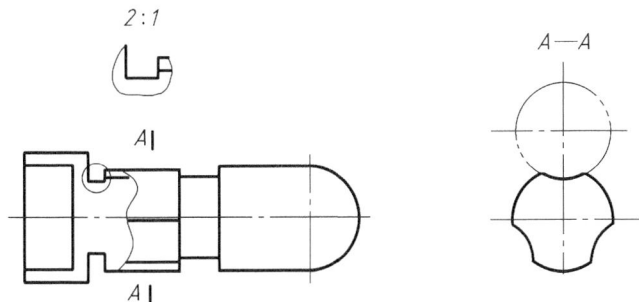

图 3-60　剖切文本标注

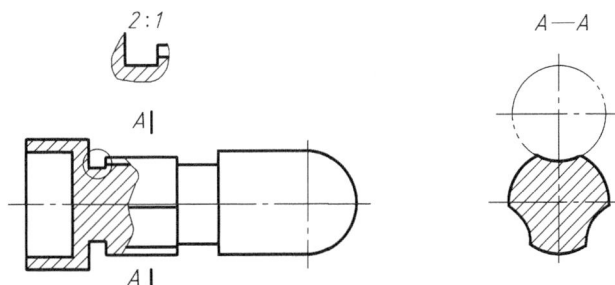

图 3-61　完成导杆零件图形的绘制

（7）选用"机械-2.5"的"标注样式"命令，标注导杆所有线性尺寸，其中，放大图形上的尺寸"2"需要输入数字，结果如图 3-62 所示。

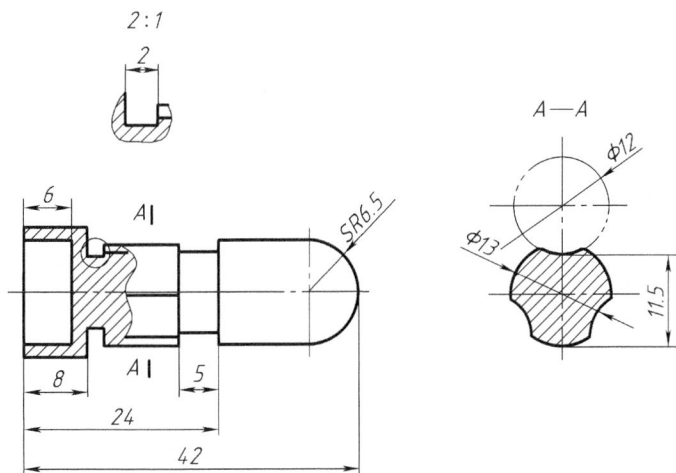

图 3-62　标注导杆线性尺寸

（8）选用"机械-2.5 非圆"的"标注样式"命令，标注导杆 φ16，φ13，φ10 直径尺寸，结果如图 3-63 所示。

（9）选用"机械-2.5 非圆"的"标注样式"命令，标注导杆放大图上 φ9 尺寸，操作步骤如图 3-64 所示。

1）启动"线性尺寸标注"命令，在命令行出现"拾取第二条延伸线原点"时输入

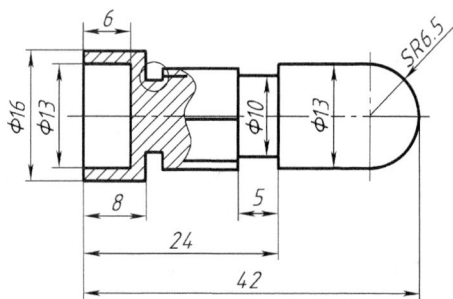

图 3-63　标注导杆直径尺寸

"9"，得到如图 3-64a 所示的标注。

　　2）选定 $\phi9$ 尺寸，单击鼠标右键快捷菜单"特性"选项，打开"特性"工具栏，更改"箭头 2"为"无"，"尺寸线 2"和"延伸线 2"为"关"，如图 3-64b 所示。完成导杆零件的绘制如图 3-54 所示。

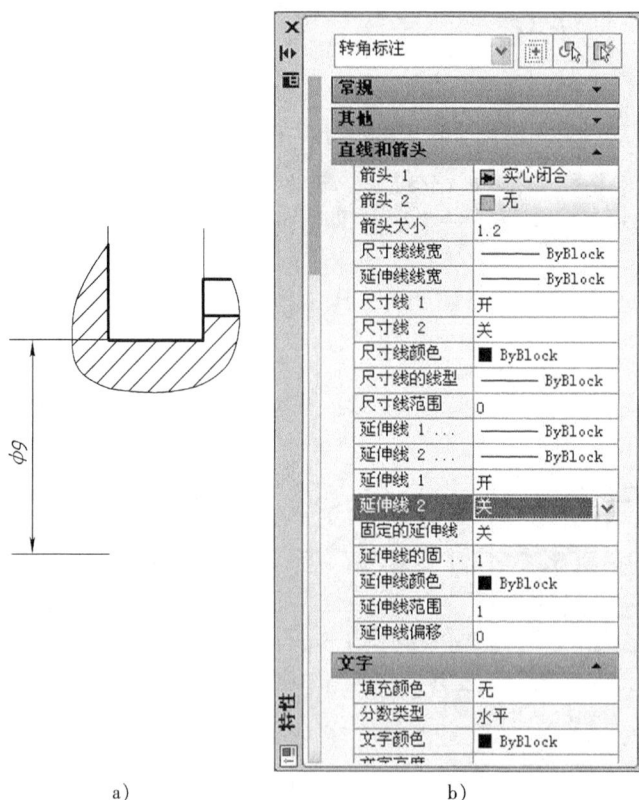

a)　　　　　　　　　　　　　　　　b)

图 3-64　标注尺寸 $\phi9$

a）第二条延伸线原点输入"9"　b）"特性"工具栏

【案例 3-10】　绘制图 3-65 所示支架的顶座零件，图中未注圆角 R3。

1. 画法分析

该顶座零件主视图是全剖视图，俯视图的局部剖视图是为了表达 $\phi12$ 孔和 M10 螺孔。

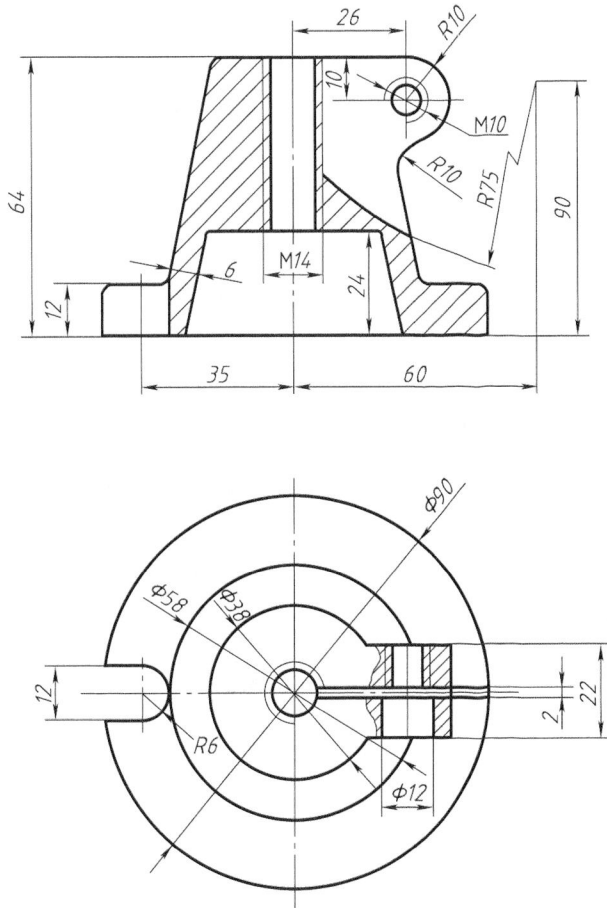

图 3-65　案例 3-10 的顶座零件

在 AutoCAD 中,"折弯"命令用于创建圆和圆弧的折弯标注。主视图上 R75 尺寸运用了折弯标注。

2. 操作步骤

(1) 打开素材资料中的"视图样板.dwg"。

(2) 启动"圆"、"直线"、"打断"、"长对正"命令绘制顶座俯视图和主视图的基本图形,作图步骤如图 3-66 所示。

(3) 启动"圆"、"直线"、"圆角"、"偏移"命令绘制顶座主视图螺孔、圆弧、圆角等,作图步骤如图 3-67 所示。

(4) 启动"长对正"命令绘制顶座俯视图局部剖视图,结果如图 3-68 所示。

(5) 选用"机械-5"的"标注样式"命令,标注圆弧尺寸 R75,操作步骤如图 3-69 所示。

启动"折弯"命令的方法:

- 选择"标注"→"折弯"菜单选项。
- 选择"标注"工具条图标🕗。
- 在命令行中输入"dimjogged"命令。

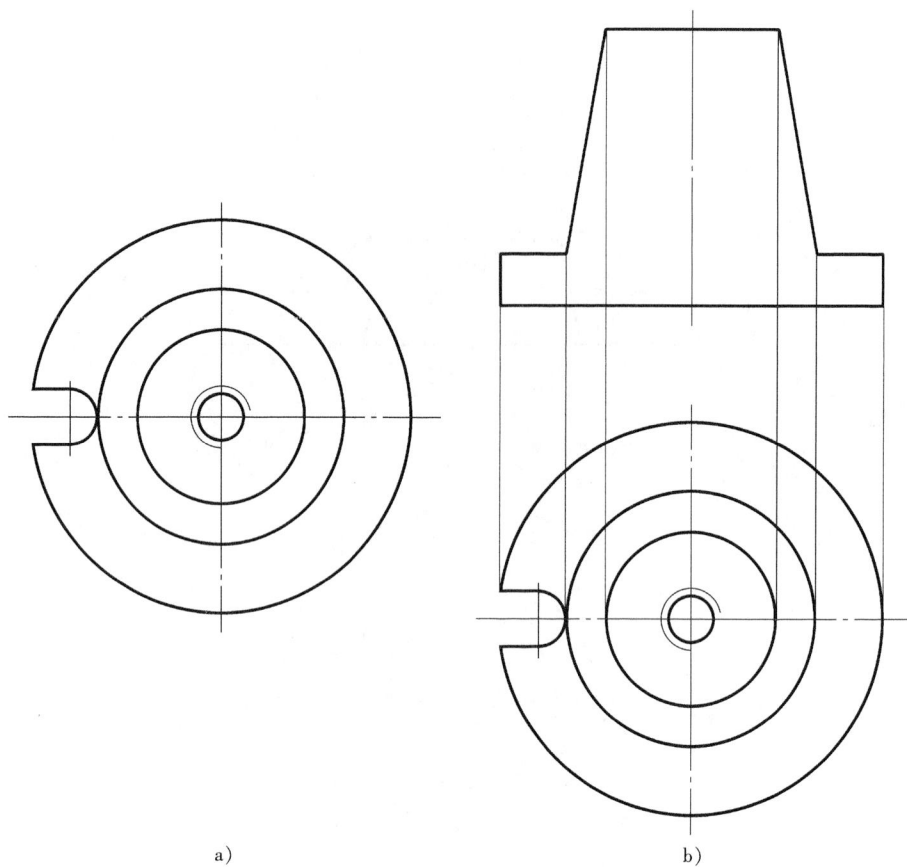

a)   b)

图 3-66　绘制顶座基本图形

a）用圆、直线、打断命令绘制顶座俯视图　　b）用"长对正"绘制顶座主视图

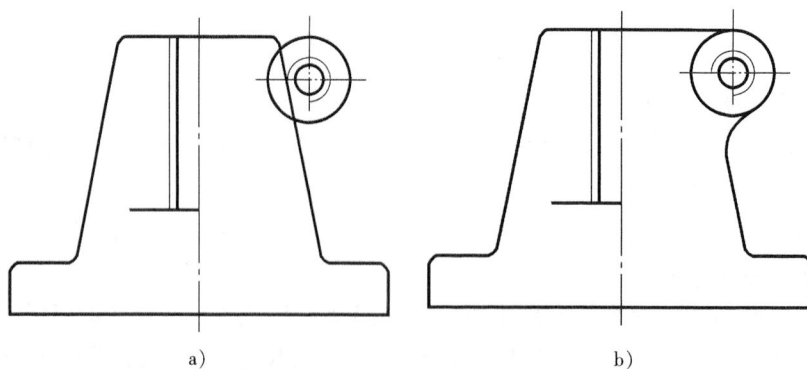

a)   b)

图 3-67　绘制顶座主视图螺孔、圆、圆角

a）用圆、直线命令绘制螺孔和 $R19$ 的圆弧

b）用圆角命令绘制圆角 $R10$ 和铸造圆角 $R3$

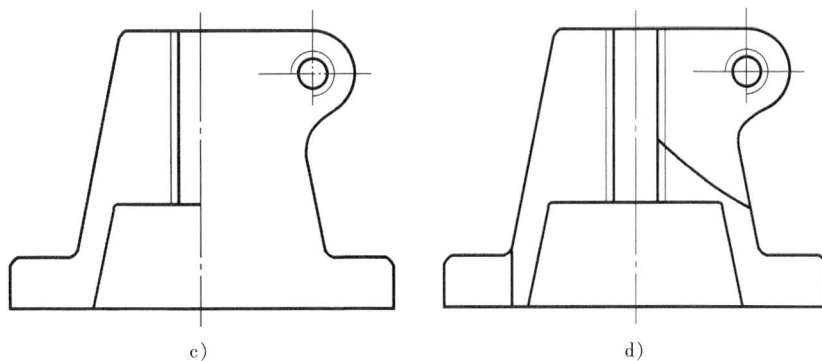

c)

d)

图 3-67 （续）

c）用偏移、圆角命令绘制内腔　d）完成主视图的绘制

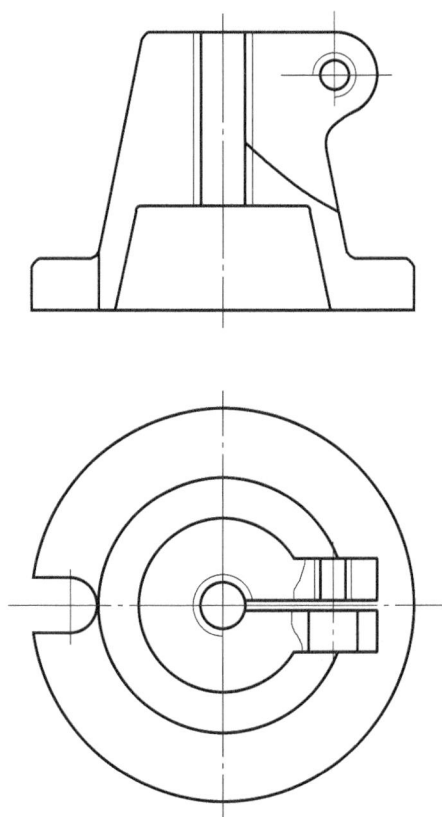

图 3-68　用"长对正"命令绘制顶座俯视图
局部剖视图

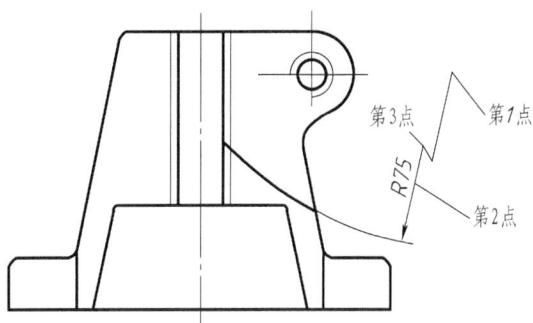

第3点　第1点

R75

第2点

图 3-69　折弯标注圆弧尺寸 R75

命令行有如下显示：

命令：dimjogged↙

选择圆弧或圆：（拾取 R75 圆弧）

指定图示中心位置：（在图 3-69 所示第 1 点处单击）

标注文字 = 75

指定尺寸线位置或［多行文字（M）/文字（T）/角度（A）］：（在图 3-69 所示第 2 点处单击）

指定折弯位置：（在图 3-69 所示第 3 点处单击）

（6）选用"机械-5"的"标注样式"命令，标注所有尺寸，结果如图 3-70 所示。

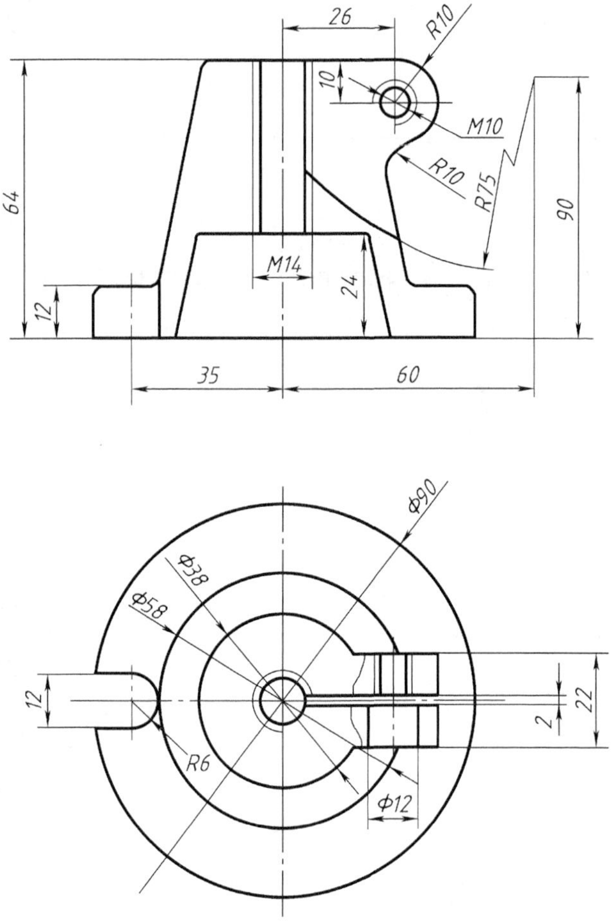

图 3-70　完成顶座尺寸的标注

（7）启动"图案填充"命令绘制剖面符号，完成后如图 3-65 所示。

3.3　表达方法及画法综合案例

【案例 3-11】　绘制图 3-71 所示双向带孔锥形件冲压工艺过程图形，未注倒角为 45°。

1. 画法分析

冲压件尺寸往往不是整数，绘制时若使用对称画法计算数字稍显麻烦。本案例主要利用"矩形"和"移动"命令来实现。

2. 操作步骤

（1）打开素材资料中的"视图样板 . dwg"。

（2）启动"矩形"、"直线"命令绘制车床下料图形，结果如图 3-72 所示。

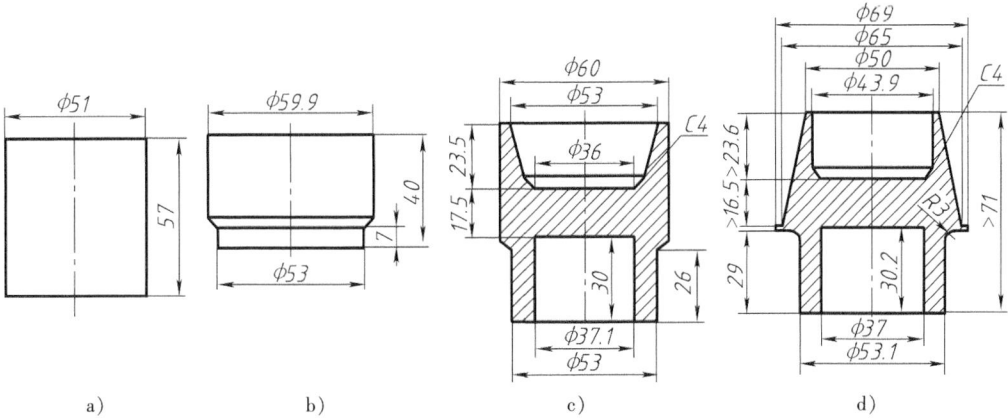

图 3-71 案例 3-11 双向带孔锥形件冲压工艺过程图

a）车床下料图 b）预成形图 c）正反复合挤压图 d）冷镦成形图

（3）绘制预成形图形，操作步骤如图 3-73 所示。

（4）启动"偏移"、"镜像"命令绘制正反复合挤压图形，操作步骤如图 3-74 所示。

（5）绘制冷镦成形图形，操作步骤如图 3-75 所示。

（6）移动双向带孔锥形件冲压工艺过程的 4 个图形到合适的位置，结果如图 3-76 所示。

（7）选用"机械-5"的"标注样式"命令，标注冲压过程图形所有线性尺寸，结果如图 3-77 所示。

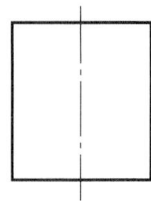

图 3-72 车床下料图形

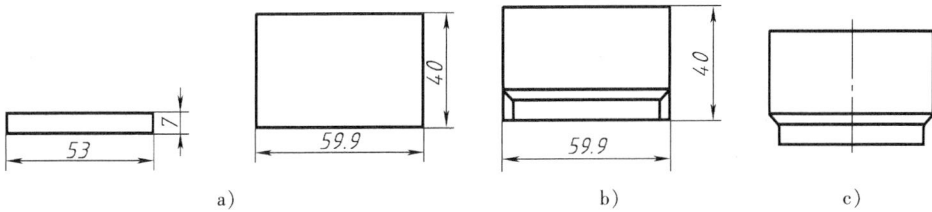

图 3-73 绘制预成形图形

a）绘制两个矩形 b）移动小矩形，补画倒角线 c）剪切完成预成形图形

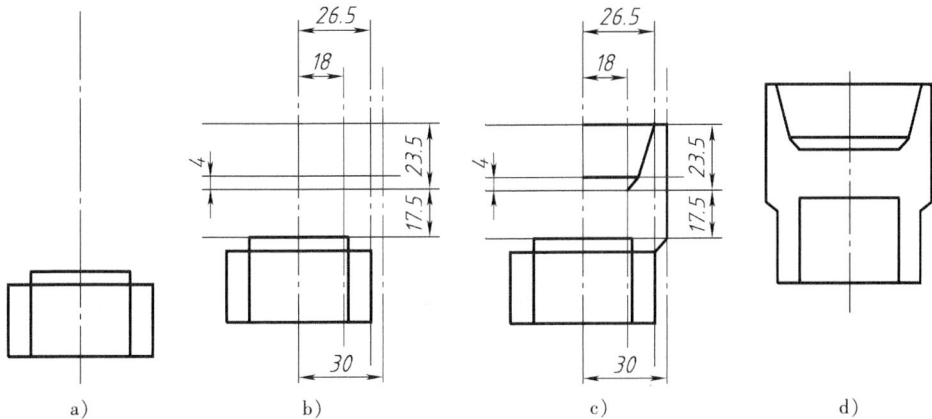

图 3-74 正反复合挤压图形绘制步骤

a）绘制两个矩形 b）启动"偏移"命令绘制辅助线 c）绘制内腔线 d）镜像完成图形

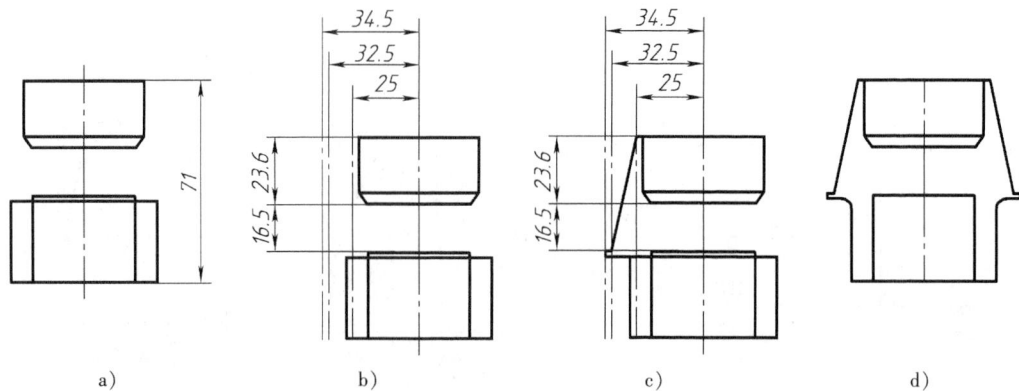

图 3-75 冷镦成形图形绘制步骤

a）绘制三个矩形并倒角   b）启动"偏移"命令绘制辅助线

c）绘制外轮廓线   d）倒角并镜像完成图形

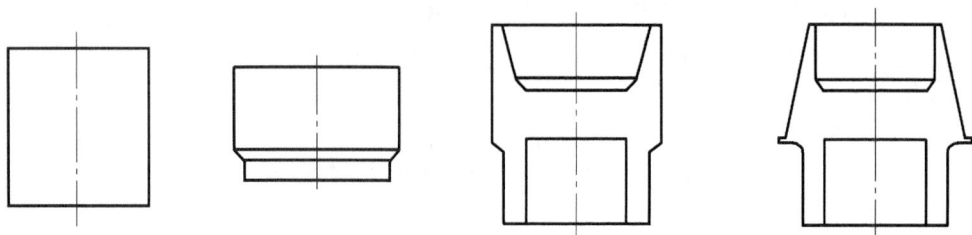

图 3-76 移动 4 个图形到合适的位置

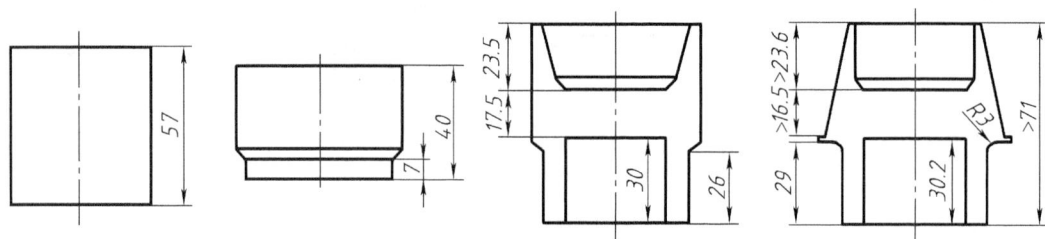

图 3-77 标注冲压过程图形所有线性尺寸

（8）选用"机械-5 非圆"的"标注样式"命令，标注冲压过程图形所有直径尺寸，如图 3-78 所示（只显示直径尺寸）。

（9）启动"单行文字"命令，选用"机械"文本样式标注冲压过程图形所有文本，如图 3-79 所示（只显示文本）。

（10）启动"图案填充"命令绘制剖面符号，完成双向带孔锥形件冲压工艺过程图形的绘制，效果如图 3-71 所示。

【案例 3-12】 标准直齿圆柱实心齿轮结构示意如图 3-80 所示，未注倒角均为 C1。若已知轴孔 $D=20$；直齿轮模数 $m=2.5$，齿数 $z=18$，$B=16$；选用键 GB/T 1095—2003 $6\times6\times14$。根据图 3-80 所示尺寸关系绘制该齿轮。

1. 画法分析

齿轮结构尺寸：分度圆直径 $d=mz=2.5\times18=45$，齿顶高 $h_a=m=2.5$，齿根高 $h_f=1.25m=1.25\times2.5=3.125$，齿顶圆 $d_a=d+2h_a=50$。

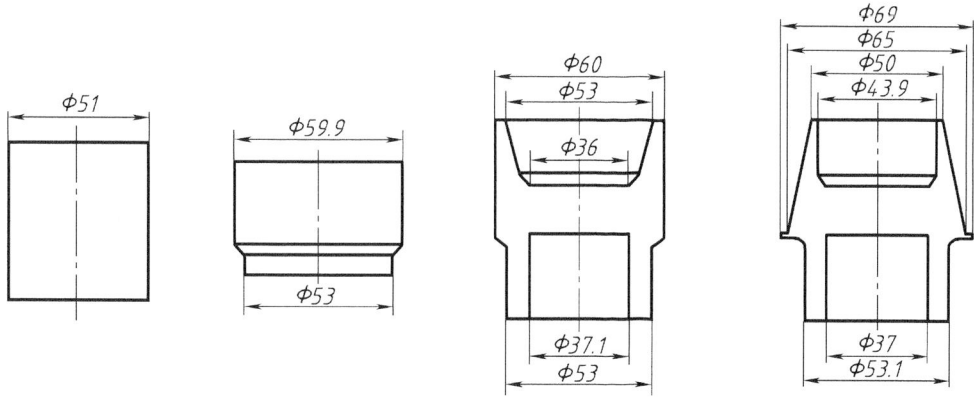

图 3-78　标注冲压过程图形直径尺寸

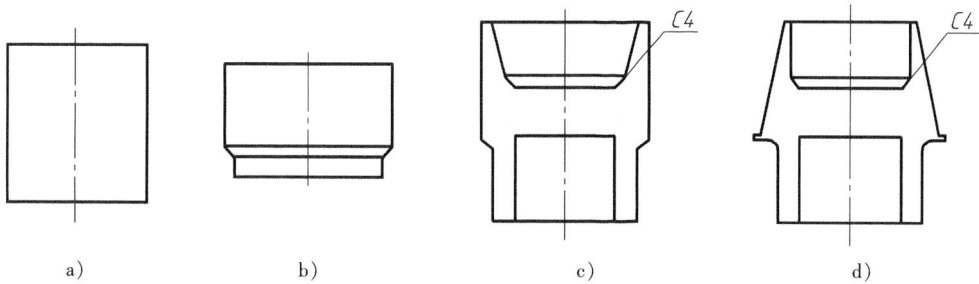

a)　　　　　b)　　　　　c)　　　　　d)

图 3-79　冲压过程图形的标注文本

a) 车床下料图　b) 预成形图　c) 正反复合挤压图　d) 冷镦成形图

键槽结构尺寸查表可知：$b=6$，$t_2=2.8$，$D+t_2=20+2.8=22.8$。

由以上尺寸可以确定该齿轮各部分结构尺寸，如图 3-81 所示。

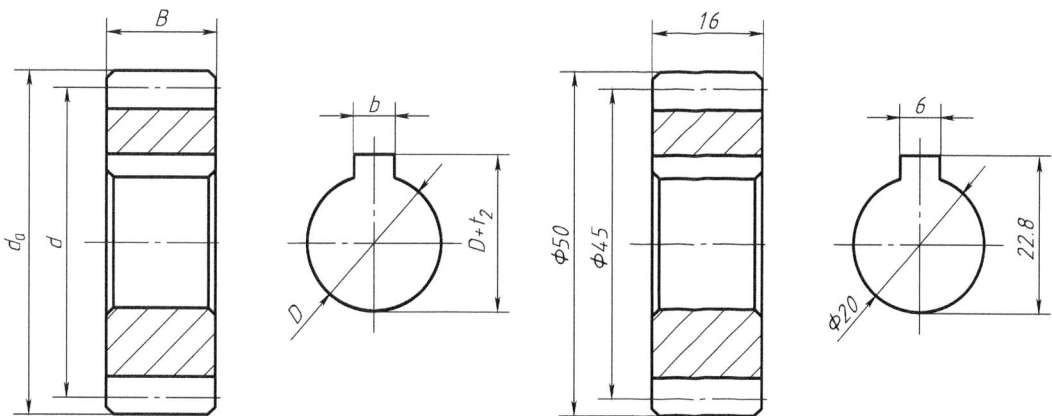

图 3-80　案例 3-12 的标准直齿圆柱实心
齿轮示意图

图 3-81　直齿轮结构尺寸

2. 操作步骤

（1）打开素材资料中的"视图样板 . dwg"。

（2）绘制直齿轮局部视图，结果如图 3-82 所示。

（3）启动"偏移"命令绘制直齿轮辅助线，尺寸参考图 3-83 所示。

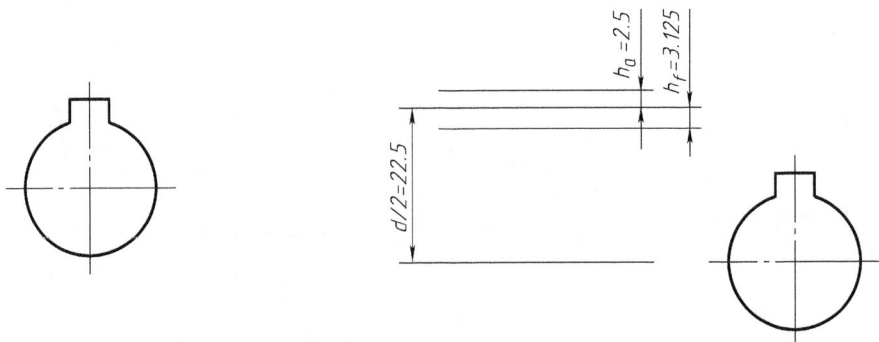

图 3-82　直齿轮局部视图

图 3-83　绘制直齿轮辅助线

（4）绘制直齿轮上部分图形，操作步骤如图 3-84 所示。

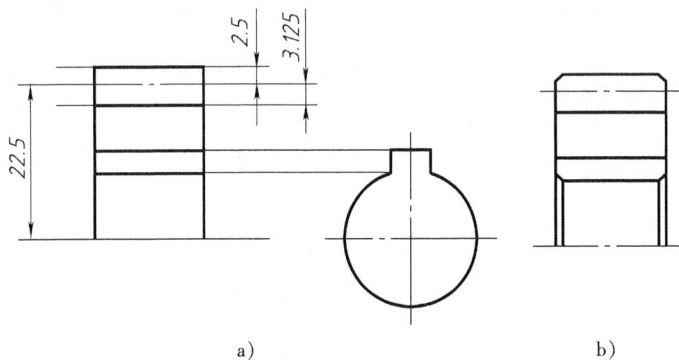

a)

b)

图 3-84　绘制直齿轮上部分图形

a) 绘制基本图形　b) 倒角和延伸

（5）绘制直齿轮下部分图形，操作步骤如图 3-85 所示。

（6）选用"机械-3.5"的"标注样式"命令，标注直齿轮所有线性尺寸，结果如图 3-86 所示。

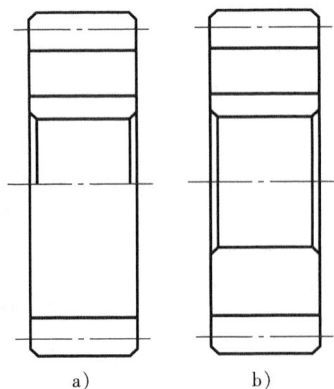

a)

b)

图 3-85　绘制直齿轮上部分图形

a) 镜像图形　b) 倒角和延伸

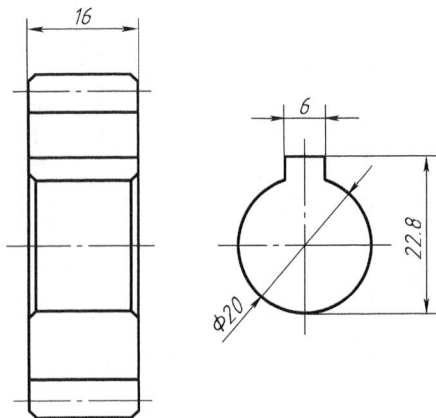

图 3-86　标注直齿轮线性尺寸

（7）选用"机械-3.5 非圆"的"标注样式"命令，标注直齿轮所有直径尺寸，图 3-87 所示。

（8）启动"图案填充"命令绘制直齿轮剖面符号，完成直齿轮的绘制，效果如图 3-81 所示。

【案例 3-13】　绘制图 3-88 所示实心 V 带轮，未注倒角为 C2，未注圆角为 R3。

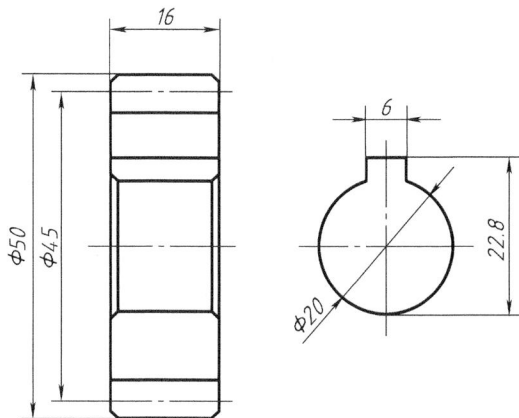

图 3-87　标注直齿轮所有直径尺寸

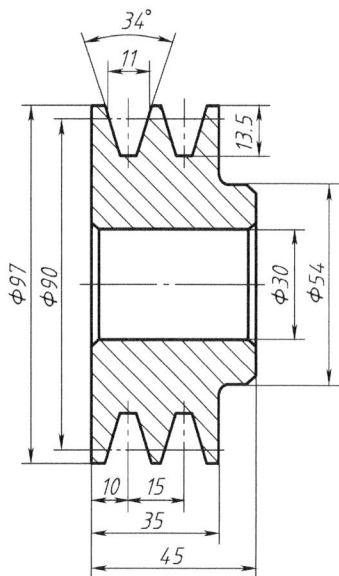

图 3-88　案例 3-13 的实心 V 带轮

1. 画法分析

普通 V 带轮槽截面尺寸是通过查表、计算、设计得到的。本案例已经提供各部分结构尺寸，可以按照所给尺寸直接绘制，轮槽楔角运用相对极坐标输入方式进行绘制。

2. 操作步骤

（1）打开素材资料中的"视图样板 . dwg"。

（2）绘制 V 带轮槽楔角，作图步骤如图 3-89 所示。

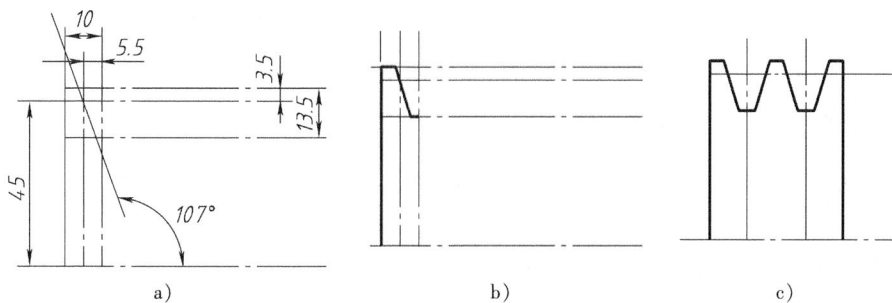

图 3-89　绘制 V 带轮槽

a）绘制偏移辅助线　b）绘制基本图形　c）复制第 2 个楔角

（3）绘制 V 带轮内孔和支承轴，作图步骤如图 3-90 所示。

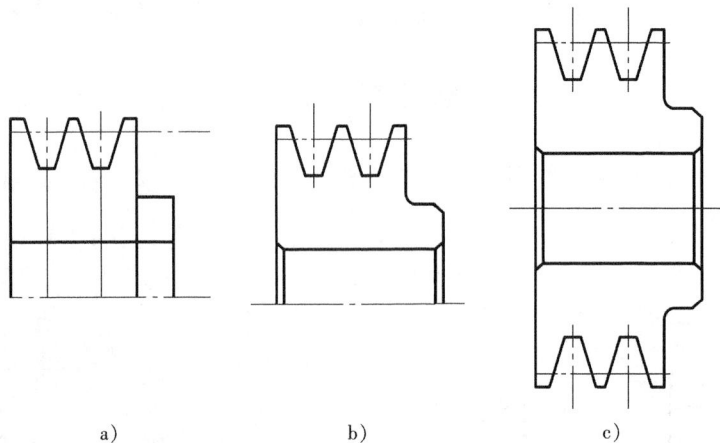

图 3-90 绘制 V 带轮内孔和支承轴

a) 绘制基本图形　b) 倒角圆角　c) 整理后镜像

（4）选用"机械-5"的"标注样式"命令，标注 V 带轮线性尺寸，结果如图 3-91 所示。

（5）选用"机械-5 非圆"的"标注样式"命令，标注 V 带轮直径尺寸，如图 3-92 所示。

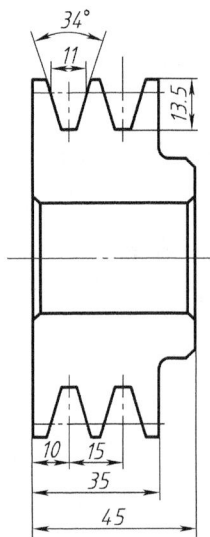

图 3-91　标注 V 带轮线性尺寸

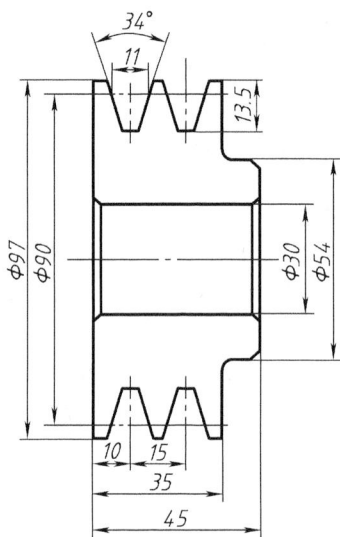

图 3-92　标注 V 带轮直径尺寸

（6）启动"图案填充"命令绘制 V 带轮剖面符号，完成 V 带轮的绘制，效果如图 3-88 所示。

【案例 3-14】　已知普通圆柱螺旋压缩弹簧，中径 $D = 45$，材料直径 $d = 5$，节距 $t = 12$，有效圈数 $n = 10$，支撑圈数 $n_2 = 2.5$，右旋。试参考图 3-93 所示圆柱螺旋压缩弹簧示意图进行绘制。

1. 画法分析

普通圆柱螺旋压缩弹簧结构尺寸的计算：弹簧外径 $D_2 = D + d = 45 + 5 = 50$，自由高度

$H_0 = nt + （n_2 - 0.5）d = 10 \times 12 + （2.5 - 0.5）\times 5 = 130$。由以上尺寸可以确定该弹簧尺寸如图 3-94 所示。

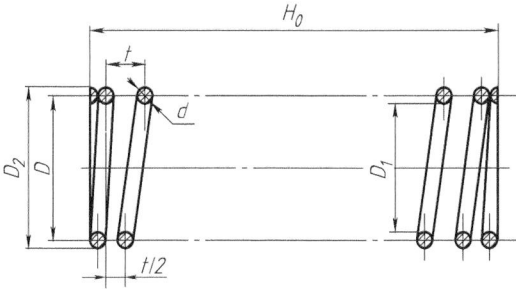

图 3-93　案例 3-14 的圆柱螺旋压缩弹簧示意图

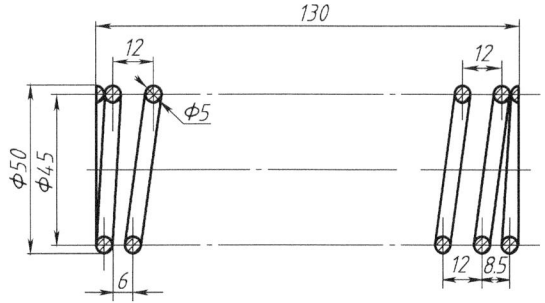

图 3-94　圆柱螺旋压缩弹簧的尺寸

2. 操作步骤

（1）打开素材资料中的"视图样板 . dwg"。

（2）首先绘制矩形，尺寸如图 3-95 所示。

（3）启动"复制"命令绘制多个圆，尺寸参考图 3-96 所示。

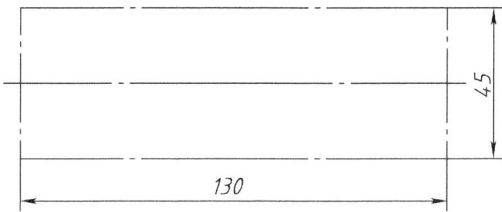

图 3-95　绘制矩形

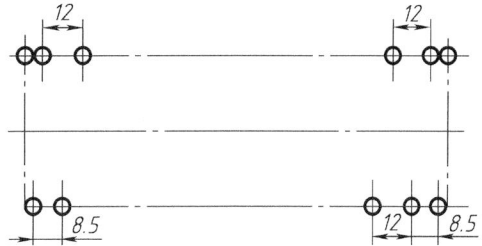

图 3-96　启动"复制"命令绘制多个圆

（4）关闭"细点画线"层，开启"切点"对象捕捉模式，绘制切线，结果如图 3-97 所示。

（5）关闭"细点画线"层，开启"象限点"对象捕捉模式，绘制左、右端直线，结果如图 3-98 所示。

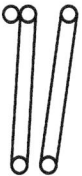

图 3-97　绘制切线

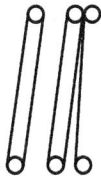

图 3-98　绘制左、右端直线

（6）启动"图案填充"命令绘制弹簧剖面符号，结果如图 3-99 所示。

（7）选用"机械-3.5"的"标注样式"命令，标注弹簧尺寸，结果如图 3-100 所示。

  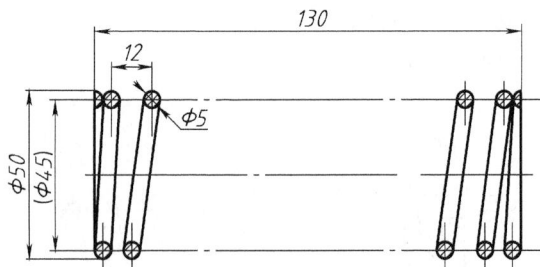

图 3-99　绘制弹簧剖面符号　　　　　　图 3-100　圆柱螺旋压缩弹簧完成图

3.4　实训[○]

【**实训 3-1**】　打开素材资料中的"实训 3-1. dwg"，如图 3-101 所示。根据轴测图，补画组合体的主视图。

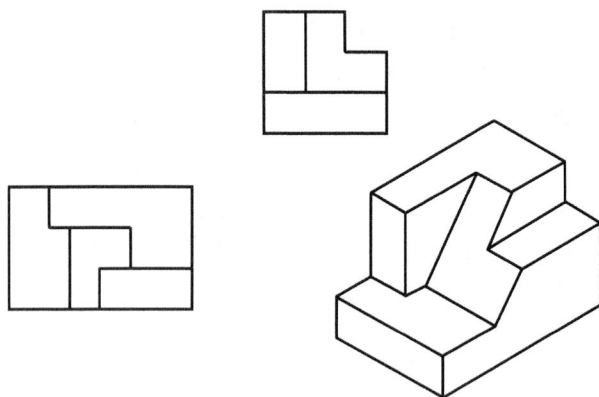

图 3-101　实训 3-1 的图

【**实训 3-2**】　打开素材资料中的"实训 3-2. dwg"，如图 3-102 所示。根据轴测图，补画组合体俯视图。

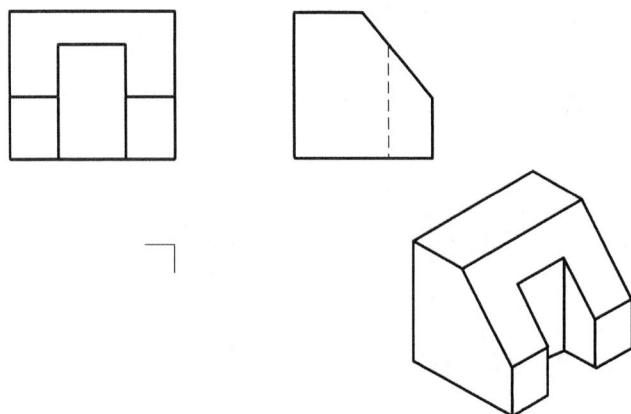

图 3-102　实训 3-2 的图

○　【实训 3-1】～【实训 3-11】参考答案参见本书附录 B。

【**实训 3-3**】 打开素材资料"实训 3-3. dwg",如图 3-103 所示。已知组合体主视图和俯视图,补画组合体左视图。

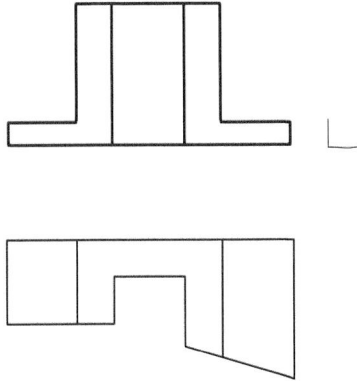

图 3-103 实训 3-3 的图

【**实训 3-4**】 打开素材资料中的"实训 3-4. dwg",如图 3-104 所示。已知组合体主视图和左视图,补画组合体俯视图。

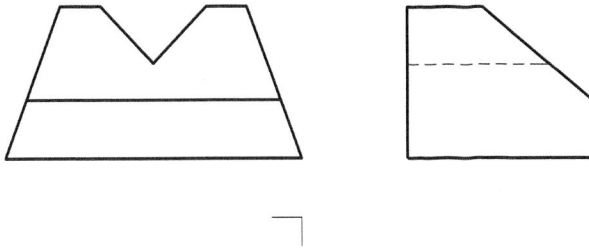

图 3-104 实训 3-4 的图

【**实训 3-5**】 打开素材资料中的"实训 3-5. dwg",如图 3-105 所示。已知组合回转体的主视图和左视图,补画俯视图。

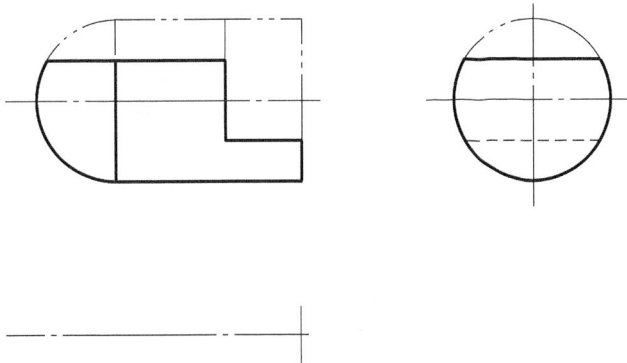

图 3-105 实训 3-5 的图

【**实训 3-6**】 打开素材资料中的"实训 3-6. dwg",如图 3-106 所示。已知组合回转体的主视图和左视图,补画俯视图。

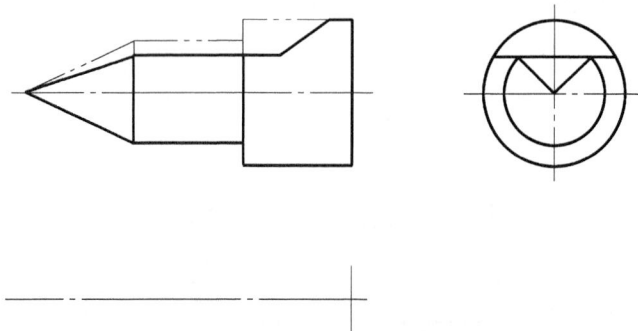

图 3-106　实训 3-6 的图

【**实训 3-7**】　打开素材资料中的"实训 3-7. dwg",如图 3-107 所示。完成图形相贯线正面投影。

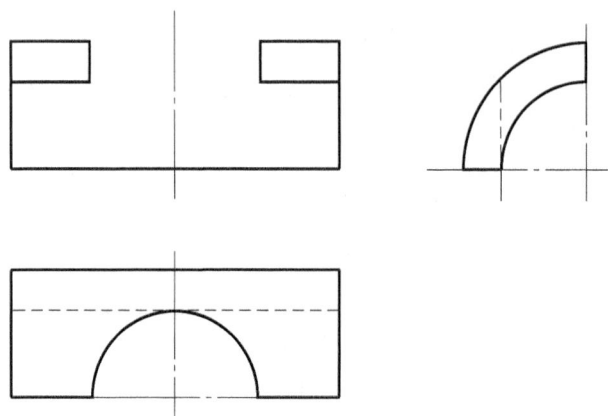

图 3-107　实训 3-7 的图

【**实训 3-8**】　打开素材资料中的"实训 3-8. dwg",如图 3-108 所示。已知组合体的俯视图和左视图,完成主视图。

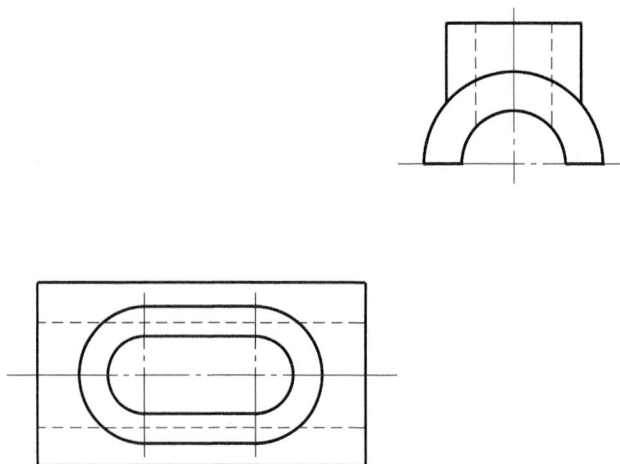

图 3-108　实训 3-8 的图

【**实训 3-9**】 打开素材资料中的"实训 3-9. dwg",如图 3-109 所示。根据组合体正等轴测图,按 1∶1 比例画出该组合体的三视图。

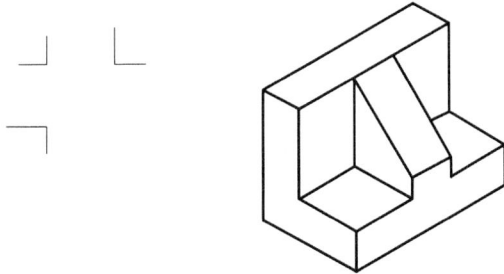

图 3-109 实训 3-9 的图

【**实训 3-10**】 打开素材资料中的"实训 3-10. dwg",如图 3-110 所示。根据组合体正等轴测图,按 1∶1 比例画出该组合体的三视图。

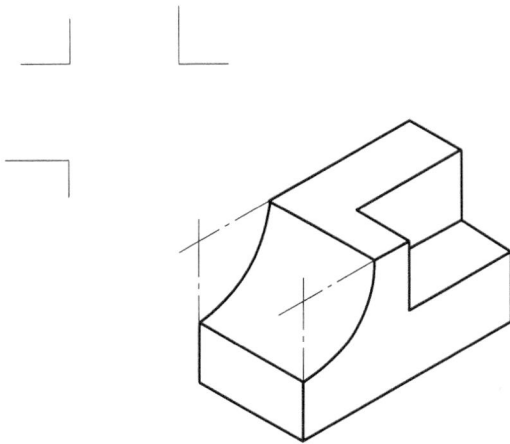

图 3-110 实训 3-10 的图

【**实训 3-11**】 打开素材资料中的"实训 3-11. dwg",如图 3-111 所示。根据组合体三

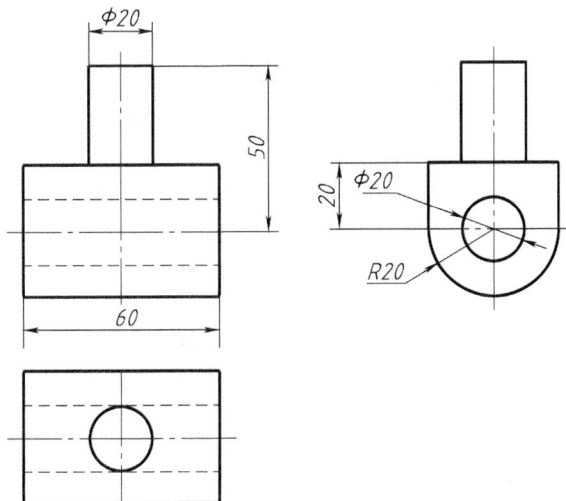

图 3-111 实训 3-11 的图

视图，按 1:1 比例画出该组合体的正等轴测图。

【**实训 3-12**】 绘制图 3-112 所示支板。

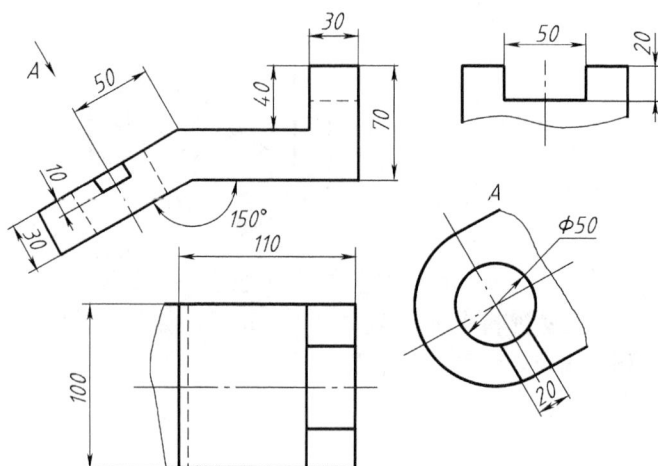

图 3-112　实训 3-12 的支板

【**实训 3-13**】 绘制图 3-113 所示泵盖图形，未注圆角均为 *R*8。

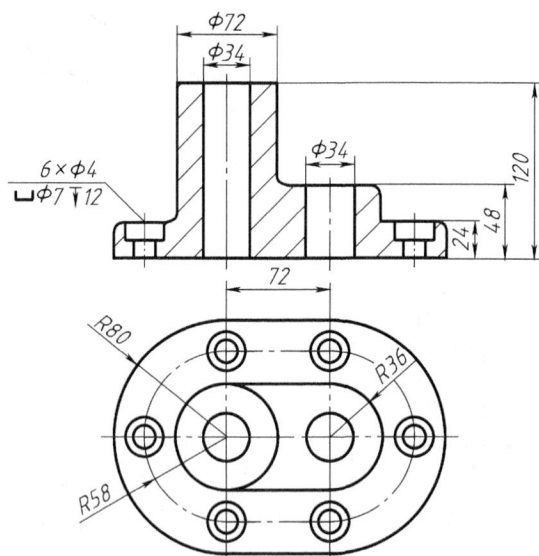

图 3-113　实训 3-13 的泵盖

【**实训 3-14**】 绘制图 3-114 所示阶梯轴。

【**实训 3-15**】 绘制图 3-115 所示衬套。

【**实训 3-16**】 绘制图 3-116 所示压板。

【**实训 3-17**】 绘制图 3-117 所示冲孔凸模固定板。

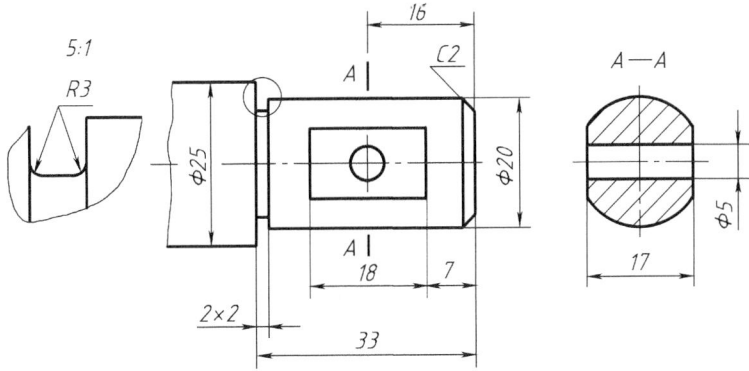

图 3-114　实训 3-14 的阶梯轴

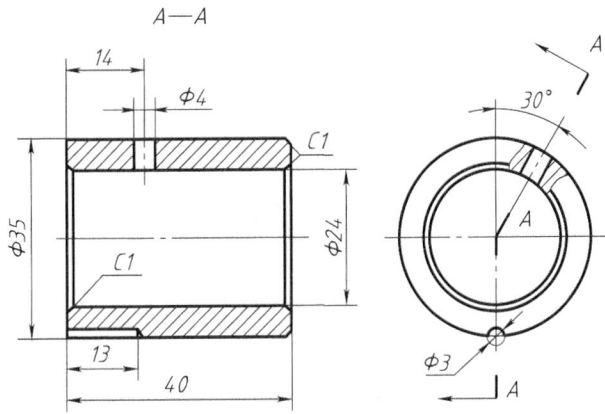

图 3-115　实训 3-15 的衬套

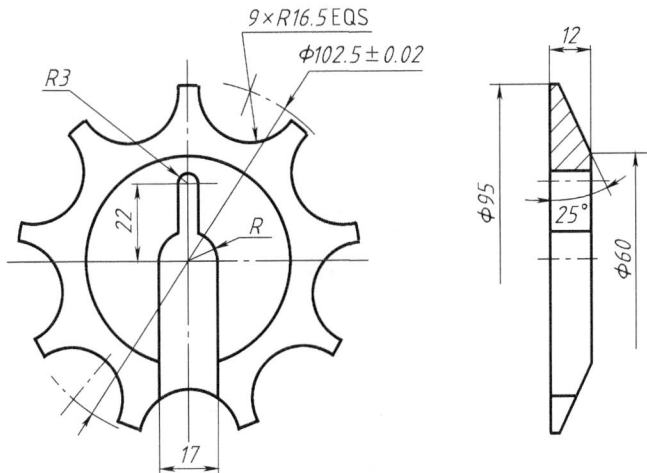

图 3-116　实训 3-16 的压板

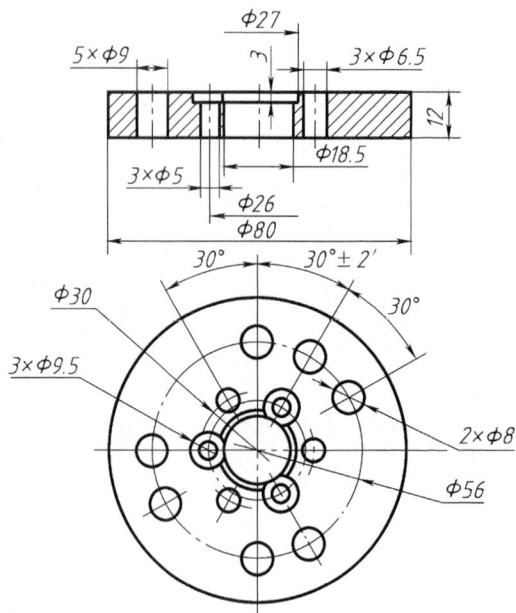

图 3-117 实训 3-17 的冲孔凸模固定板

【实训 3-18】 绘制图 3-118 所示数控铣床加工零件。

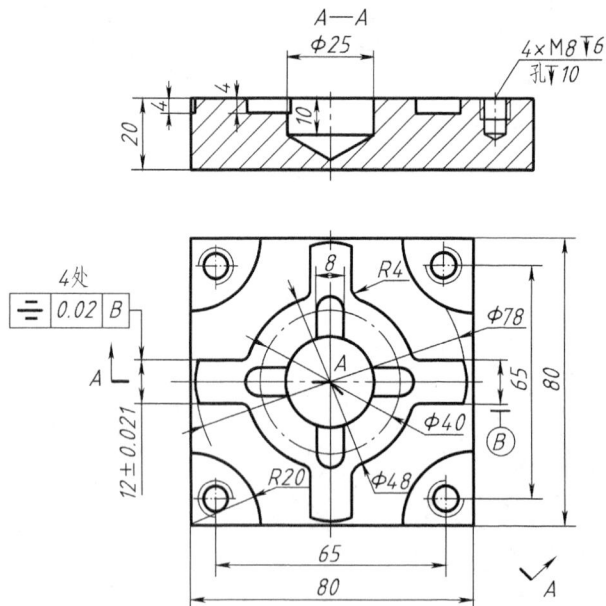

图 3-118 实训 3-18 的数控铣床加工零件

【实训 3-19】 绘制图 3-119 所示调速套冲压工艺过程图形，未注圆角均为 *R*2。

【实训 3-20】 绘制图 3-120 所示双层套冲压工艺过程图形。

【实训 3-21】 绘制图 3-121 所示齿轮。

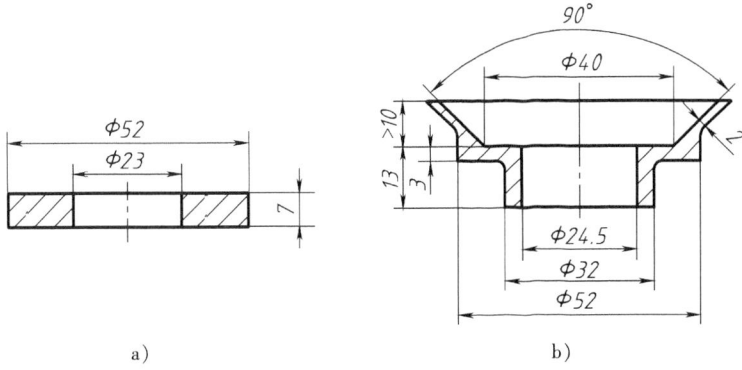

图 3-119　实训 3-19 的调速套冲压工艺过程图形

a）车床下料图形　b）温挤压成形图形

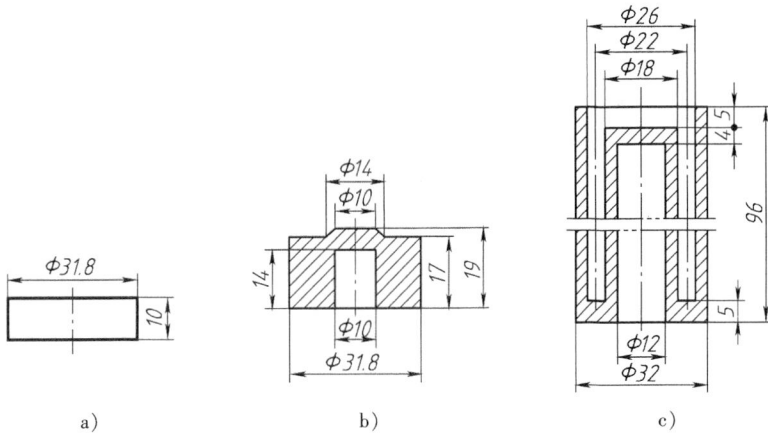

图 3-120　实训 3-20 的双层套冲压工艺过程图形

a）车床下料图形　b）第一次冷挤压图形　c）第二次挤压成形图形

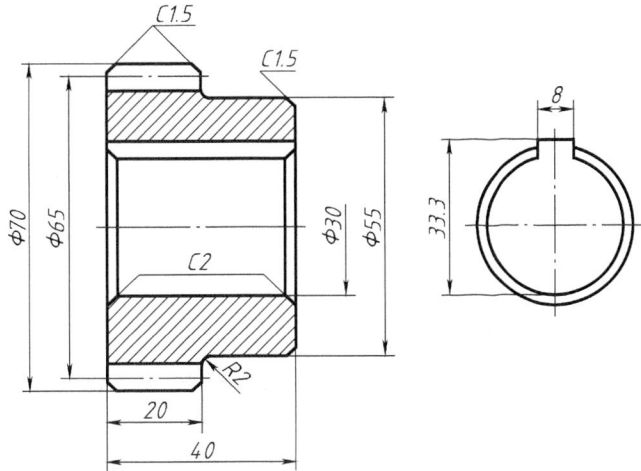

图 3-121　实训 3-21 的齿轮

【**实训 3-22**】 绘制图 3-122 所示带轮。

【**实训 3-23**】 绘制图 3-123 所示圆柱螺旋压缩弹簧。

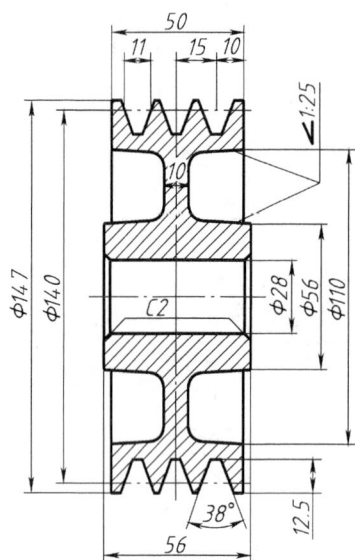

图 3-122 实训 3-22 的带轮

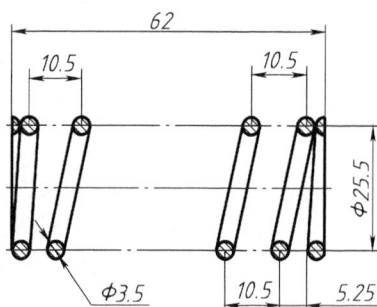

图 3-123 实训 3-23 的圆柱螺旋压缩弹簧

【**实训 3-24**】 滚动轴承在装配图中通常采用规定画法，深沟球轴承规定画法如图 3-124 所示。请画出滚动轴承 6207 GB/T 276—1994。

⟋操作提示：查表可知，滚动轴承 6207 GB/T 276—1994 的结构尺寸 d、D 和 B 如图 3-125 所示。

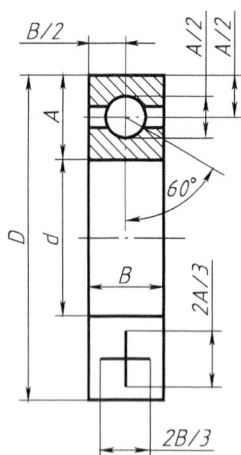

图 3-124 实训 3-24 的深沟球轴承规定画法

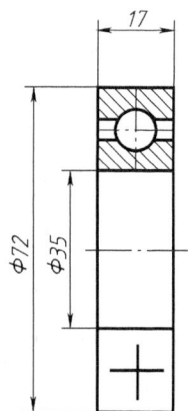

图 3-125 滚动轴承 6207 GB/T 276—1994
的结构尺寸

课题 4 零件图的绘制

学习目标

【知识目标】

1. 掌握图块的创建方法和步骤。
2. 熟练掌握极限偏差的标注方法。
3. 熟练掌握典型零件的绘制方法和步骤。

【能力目标】

1. 能够创建常用机械制图标注图块。
2. 能够设置带属性的表面结构图形符号图块。
3. 能够熟练绘制零件图。

4.1 图块

4.1.1 创建内部图块

【案例 4-1】 创建内部图块——螺钉。

1. 操作分析

在 AutoCAD 中可将常用的图形和符号制成图块，比如将零件图中的基准符号、表面结构代号、剖切符号、标题栏等创建为图块。图块分为内部图块与外部图块。两者的区别是：内部图块只能在定义该块的文件内部使用，外部图块可被其他文件引用，实现共享。本案例创建螺钉内部图块。

2. 操作步骤

（1）打开素材资料中的"案例 4-1.dwg"，创建螺钉内部图块如图 4-1 所示。

（2）创建内部图块。

启动"创建内部图块"命令的方法：

- 选择"绘图"→"块"→"创建"菜单选项。
- 选择"绘图"工具条中的按钮 ⊑。
- 在命令行中输入"block"命令。

1）执行块命令，打开"块定义"对话框，在"名称"选项区输入"螺钉"，选择块单位为"毫米"（mm），如图 4-2 所示。

2）单击"选择对象"按钮后，进入绘图区。选取整个螺钉，如图 4-3 所示。

3）返回"块定义"对话框，单击"拾取点"按钮，进入绘图区。选取图 4-4 所示的中点为插入点。

124

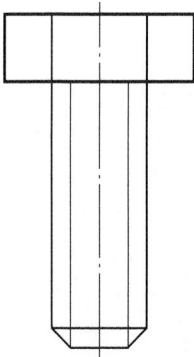

图 4-1 案例 4-1 的创建螺钉内部图块

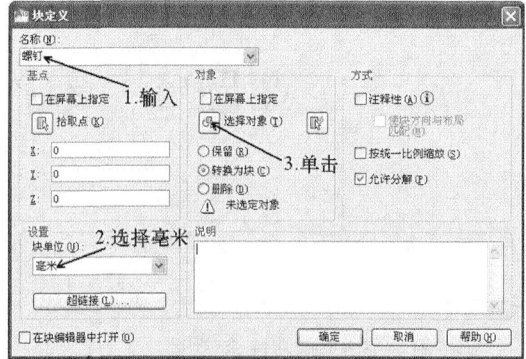

图 4-2 "块定义"对话框

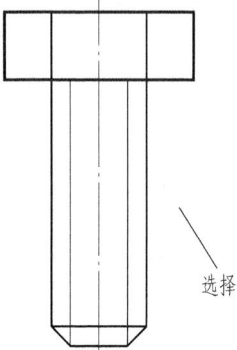

选择

图 4-3 选取螺钉

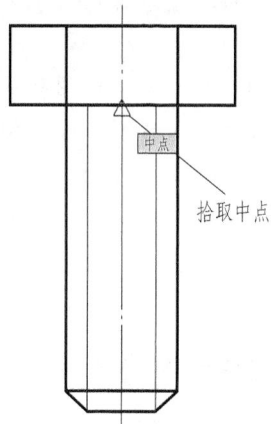

中点

拾取中点

图 4-4 选取中点为插入点

4）回到"块定义"对话框，单击"确定"按钮，完成内部图块的创建。

4.1.2 创建外部图块

【案例 4-2】 创建外部图块——标准标题栏。

1. 操作分析

在 AutoCAD 中能将图形文件保存为外部图块，再通过"插入"命令运用到其他图形中。本案例创建一个标准标题栏外部图块。

2. 操作步骤

（1）打开素材资料中的"案例 4-2. dwg"，创建标准标题栏外部图块如图 4-5 所示。

标记	处数	分区	更改文件号	签名		（材料标记）				（单位名称）
设计			标准化							（图样名称）
制图						阶段标记	重量	比例		
审核										（图样代号）
工艺			批准			共 张	第 张			（投影符号）

图 4-5 案例 4-2 的创建标准标题栏外部图块

（2）创建外部图块。

1）执行"写块"命令。在命令行中输入"wblock"命令，打开"写块"对话框，如图4-6所示。

2）单击"选择对象"按钮后，进入绘图区。选取整个标题栏，返回"写块"对话框；单击"拾取点"按钮，进入绘图区，选取如图4-7所示的基点为插入点。

3）回到"写块"对话框，单击"文件名和路径"列表框右侧的"浏览"按钮，打开"浏览图形文件"对话框，设置图块保存的路径和图块的名称，同时设置插入单位为"毫米"（mm），如图4-8所示。

4）单击"确定"按钮，完成外部图块的创建。

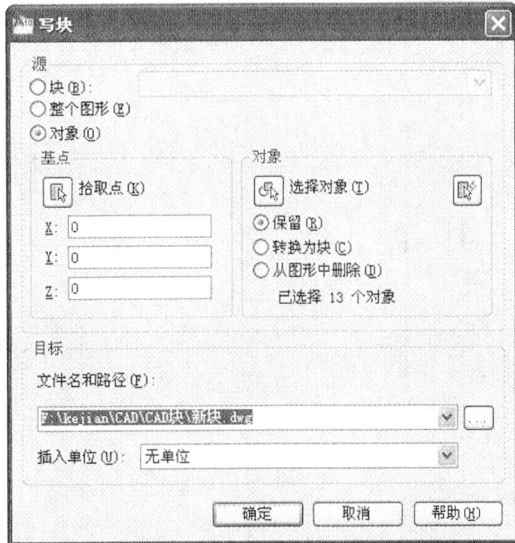

图4-6　"写块"对话框

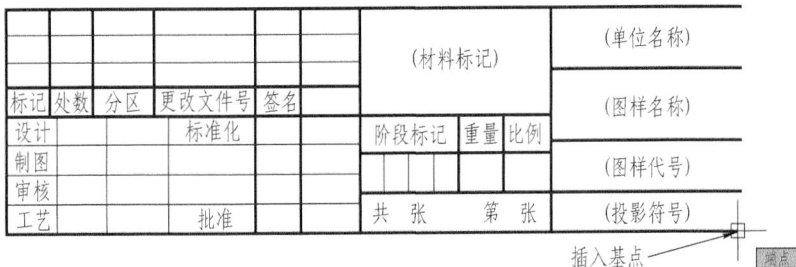

图4-7　选取基点为插入点

4.1.3　插入图块

【案例4-3】　打开素材资料中的"案例4-3.dwg"，插入标准标题栏外部图块结果如图4-9所示。

1. 操作分析

在AutoCAD中可将图块作为一个实体插入到当前图形中。插入图块时，可直接插入内部或外部图块，并可对块图形进行缩放、旋转等几何变换。本案例将案例4-2创建的外部块——标准标题栏插入到当前图形文件中。

2. 操作步骤

（1）打开素材资料中的"案例4-3.dwg"，A3图框素材如图4-10所示。

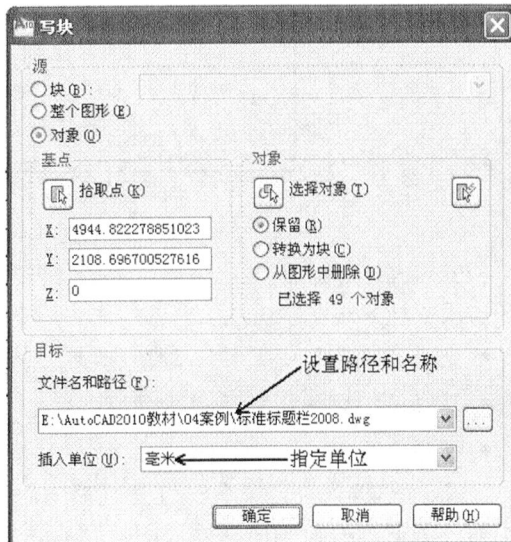

图4-8　设置图块名称、路径和单位

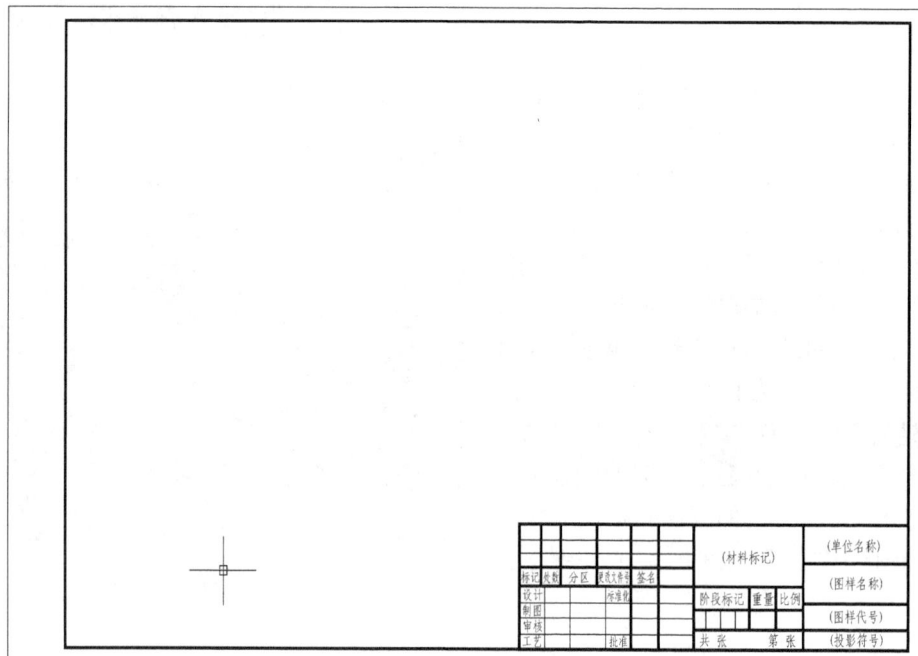

标记	处数	分区	更改文件号	签名			(材料标记)		(单位名称)
设计			标准量				阶段标记	重量 比例	(图样名称)
制图									(图样代号)
审核									
工艺			批准				共 张	第 张	(投影符号)

图4-9 案例4-3 的插入标准标题栏外部图块

图4-10 案例4-3 的 A3 图框素材

（2）插入外部图块。

启动"插入块"的方法：

- 选择"插入"→"块"菜单选项。
- 选择"绘图"工具条图标 。
- 在命令行中输入"insert"命令。

1）执行"插入块"命令，打开"插入"对话框，如图4-11 所示。单击"名称"文本框右侧"浏览"按钮，选择外部图块"标准标题栏"；在插入点选项区勾选"在屏幕上指定"和"分解"复选项。

2）单击"确定"按钮，进入绘图区，选取"标准标题栏"图框内框线右下角作为插入点，完成外部图块的插入，结果如图4-9所示。

（3）保存文件，文件名为"A3图框.dwg"。

🖙 操作提示："A3图框.dwg"图形文件可应用于绘制零件图形的A3图框样板。

【案例4-4】　打开素材资料中的"案例4-4.dwg"，创建并插入带属性的表面结构代号，完成结果如图4-12所示。

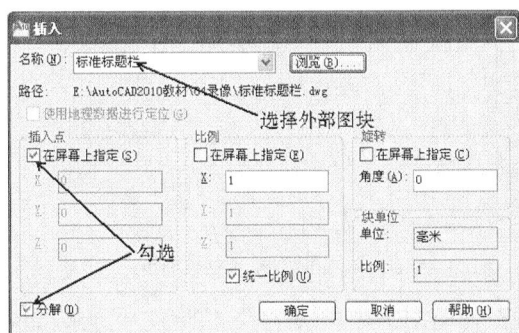

图4-11　"插入"对话框

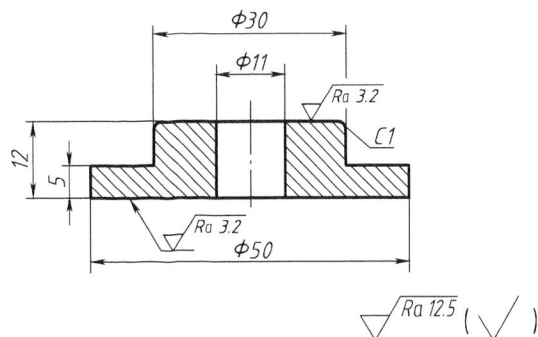

图4-12　案例4-4的创建并插入
带属性的表面结构代号

1. 画法分析

在AutoCAD中图块属性是附属于图块的非图形信息，是图块的组成部分之一。图块属性中一般定义的是文字对象，通常用于在图块插入过程中进行自动注释。本案例创建一个带属性的表面结构代号图块，以满足零件图中不同表面结构参数的需要。

2. 操作步骤

（1）打开素材资料中的"案例4-4.dwg"，垫圈零件图如图4-13所示。

（2）绘制如图4-14所示的表面结构代号，即粗糙度符号。

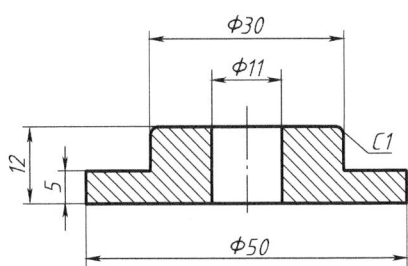

图4-13　案例4-4的垫圈零件图

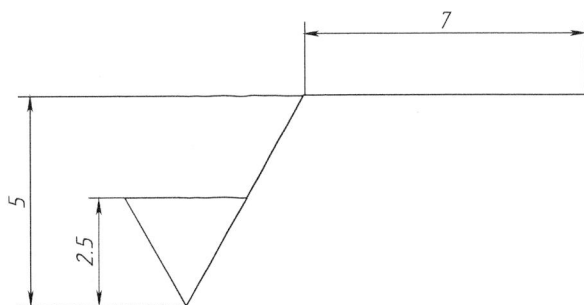

图4-14　绘制表面粗糙度符号

（3）定义图块属性并创建名为"粗糙度3.2"的图块。

启动定义图块属性的方法：

● 选择"绘图"→"块"→"定义属性"菜单选项。

● 命令行输入"attdef"命令。

1）执行"定义属性"命令，打开"属性定义"对话框，如图4-15所示，在"标记"、"提示"、"默认"3个文本框中输入相应的字符。

2）单击"确定"按钮，进入绘图区，在合适的位置插入属性标记"CCD"如图 4-16 所示。

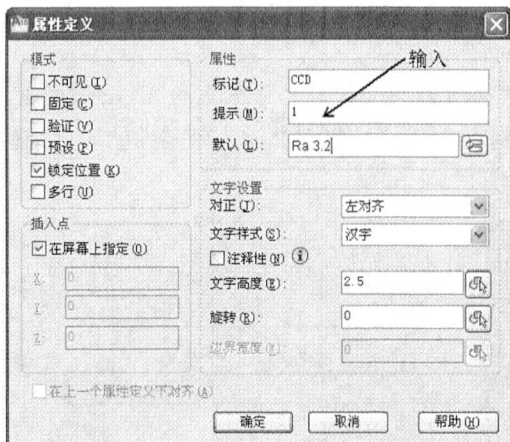

图 4-15 "属性定义"对话框

图 4-16 插入属性标记"CCD"

3）执行"写块"命令，打开"写块"对话框，如图 4-17 所示。选取图 4-16 所示的表面粗糙度符号正三角形的底下顶点作为插入点，选择"文件名和路径"如图 4-17 所示。单击"确定"按钮，完成带属性图块的创建操作。

（4）在垫圈零件图上标注表面粗糙度 *Ra* 为 3.2 的表面结构参数。

1）执行"插入块"命令，打开"插入"对话框，如图 4-18 所示。单击"名称"下拉列表框右侧的"浏览"按钮，选择"粗糙度3.2"。

图 4-17 "写块"对话框

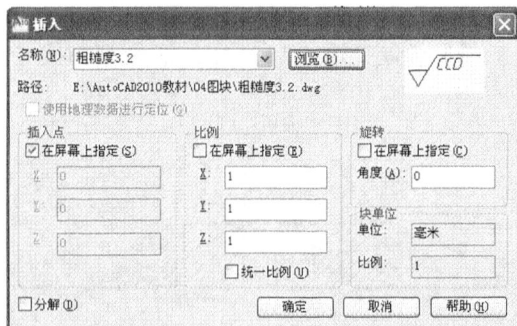

图 4-18 "插入"对话框

2）单击"确定"按钮，进入绘图区。

命令行有如下提示：

指定插入点或［基点（B）/比例（S）/旋转（R）］:（拾取垫圈上表面合适的位置）

指定旋转角度<0>:↙

输入属性值

1 < Ra 3.2 > : ✓

3）采用同样的方法插入另一处表面粗糙度符号，结果如图4-19所示。

（5）标注表面粗糙度 Ra 为 12.5 的表面结构符号。采用同样的方法执行"插入块"命令，进入绘图区后，命令行有如下提示：

指定插入点或[基点（B）/比例（S）/旋转（R）]：（拾取垫圈图形右下方合适位置）

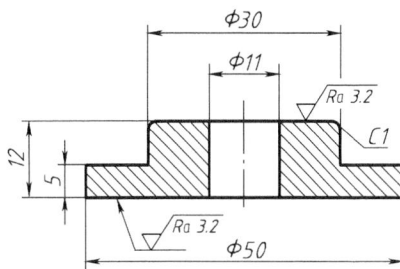

图4-19　插入表面粗糙度符号

指定旋转角度 <0> : ✓

输入属性值

1 < Ra 3.2 > : 12.5 ✓

（6）启动"快速引线"命令，绘制带箭头的引线。

（7）启动"直线"命令绘制表面结构基本图形符号。

（8）启动"单行文字"命令绘制括号，完成效果如图4-12所示。

🖱 **操作提示**：通常，也可创建表面结构基本图形符号和括号为一个外部图块，以供各零件图共享。

4.2　轴套类零件的绘制

【**案例4-5**】　绘制图4-20所示铣刀头传动轴零件图。

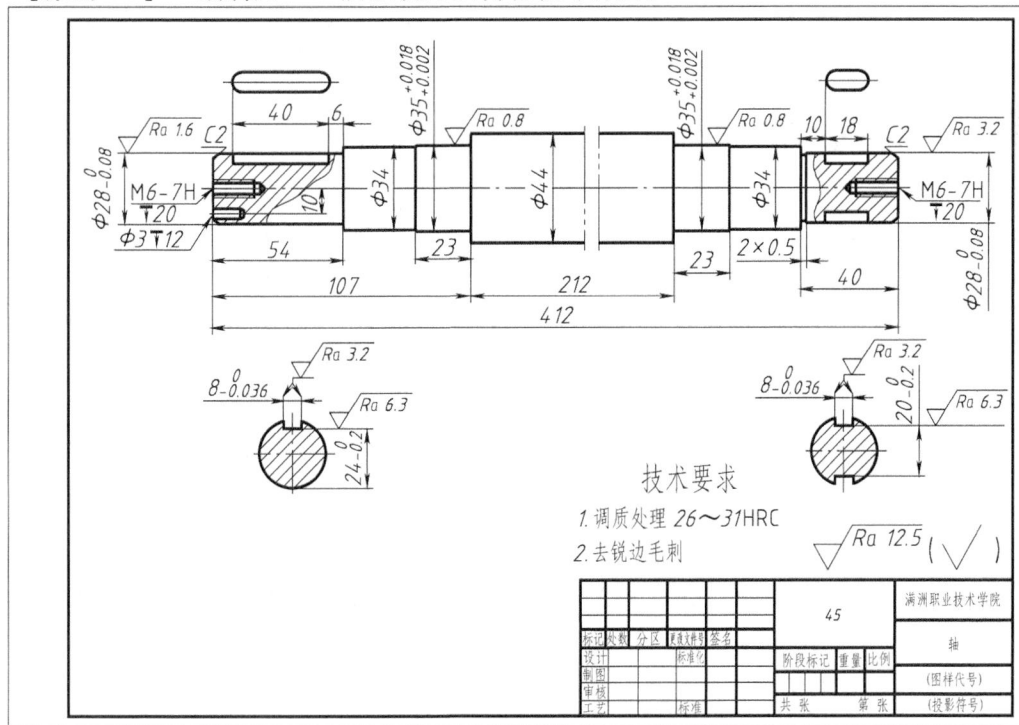

图4-20　案例4-5的铣刀头传动轴零件图

1. 画法分析

通常，轴套类零件有对称的主视图外轮廓线，有局部剖视图和断面图表达常见的轴上结构。本案例以铣刀头传动轴为例，介绍综合运用 AutoCAD 软件绘图、文本编辑和标注等命令绘制轴套类零件的作图步骤。

2. 操作步骤

（1）设置图层和文字样式。图层和文字样式参数的设置参考本教材课题 1 实训 1-1。

（2）设置尺寸样式。尺寸样式参数的设置参考本教材课题 2 案例 2-11。

（3）创建图块。包括带属性的表面结构代号、表面结构基本符号、孔深符号等，尺寸参数可参考机械制图标准。

☝ **操作提示：** 通常，上述三个步骤完成后可保存为"零件图样板习作 . dwg"图形文件，绘制零件图时可直接调用。

（4）绘制传动轴的外轮廓。对于轴中间"假想断裂边界线"使用"双点画线"画出，完成后如图 4-21 所示。

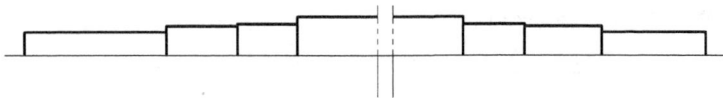

图 4-21　绘制传动轴上部外轮廓

（5）绘制传动轴上的键槽，镜像后如图 4-22 所示。

图 4-22　绘制传动轴键槽并镜像

（6）绘制传动轴上的销孔及两端螺孔，完成后如图 4-23 所示。

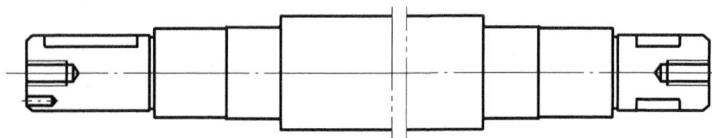

图 4-23　绘制传动轴上的销孔及两端螺孔

（7）绘制传动轴键槽的局部视图和移出断面图，完成后如图 4-24 所示。

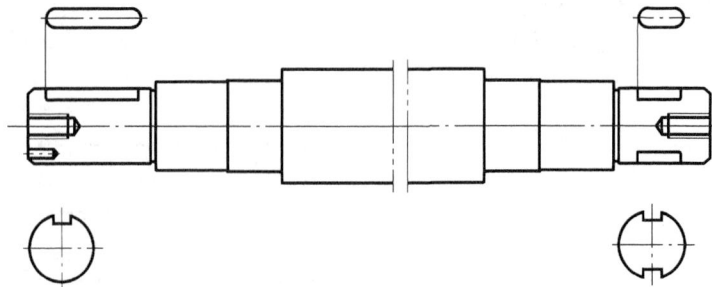

图 4-24　绘制传动轴键槽的局部视图和移出断面图

（8）绘制传动轴局部剖视图波浪线和剖面符号，完成后如图4-25所示。

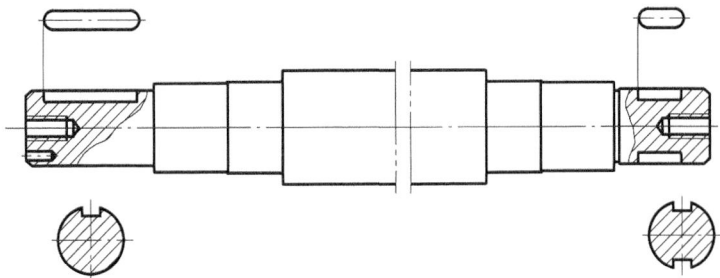

图4-25　绘制传动轴局部剖视图波浪线和剖面符号

（9）标注传动轴零件图形，如图4-26所示。

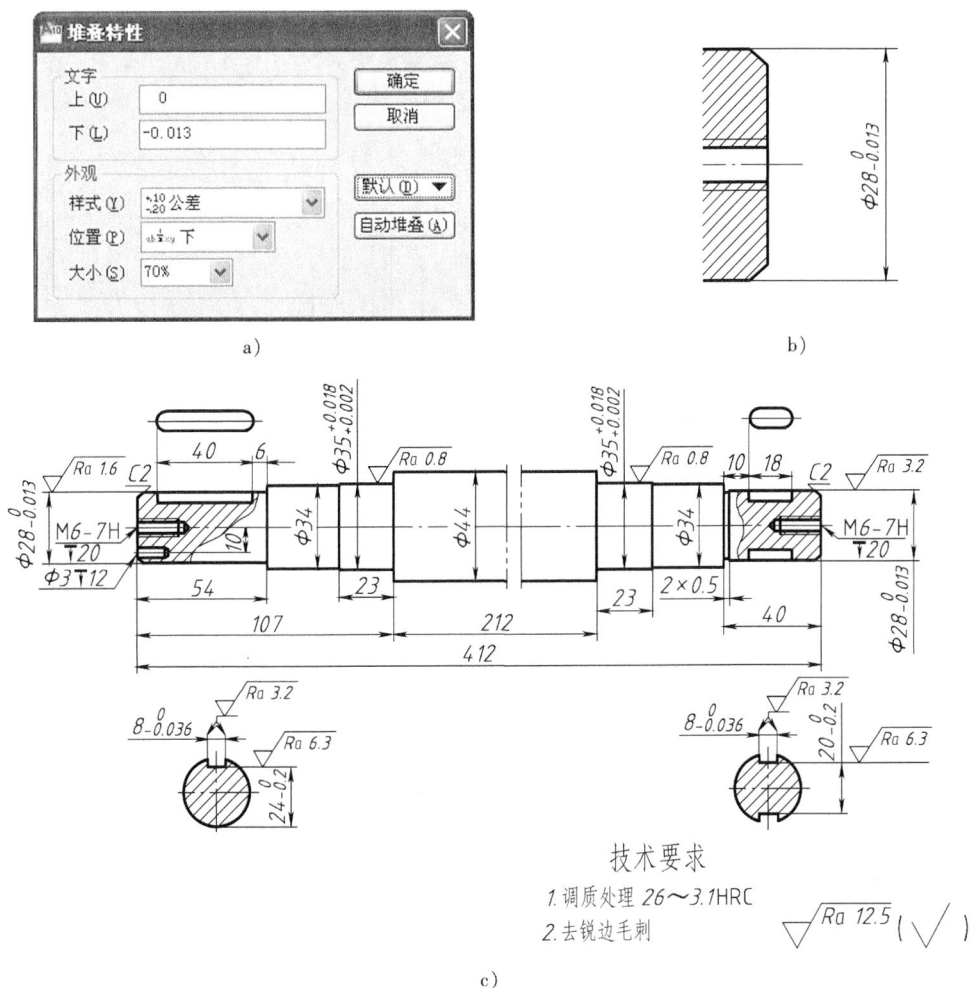

a)

b)

技术要求
1. 调质处理 26～3.1HRC
2. 去锐边毛刺

c)

图4-26　标注传动轴零件图

a)"堆叠特性"对话框　b)上、下极限偏差尺寸标注　c)完成传动轴尺寸标注后

　　操作提示：标注具有上、下极限偏差尺寸的方法是执行"线性尺寸标注"命令，拾取两个极限偏差尺寸原点后，单击右键快捷菜单的选项进入"多行文字编辑器"，输入"φ28 0^－0.013"，选中"0^－0.013 后堆叠，显示为 $\phi28_{-0.013}^{0}$，选中 $_{-0.013}^{0}$ 单击右键快捷菜单

进入"堆叠特性"对话框，修改外观参数如图 4-26a 所示，单击"确定"按钮后完成的尺寸标注如图 4-26b 所示，完成传动轴尺寸标注后如图 4-26c 所示。采用同样的方法标注传动轴所有具有上、下极限偏差的尺寸。

（10）插入案例 4-3 保存的"A3 图框 . dwg"，双击标题栏进行文本编辑。完成绘制的传动轴如图 4-20 所示。

4.3 盘盖类零件的绘制

【案例 4-6】 绘制如图 4-27 所示的端盖零件图。

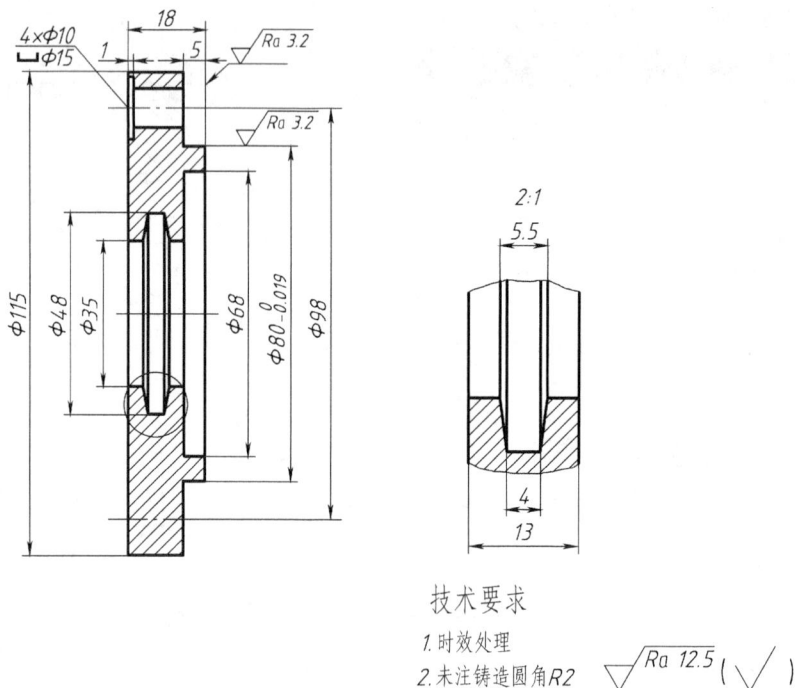

图 4-27 案例 4-6 的端盖零件图

1. 画法分析

通常，盘盖类零件有全剖视图或半剖视图。本案例以铣刀头端盖零件为例介绍综合运用 AutoCAD 软件的绘图、文本编辑和标注等命令绘制盘盖类零件的作图步骤。

2. 操作步骤

（1）打开素材资料中的"零件图样板 . dwg"，图层、文本样式、尺寸样式均符合机械制图标准，并已创建带属性表面粗糙度符号、表面粗糙度基本符号、孔深符号等常用图块。

（2）绘制端盖外轮廓，完成后如图 4-28 所示。

（3）绘制端盖内部结构轮廓，完成后如图 4-29 所示。

（4）镜像端盖图形，完成后如图 4-30 所示。

（5）绘制端盖局部放大图，完成后如图 4-31 所示。

（6）标注端盖尺寸，并编写各项技术要求，完成后如图 4-32 所示。

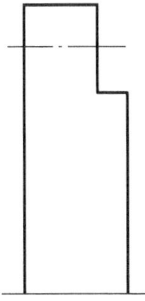

图 4-28 绘制端盖外轮廓

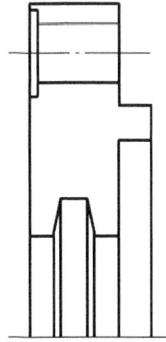

图 4-29 绘制端盖内部结构轮廓

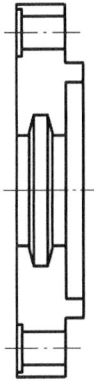

图 4-30 镜像端盖效果

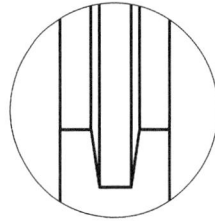

图 4-31 端盖局部放大图

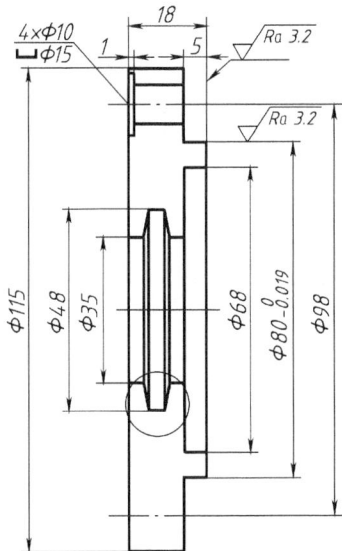

技术要求

1. 时效处理
2. 未注铸造圆角R2

图 4-32 完成端盖标注

（7）绘制剖面线，完成后如图 4-27 所示。

4.4 叉架类零件的绘制

【案例 4-7】　绘制图 4-33 所示的拨叉零件图。

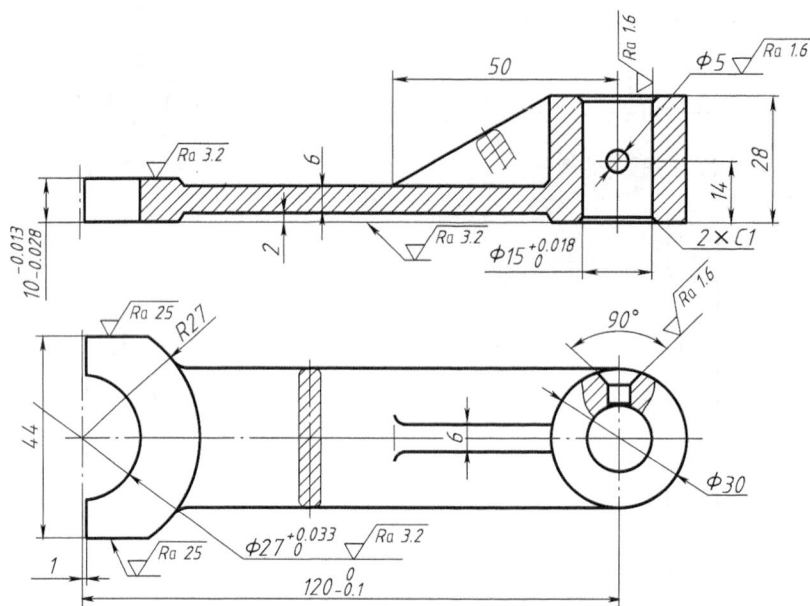

图 4-33　案例 4-7 的拨叉零件图

1. 画法分析

叉架类零件常见重合断面图。本案例以拨叉为例介绍综合运用 AutoCAD 软件绘图、文本编辑和标注等命令，绘制叉架类零件的作图步骤。

2. 操作步骤

（1）打开素材资料中的"零件图样板 . dwg"。

（2）绘制拨叉俯视图，完成后如图 4-34 所示。

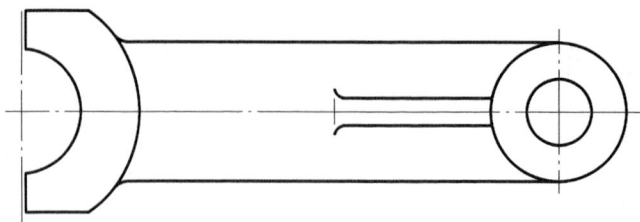

图 4-34　绘制拨叉俯视图

（3）绘制拨叉主视图，完成后如图 4-35 所示。

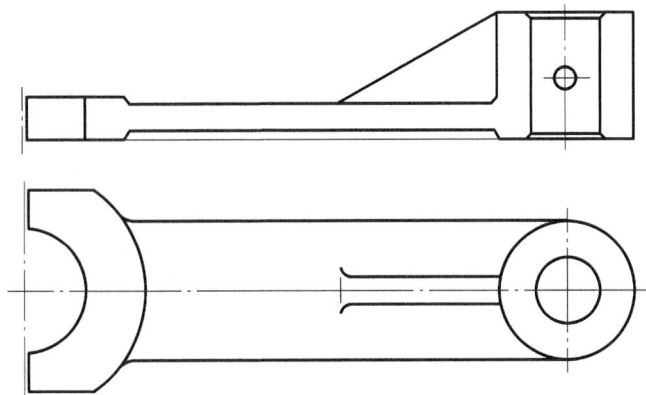

图 4-35　绘制拨叉主视图

（4）绘制拨叉局部剖视图、重合断面图及剖面符号，完成后如图 4-36 所示。

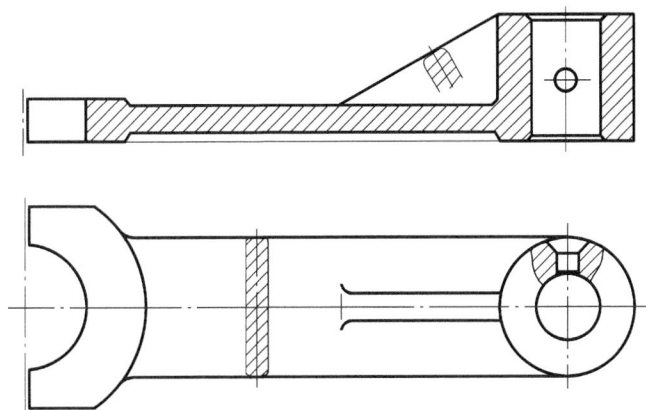

图 4-36　绘制拨叉局部剖视图、重合断面图及剖面符号

（5）标注拨叉尺寸，并编写各项技术要求，完成后如图 4-33 所示。

4.5　箱体类零件的绘制

【案例 4-8】　绘制图 4-37 所示的铣刀头底座零件图。

1. 画法分析

箱体类零件常用全剖视图、局部剖视图、局部视图等表达方法。本案例以铣刀头底座为例介绍综合运用 AutoCAD 软件绘图、文本编辑和标注等命令，绘制箱体类零件的作图步骤。

2. 操作步骤

（1）打开素材资料中的"零件图样板．dwg"。

（2）绘制长度适宜的中心线，完成后如图 4-38 所示。

（3）绘制铣刀头底座三视图的基本轮廓，完成后如图 4-39 所示。

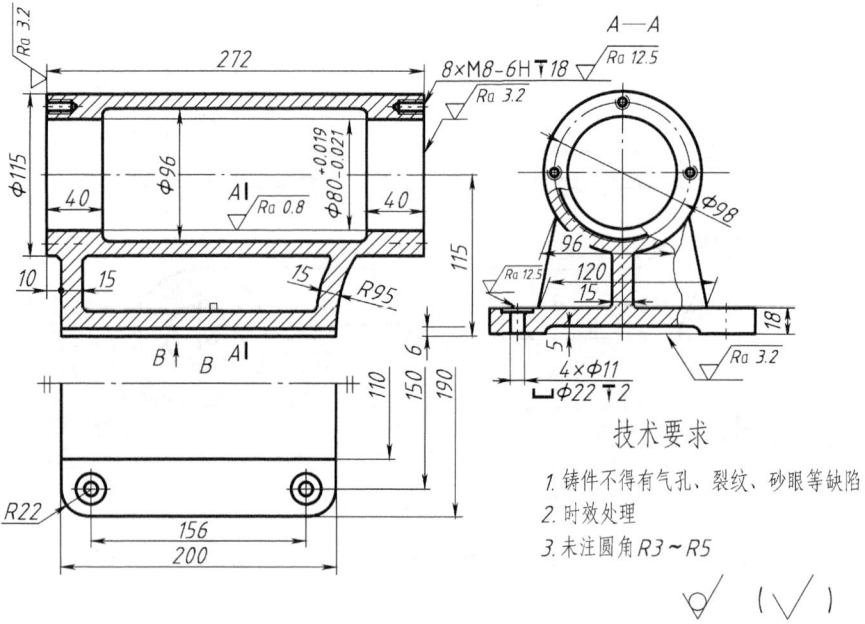

图4-37 案例4-8的铣刀头底座零件图

图4-38 绘制中心线

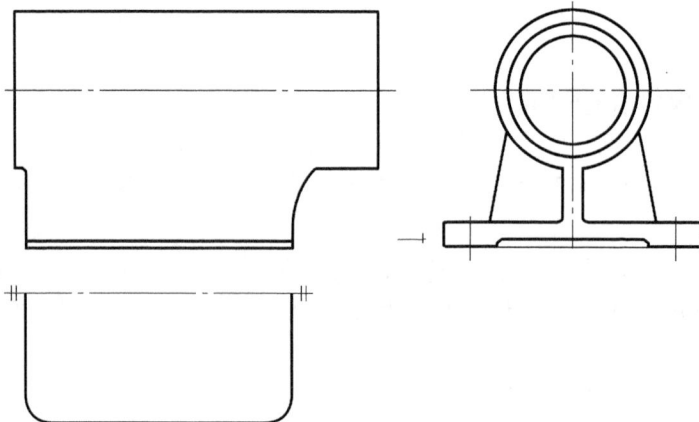

图4-39 绘制铣刀头底座三视图

技术要求
1. 铸件不得有气孔、裂纹、砂眼等缺陷
2. 时效处理
3. 未注圆角R3～R5

（4）绘制螺纹孔、底板螺栓孔等其他结构，完成后如图 4-40 所示。

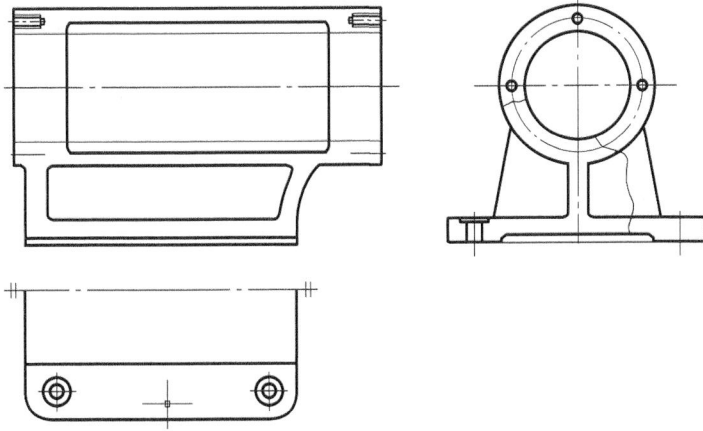

图 4-40　绘制螺纹孔等其他结构

（5）绘制剖面符号，标注尺寸，并编写各项技术要求，完成后如图 4-37 所示。

4.6　实训

【实训 4-1】　绘制图 4-41 所示的基准符号，字体为 5 号字，并保存为外部图块。

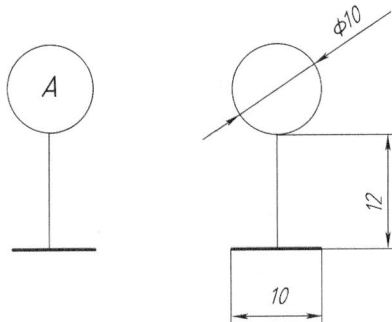

图 4-41　实训 4-1 的基准符号外部图块

【实训 4-2】　绘制图 4-42 所示安全阀阀体零件图。

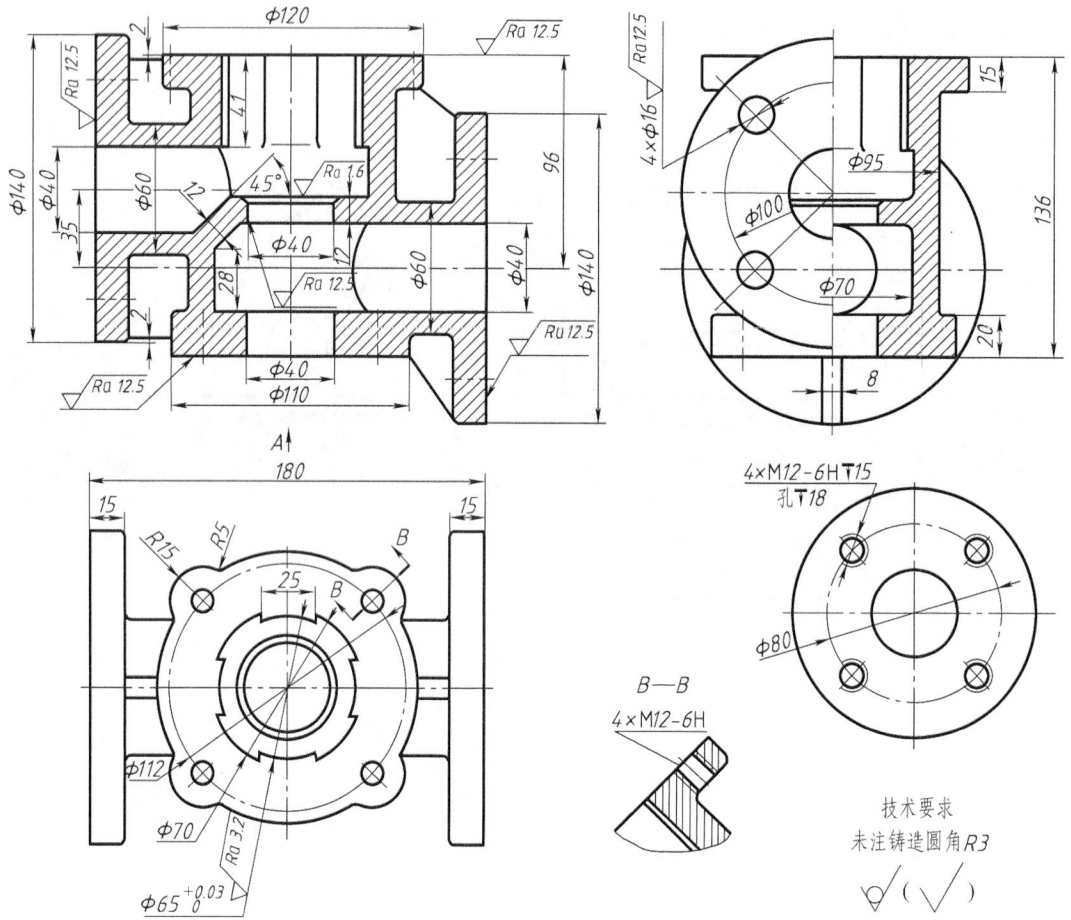

图 4-42　实训 4-2 的安全阀阀体零件

【实训 4-3】　绘制图 4-43 所示安全阀阀门零件图。

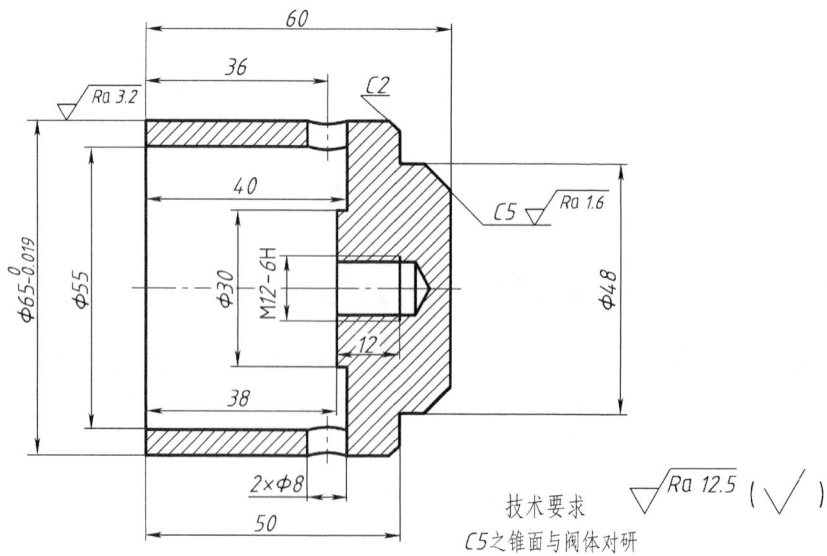

图 4-43　实训 4-3 的安全阀阀门零件

【实训4-4】 绘制图4-44所示安全阀阀盖零件图。

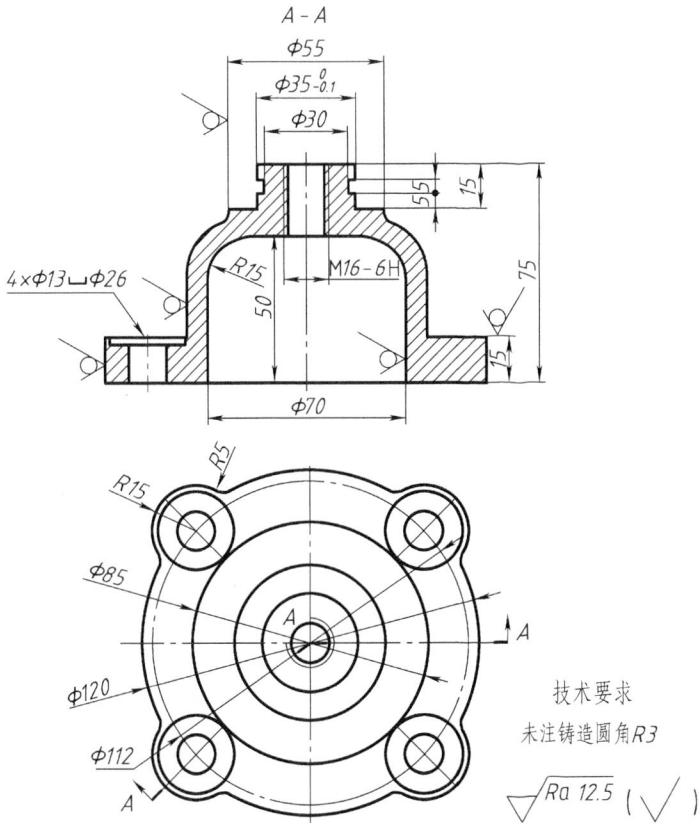

图4-44 实训4-4的安全阀阀盖零件

【实训4-5】 绘制图4-45所示安全阀阀帽零件图。

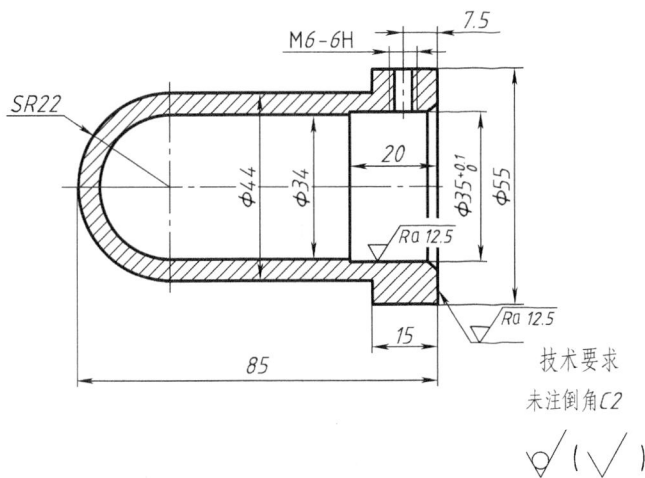

图4-45 实训4-5的安全阀阀帽零件

【实训4-6】 绘制图4-46所示安全阀螺杆零件图。

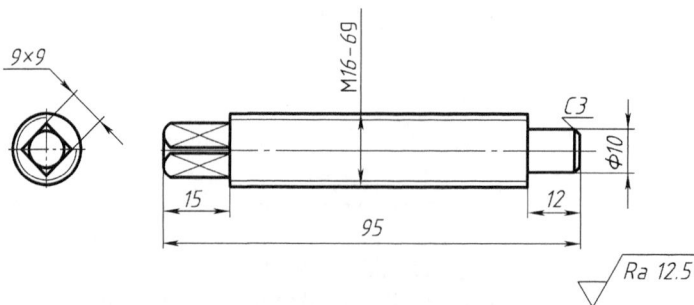

图 4-46　实训 4-6 的安全阀螺杆零件

【实训 4-7】　绘制图 4-47 所示安全阀弹簧零件图。

【实训 4-8】　绘制图 4-48 所示安全阀垫片零件图。

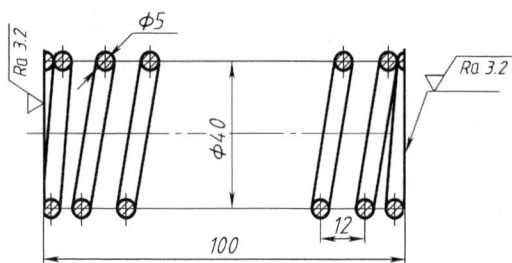

技术要求

1. 有效圈数 n=7.5
2. 总圈数 n_t=10
3. 旋向：右
4. 展开长度：L=1256

图 4-47　实训 4-7 的安全阀弹簧零件

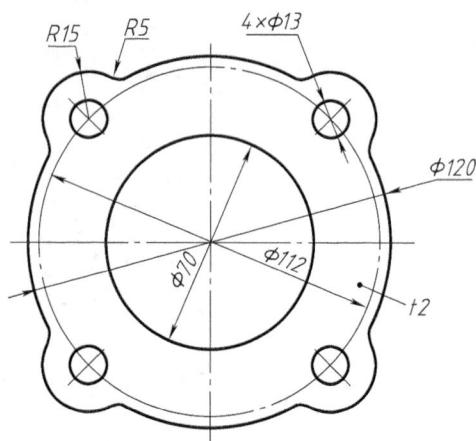

技术要求

垫片的尺寸公差及其他要求应符合 GB/T 9129 的规定

图 4-48　实训 4-8 的安全阀垫片零件

【实训 4-9】　绘制图 4-49 所示安全阀弹簧垫零件图。

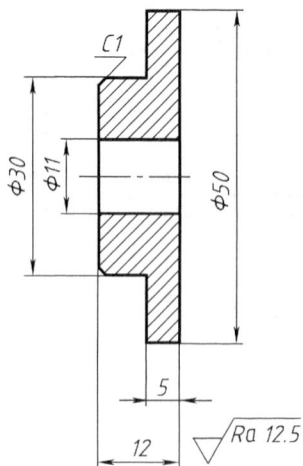

图 4-49　实训 4-9 安全阀弹簧垫零件

课题 5　装配图的绘制

学习目标

【知识目标】

1. 掌握装配图插入法绘制步骤。

2. 掌握装配图序号编写方法。

【能力目标】

能够绘制装配图图形并能标注。

5.1　装配图画法

【案例 5-1】　利用素材资料绘制图 5-1 所示的螺栓联接装配图形，其中外图框为 276×180。

🖰 **操作提示**：标题栏和标准图框的插入在课题 7 中介绍。

1. 画法分析

在 AutoCAD 中绘制装配图一般采用以下方法：① 根据装配关系，将各个零件逐个画出，直接绘出装配图；②使用"写块"命令将需插入的各零件图形创建为外部块（注意基点的选择要便于图块插入定位），然后新建装配图文件；使用"插入"命令将各外部图块文件逐一插入装配图；③新建装配图文件，逐一打开各零件图，通过剪切板将需插入装配图的各零件图形复制到装配图

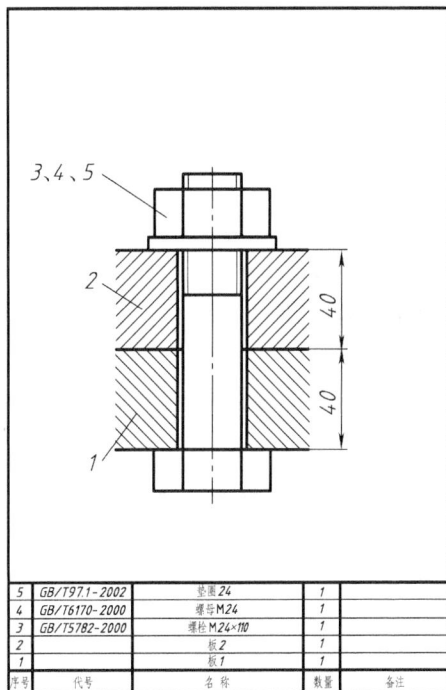

图 5-1　案例 5-1 的螺栓联接装配图形

5	GB/T97.1-2002	垫圈 24	1	
4	GB/T6170-2000	螺母M24	1	
3	GB/T5782-2000	螺栓 M24×110	1	
2		板 2	1	
1		板 1	1	
序号	代 号	名 称	数量	备注

中，然后进行"装配"。前两种方法在前面课题中已经做过介绍，本案例通过简单的装配图形介绍第三种画法的操作技巧。

2. 操作步骤

（1）逐一打开素材资料中的"案例 5-1-板.dwg"、"案例 5-1-螺栓.dwg"、"案例 5-1-螺母.dwg"、"案例 5-1-垫圈.dwg"。启动"窗口"→"垂直平铺"命令，垂直平铺图形文件，结果如图 5-2 所示。

（2）粘贴螺栓。

1）在"案例 5-1-螺栓.dwg"窗口单击，窗口颜色亮显。逆时针旋转螺栓 90°成装配位置。

2）启动"编辑"→"带基点复制"命令，命令行有如下显示：

命令：copybase↙

指定基点：（拾取图 5-3 所示基点）

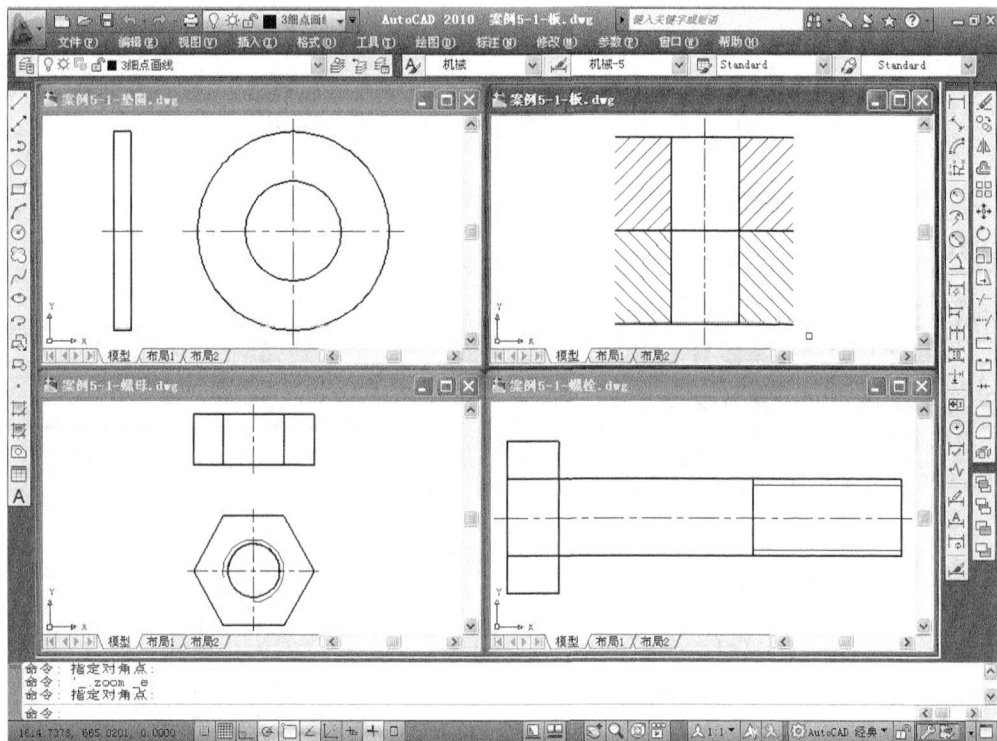

图 5-2　垂直平铺图形文件

选择对象：（选择整个螺栓图形）

选择对象：↙

3）在"案例 5-1-板．dwg"窗口单击，窗口颜色亮显。在绘图区单击鼠标右键，在弹出的快捷菜单中选取"粘贴"命令，在图 5-4 所示的位置粘贴螺栓。

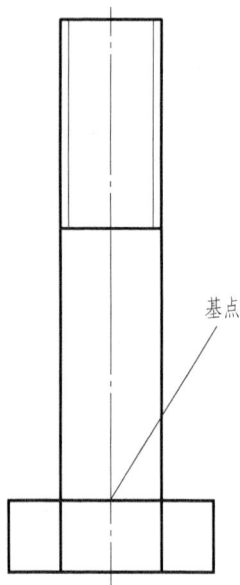

图 5-3　螺栓基点

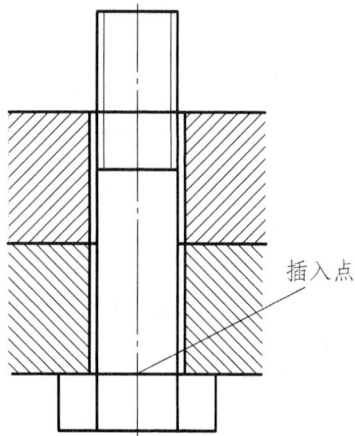

图 5-4　粘贴螺栓

（3）采用同样的方法粘贴垫圈、螺母，结果如图 5-5 所示。启动"编辑"命令整理图形。

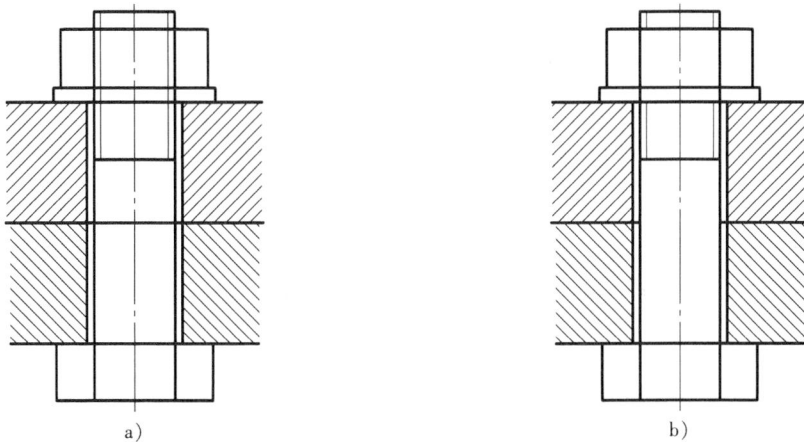

图 5-5　粘贴垫圈、螺母

a）图形编辑前　b）图形编辑后

（4）采用同样的方法将素材资料"案例 5-1-明细栏 . dwg"中的明细栏粘贴在图样的合适当位置，并绘制 276×180 外图框，结果如图 5-6 所示。

（5）编写序号。

1）双击"案例 5-1-板 . dwg"文件窗口，全屏显示"案例 5-1-板 . dwg"。在图形外左侧绘制一条竖直辅助直线。

2）启动"快速引线"命令，命令行有如下显示：

命令：qleader↙

指定第一个引线点或［设置（S）］＜设置＞：↙

打开"引线设置"对话框的"注释"选项卡，如图 5-7a 所示；转换到"引线和箭头"选项卡如图 5-7b 所示；转换到，"附着"选项卡如图 5-7c 所示；单击"确定"按钮，回到绘图区。

命令行有如下显示：

指定下一点：（拾取板 1 合适位置）

指定下一点：（拾取辅助线上交点位置）

输入注释文字的第一行＜多行文字（M）＞：1↙

输入注释文字的下一行：↙

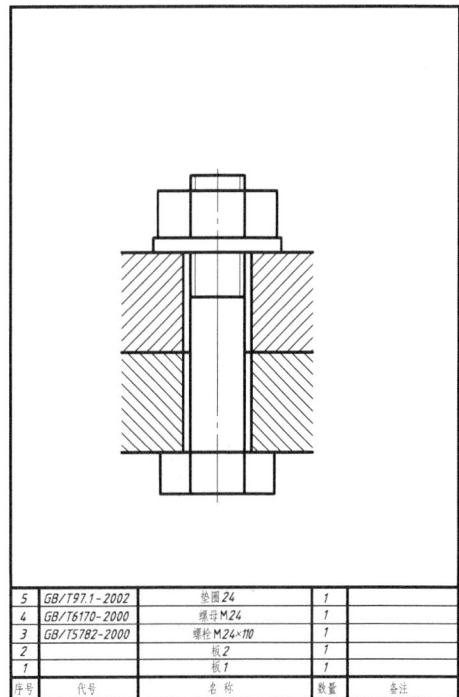

5	GB/T97.1-2002	垫圈 24	1	
4	GB/T6170-2000	螺母 M.24	1	
3	GB/T5782-2000	螺栓 M.24×110	1	
2		板 2	1	
1		板 1	1	
序号	代号	名称	数量	备注

图 5-6　粘贴明细栏

a)

b)

c)

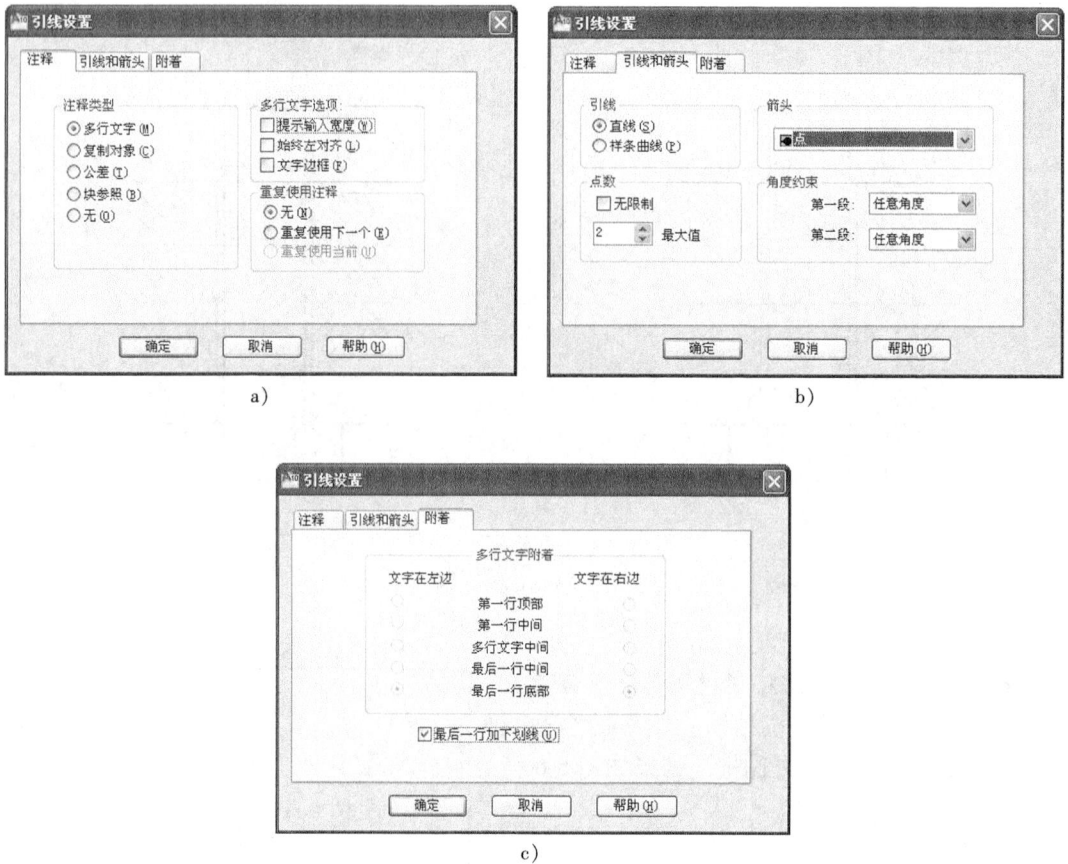

图 5-7　"引线设置"对话框

a)"注释"选项卡　b)"引线和箭头"选项卡　c)"附着"选项卡

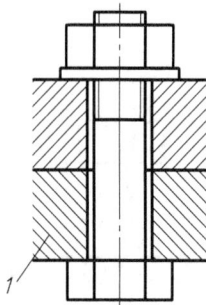

图 5-8　零件 1 序号的编写

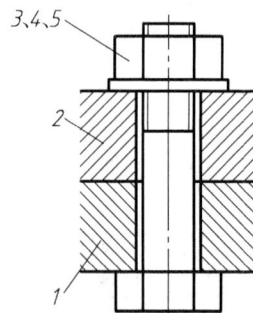

图 5-9　编写所有零件序号

完成零件 1 序号的编写，如图 5-8 所示。

3）采用同样的方法编写零件 2 和零件 3 的序号；运行"直线"和"文本"命令编写零件 4 和零件 5 的序号，结果如图 5-9 所示。

（6）标注尺寸，删除辅助线，完成装配图形的绘制，结果如图 5-1 所示。另存文件，文件名为"螺栓联接装配图形 . dwg"。

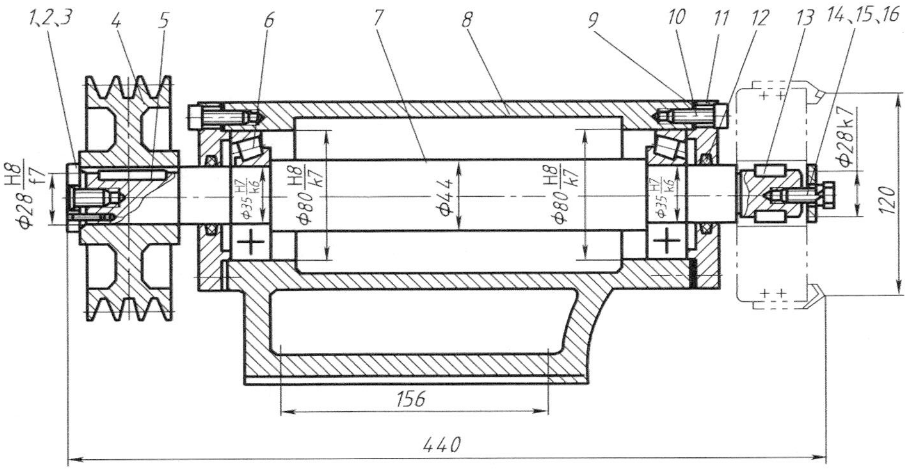

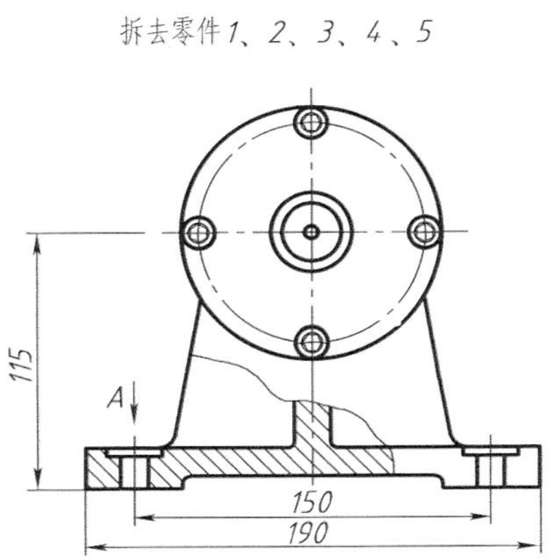

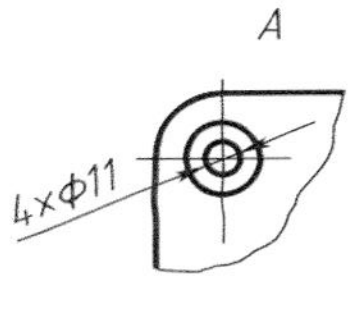

145

图 5-10 实训 5-1 的铣头装配图

技术要求

1. 主轴轴线对底面的平行度为0.04/1000
2. 刀盘定位轴径的径向圆跳动公差值为0.02
3. 刀盘定位端面对Φ25轴线的圆跳动公差值为0.02
4. 铣刀轴端的轴向窜动不大于0.01

拆去零件1、2、3、4、5

16	GB/T 93-1987	垫圈	1	
15	GB/T 892-1986	螺钉M6×20	1	
14	GB/T 5782-2000	螺钉M6×20	2	
13	GB/T1096-2003	键6×6×20	2	
12		压盖	1	
11	GB/T 70-2000	调整垫	2	
10		螺钉M8×20	8	
9		堵盖	2	
8		壳体	1	
7		轴	1	
6	GB/T 297-1994	轴承30307	2	
5	GB/T 1096-2003	键8×7×40	1	A型
4	GB/T 119.2-2000	带轮	1	
3	GB/T 68-2000	带座法兰	1	
2	GB/T 891-1986	挡圈	1	
序号	代号	名称	数量	备注

温州职业技术学院

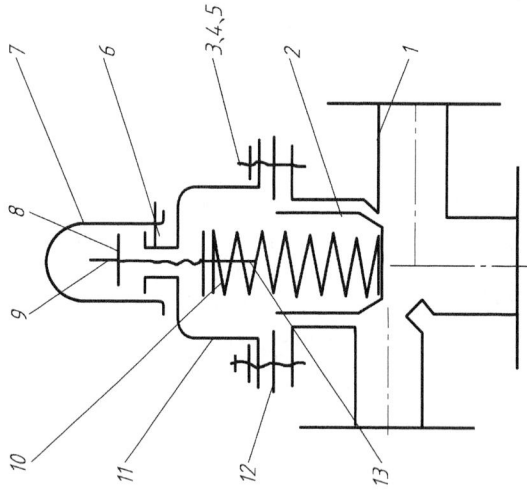

回油阀的工作原理

回油阀是供油管路上的装置。在正常工作时，阀门2靠弹簧10的压力处在关闭位置，此时油从阀体右孔流入，经阀体下部的孔进入导管，当一导管中油压力增高超过弹簧路，以保证阀压路的安全，阀门被顶开，油就顺阀体左端孔经另一导管流回油箱。弹簧压力的大小靠弹簧螺杆9来调节，阀帽7用以保护螺杆免受损伤。阀门2两侧小孔用以快速溢油，以减少阀门运动时的背压。

序号	代号	名称	数量		备注
13	10-2-08	弹簧垫	1		
12	10-2-07	垫片	1		
11	10-2-06	阀盖	1		
10	10-2-05	弹簧	1		
9	10-2-04	螺杆	1		
8	GB/T 6170-2000	螺母 M16	1		
7	10-2-03	阀帽	1		
6	GB/T 75-1985	螺钉 M6×16	4		
5	GB/T 97.1-2002	垫圈12	4		
4	GB/T 6170-2000	螺母 M12	4		
3	GB/T 899-1988	螺柱 M12×45	4		
2	10-2-02	阀门	1		
1	10-2-01	阀体	1		

标记	处数	分区	更改文件号	签名					
设计			标准化		阶段标记	重量	比例		温州职业技术学院
制图									
审核			标准		共 张	第 张			
工艺									

图 5-11 实训 5-2 的回油阀装配示意图

5.2 实训

【**实训 5-1**】 根据课题 4 绘制的铣刀头零件图，绘制图 5-10 所示铣刀头装配图，标准件尺寸请查阅机械手册。

【**实训 5-2**】 参照课题 4 实训所绘制的安全阀零件图，按照图 5-11 所示的回油阀装配示意图，绘制回油阀的装配图，标准件尺寸请查阅机械手册。

课题 6 图 形 输 出

学习目标

【知识目标】

    1. 掌握图纸布局、页面设置等操作方法。

    2. 掌握从模型空间、布局空间打印图形的方法。

【能力目标】

    1. 能够选择打印设备,设置页面。

    2. 能够通过插入标准图框建立具有标准图幅的图样。

    3. 能够按一定比例在模型空间或布局空间打印图形。

6.1 插入布局

【案例 6-1】   打开素材资料中的"案例 6-1. dwg",显示机用平口虎钳护口板,如图 6-1 所示。试应用"插入样板布局"命令按不同比例将图形设置成标准图幅的图样。

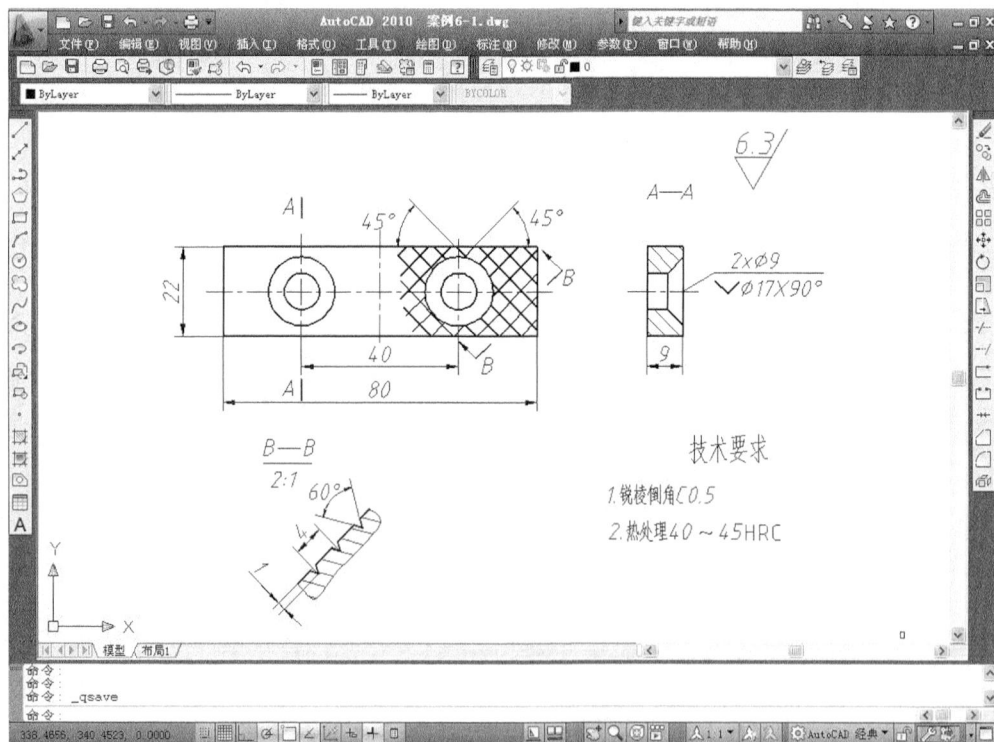

图 6-1 案例 6-1 的机用平口虎钳护口板

1. 操作分析

AutoCAD 软件提供了众多布局样板，本案例利用提供的标准图幅样板设置不同比例的标准图幅。

2. 操作步骤

（1）打开素材资料中的"案例6-1. dwg"。

（2）按1∶1 设置为 A4 图样。

1）启动"插入"→"布局"→"来自样板的布局"命令，打开"从文件选择样板"对话框，如图6-2 所示。

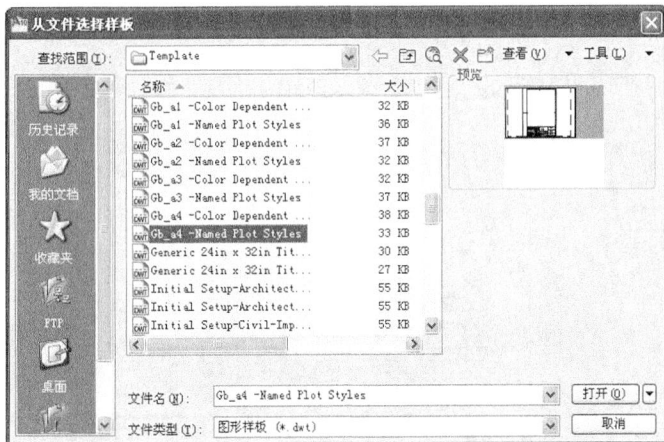

图6-2 "从文件选择样板"对话框

2）选中"Gb_a4-Named Plot Styles"，单击"打开"按钮；弹出"插入布局"对话框，如图6-3 所示。单击"确定"按钮，在机用平口虎钳护口板图形界面左下角增加 ⟋ Gb A4 标题栏 ⟍ 选项卡按钮。

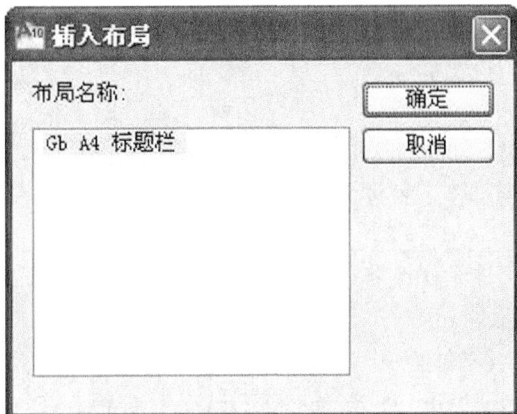

图6-3 "插入布局"对话框

3）单击图形界面左下角的"Gb A4 标题栏"选项卡按钮，切换到布局空间，出现一张如图 6-4 所示 A4 图纸，呈现"Gb A4 标题栏"布局。

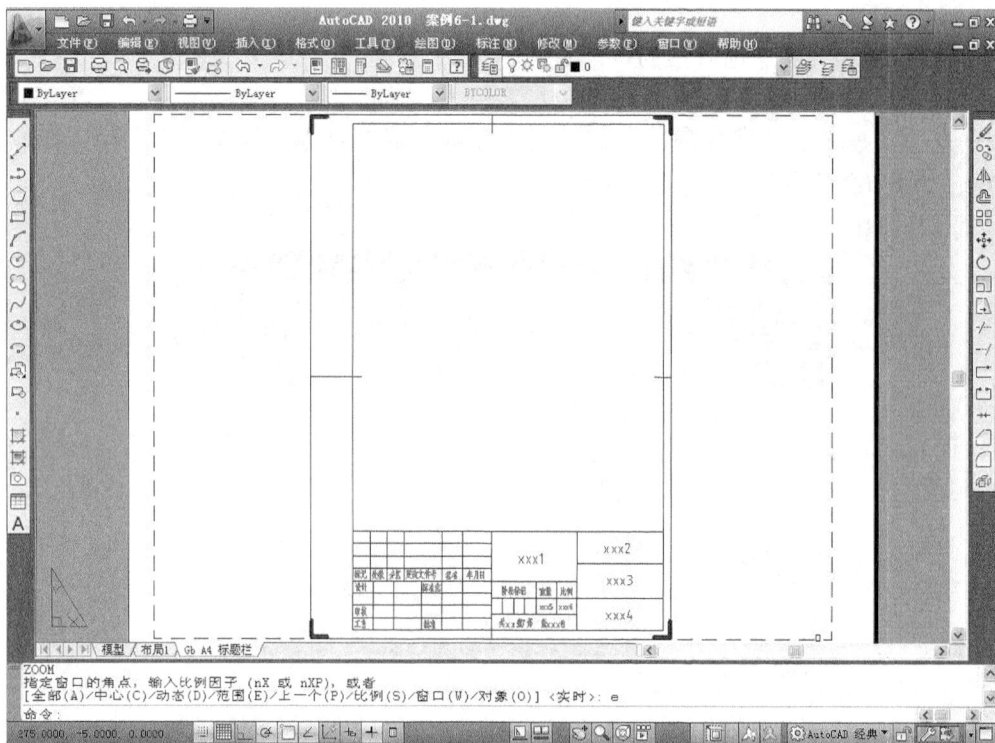

图 6-4　"Gb A4 标题栏"布局

4）在 A4 图框内空白处双击鼠标左键，进入模型空间，视口边框以虚线显示，滚动鼠标中部滚轮将模型空间的图形显示在当前视口，如图 6-5 所示。

5）打开"视口"工具栏，在"视口缩放控制"下拉列表框中选择"1∶1"。在视口边框外双击鼠标左键，返回布局空间，此时视口边框以细线条显示，如图 6-6 所示。至此，完成 A4 图样布局设置。

（3）填写 A4 标题栏。

1）在"Gb A4 标题栏"布局空间，双击 A4 标题栏，弹出"增强属性编辑器"对话框。在"属性"选项卡中选取"名称 1"，在"值"文本框中输入"Q235A"，如图 6-7 所示。

2）单击＜Enter＞键，连续修改各个属性的值，完成机用平口虎钳护口板零件 A4 图样的设置，结果如图 6-8 所示。

（4）按 2∶1 设置护口板零件为 A3 图样。

采用同样的方法，插入"Gb_a3-Named Plot Styles"样板；在"视口"工具栏的"视口缩放控制"下拉列表框中选择"2∶1"；填写标题栏后，完成机用平口虎钳护口板零件 A3 图样的设置，结果如图 6-9 所示。

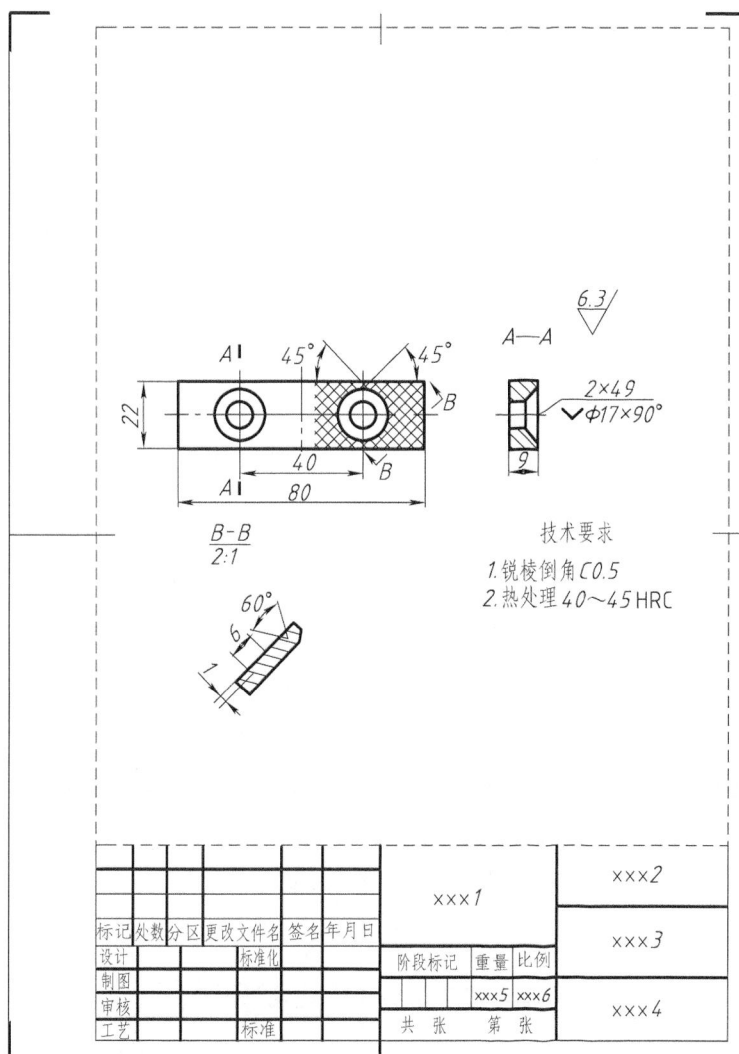

图 6-5　调整模型空间图形到当前视口

👆 **操作提示**：采用插入样板的方法，可以在布局中方便地得到不同比例的标准图样。一般地，在模型空间按1:1绘制图形和标注图形，而在布局中利用"视口缩放比例"来设置标准图样。

（5）设置零件图形在旋转后的标准图纸中的布局。

1）鼠标右键单击护口板图形界面左下角的"⟨Gb A4 标题栏⟩"选项卡按钮，在弹出的快捷菜单中选取"移动和复制"命令，弹出"移动或复制"对话框，如图 6-10 所示，勾选"创建副本"复选框，单击"确定"按钮，在护口板图形界面左下角增加了⟨Gb A4 标题栏 (2)⟩选项卡。

2）单击护口板图形界面左下角的"⟨Gb A4 标题栏 (2)⟩"选项卡按钮，切换到布局空

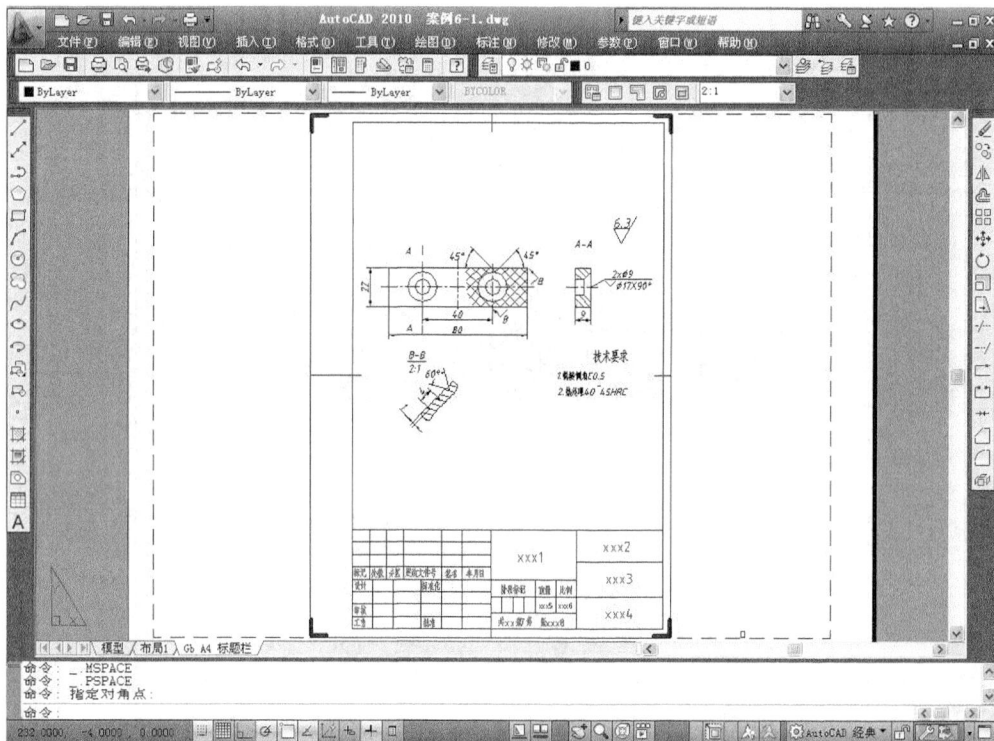

图 6-6 A4 图样的布局

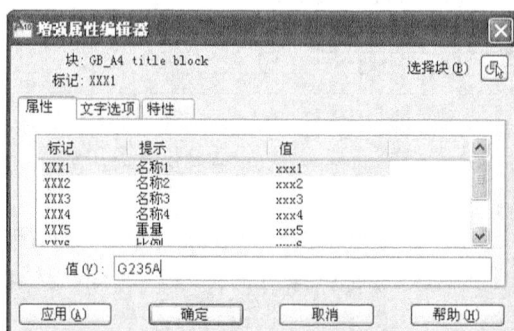

图 6-7 设置"属性"选项卡

间,旋转"Gb A4 标题栏"图块,结果如图 6-11 所示。

3)将"图框_视口"图层由"锁定"改为"解锁"状态,单击视口边框,使用"夹持点"编辑视口边框的大小与图框区一致,在视口边框内双击鼠标左键,调整模型空间图形到合适位置,结果如图 6-12 所示。

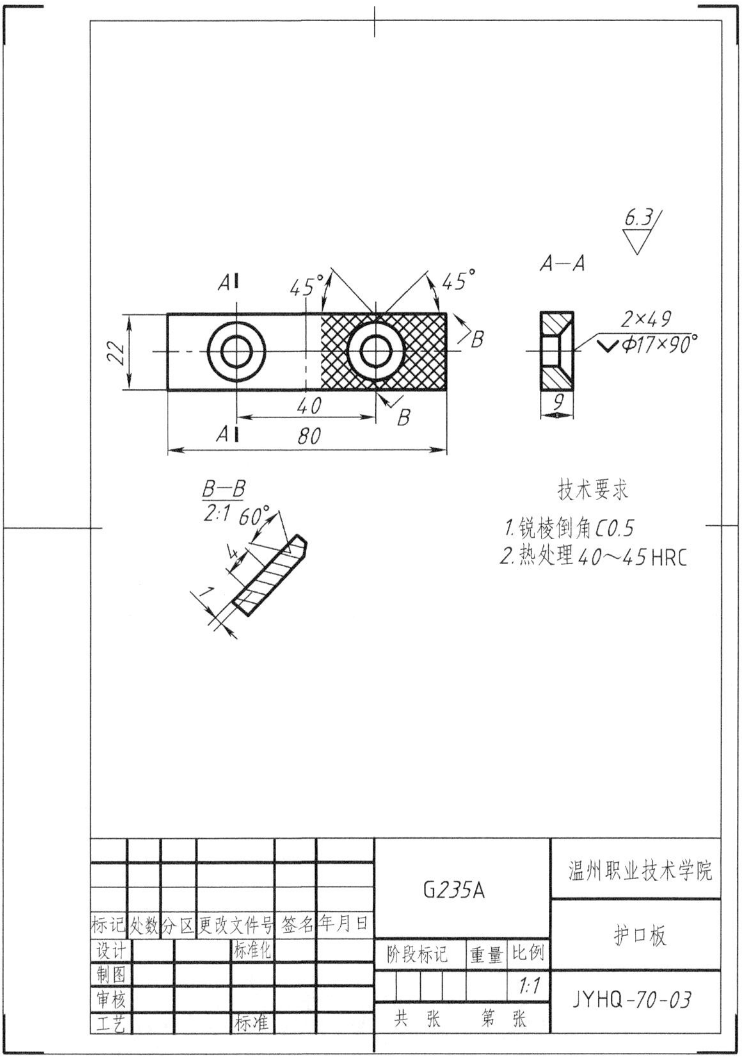

图 6-8　机用平口虎钳护口板零件 A4 的图样

4）在视口边框外双击鼠标，返回布局空间，绘制看图方向符号，参考尺寸如图 6-13 所示。完成零件图形在旋转后的标准图纸中的布局，如图 6-14 所示。

操作提示：根据零件形状和表达的需要，允许将图纸逆时针旋转90°作为看图方向（此时标题栏在图纸的右边），国家标准要求必须在图样下方绘制方向符号。

（6）以"案例6-1布局"为文件名保存图6-14所示文件。

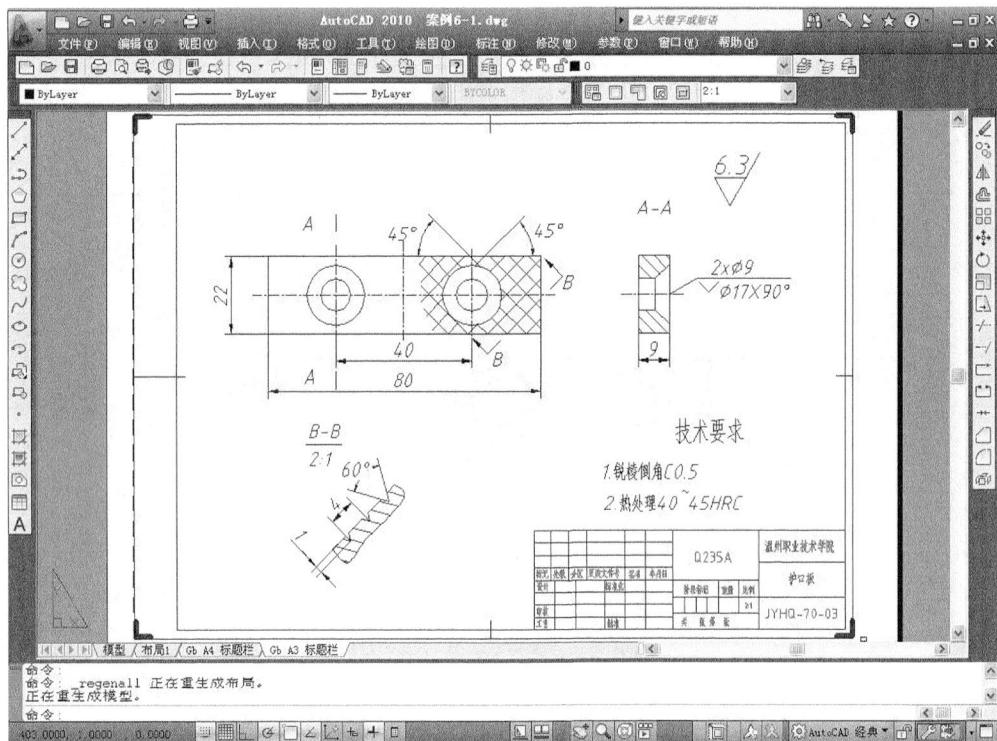

图 6-9　机用平口虎钳护口板零件 A3 的图样

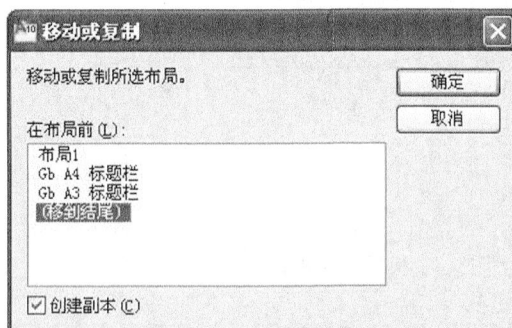

图 6-10　"移动或复制"对话框

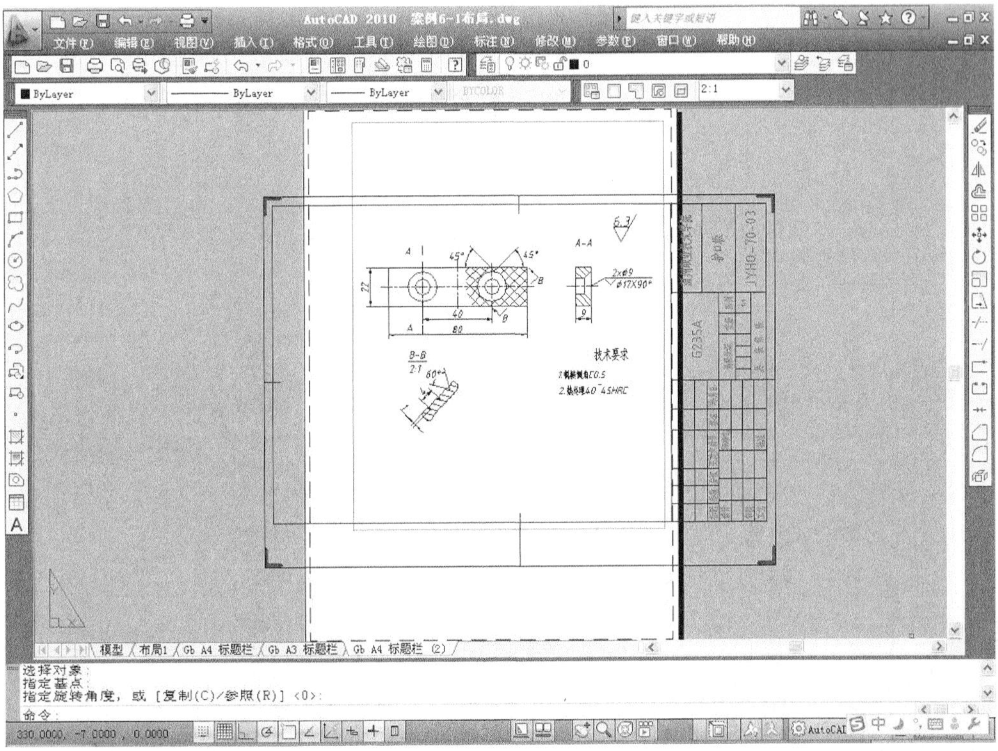

图 6-11　旋转"Gb A4 标题栏图块

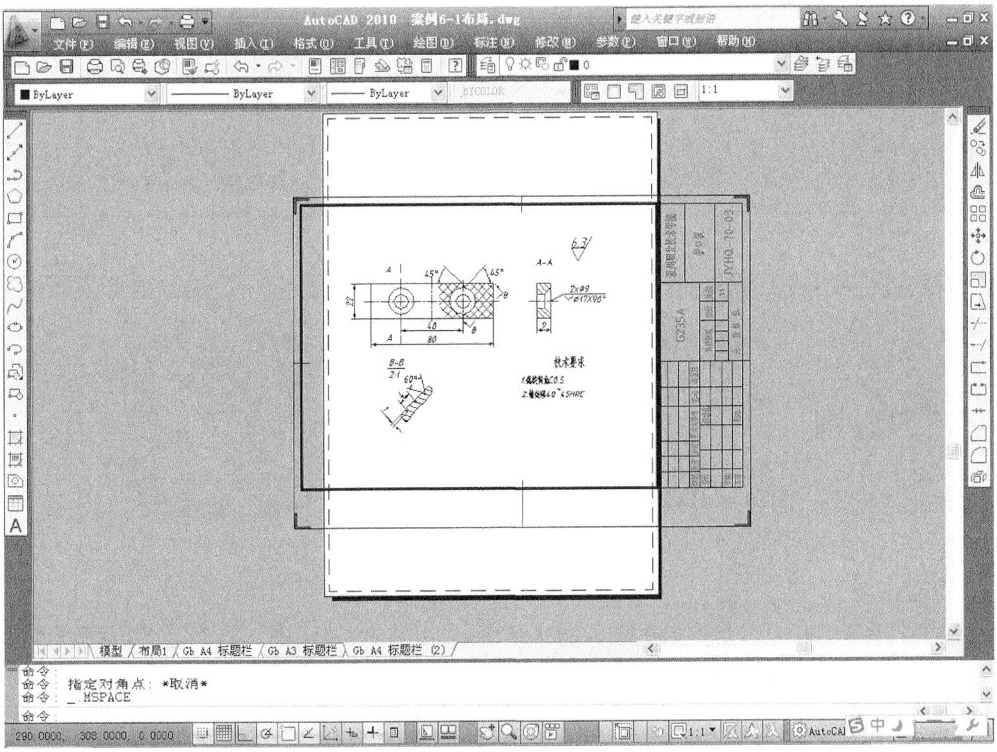

图 6-12　调整模型空间图形到合适位置

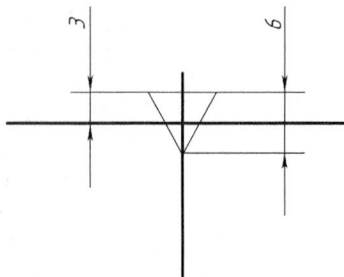

图 6-13　绘制看图方向符号

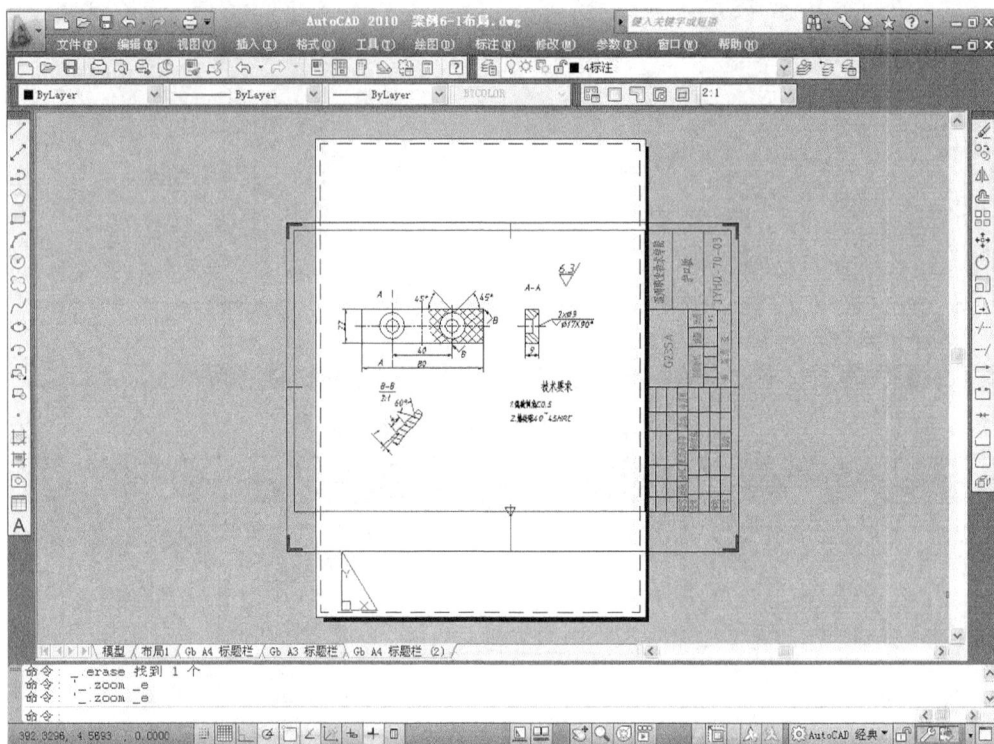

图 6-14　零件图形在旋转后的标准图纸中的布局

6.2　打印设置

【案例 6-2】　打开素材资料中的"案例 6-1 布局.dwg"，分别在模型空间和布局空间进行打印设置。

1. 操作分析

要设置打印环境，可以通过设置页面来实现。在 AutoCAD 中，既可以在模型空间实现打印设置，也可以在布局空间实现打印设置。

2. 操作步骤

（1）打开素材资料中的"案例 6-1 布局.dwg"。

（2）在模型空间进行打印设置。

1）启动"文件"→"页面设置管理器"命令，打开"页面设置管理器"对话框，如图6-15所示。

2）单击"新建"按钮，弹出"新建页面设置"对话框，如图6-16所示。选择"默认输出设备"，并填写新页面设置名为"护口板"。

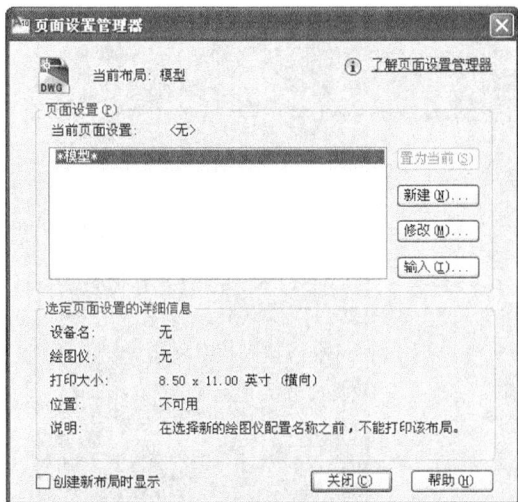

图6-15 "页面设置管理器"对话框（模型空间）　　　图6-16 "新建页面设置"对话框

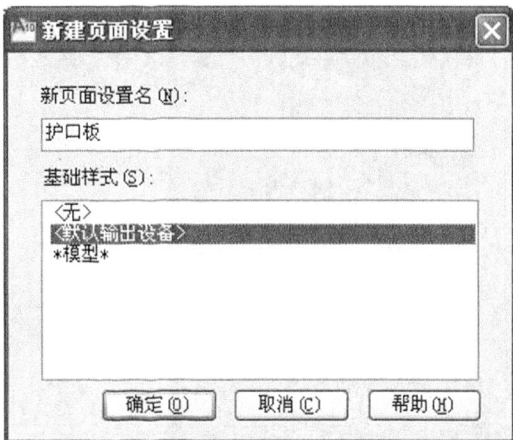

3）单击"确定"按钮，弹出"页面设置—模型"对话框，如图6-17所示。选择"打

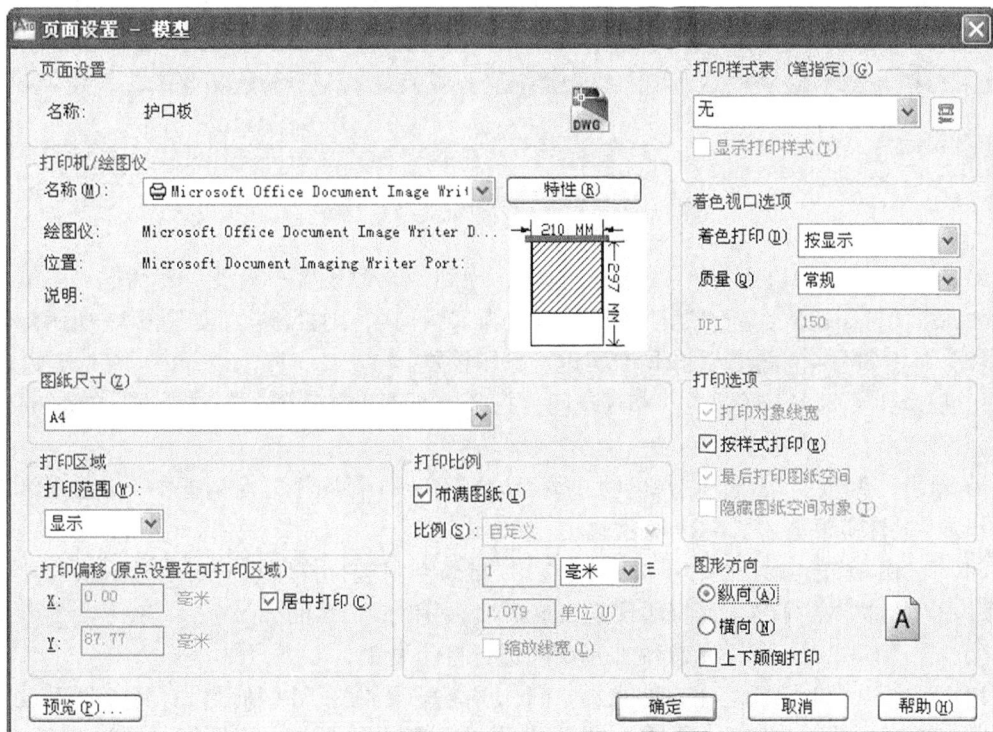

图6-17 "页面设置—模型"对话框

印机/绘图仪"；"图纸尺寸"为"A4"，"打印比例"勾选"布满图纸"复选框，图形方向为"纵向"。

4）单击"预览"按钮，"布满图纸"打印预览效果如图6-18所示。

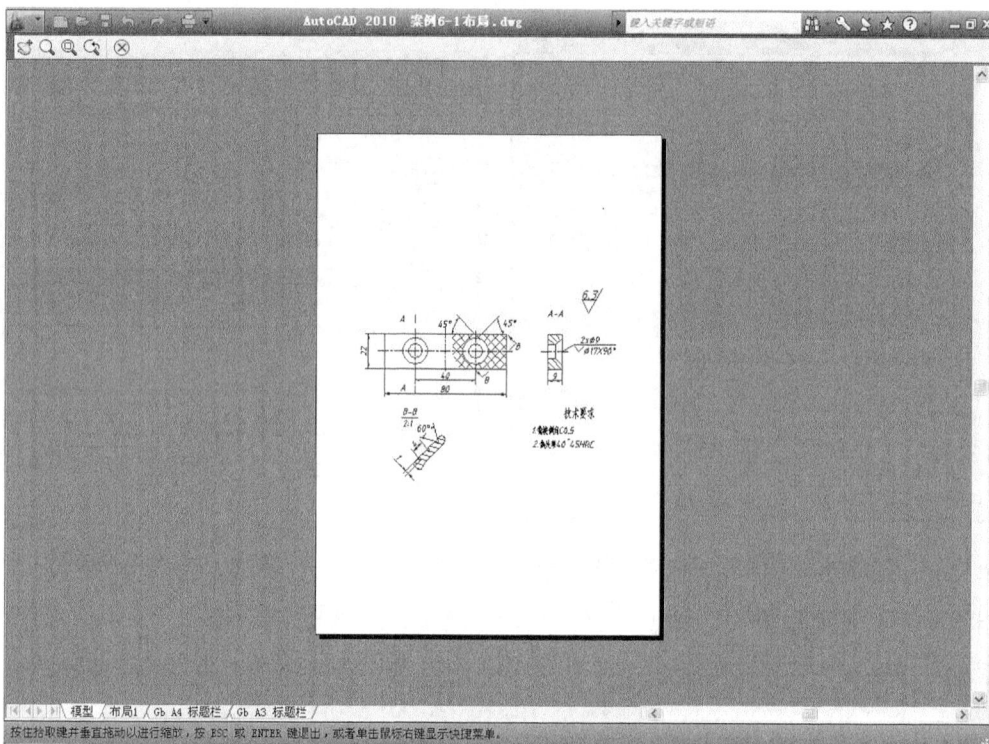

图6-18 A4纸"布满图纸"打印预览

5）鼠标右键单击快捷菜单"退出"选项，回到"页面设置—模型"对话框。图纸尺寸选择"A3"，打印比例选择"2∶1"，图形方向为"横向"，则打印效果如图6-19所示。

（3）在"Gb A4 标题栏"布局空间进行打印设置。

1）切换到"Gb A4 标题栏"布局空间，打开"页面设置管理器"对话框，如图6-20所示。

2）单击"修改"按钮，在弹出的"页面设置-Gb A4 标题栏"对话框中，修改图纸方向为"纵向"。打印预览如图6-21所示。

（4）采用同样的方法在"Gb A3 标题栏"布局空间进行打印设置。注意图纸尺寸选择"A3"，图纸方向为"横向"，打印预览如图6-22所示。

（5）在"Gb A4 标题栏（2）"布局空间进行打印设置。

切换到"Gb A4 标题栏（2）"布局空间，屏幕显示如图6-14所示。打开"页面设置管理器"对话框，单击"修改"按钮，在弹出的"页面设置-Gb A4 标题栏（2）"对话框中，修改图纸方向为"横向"。打印预览如图6-23所示。

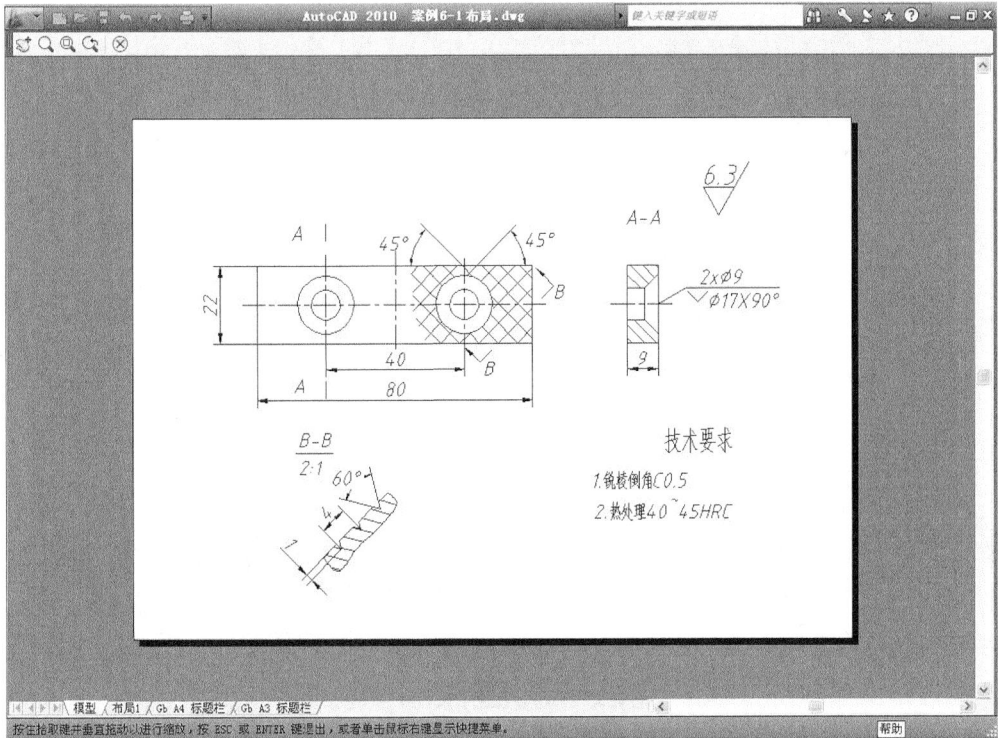

图 6-19　A3 纸 2∶1 图样打印预览

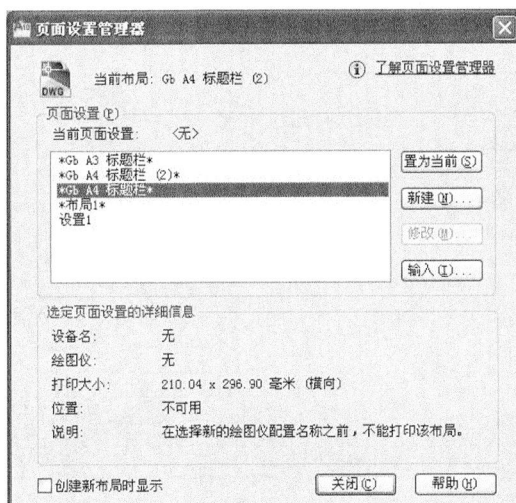

图 6-20　"页面设置管理器"对话框（布局空间）

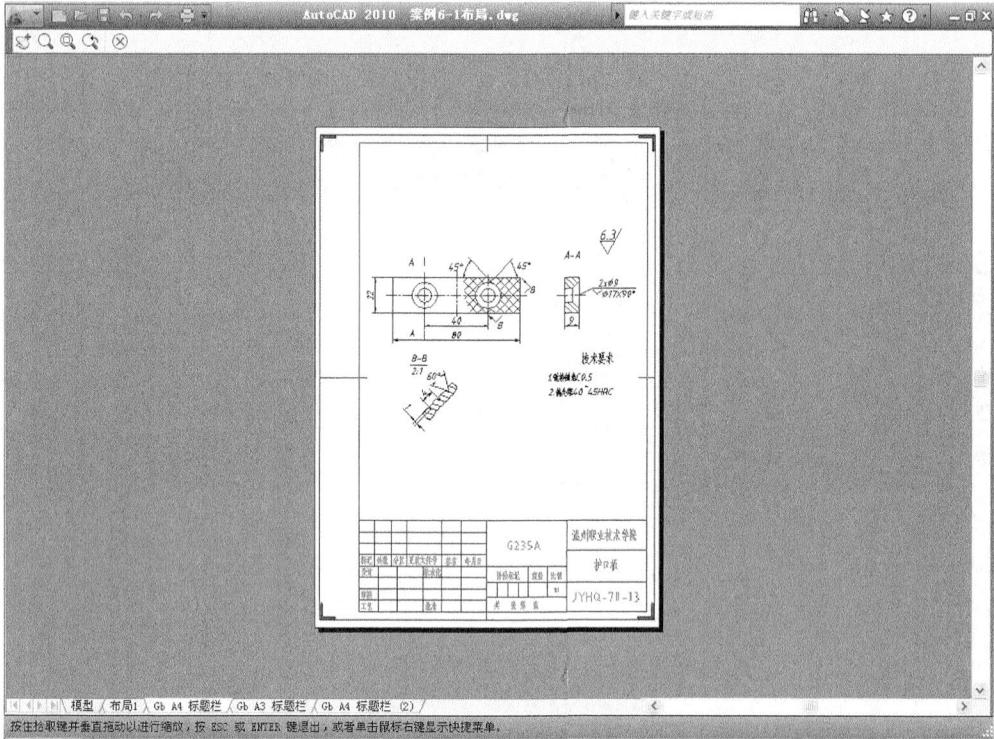

图 6-21　A4 纸图样打印预览

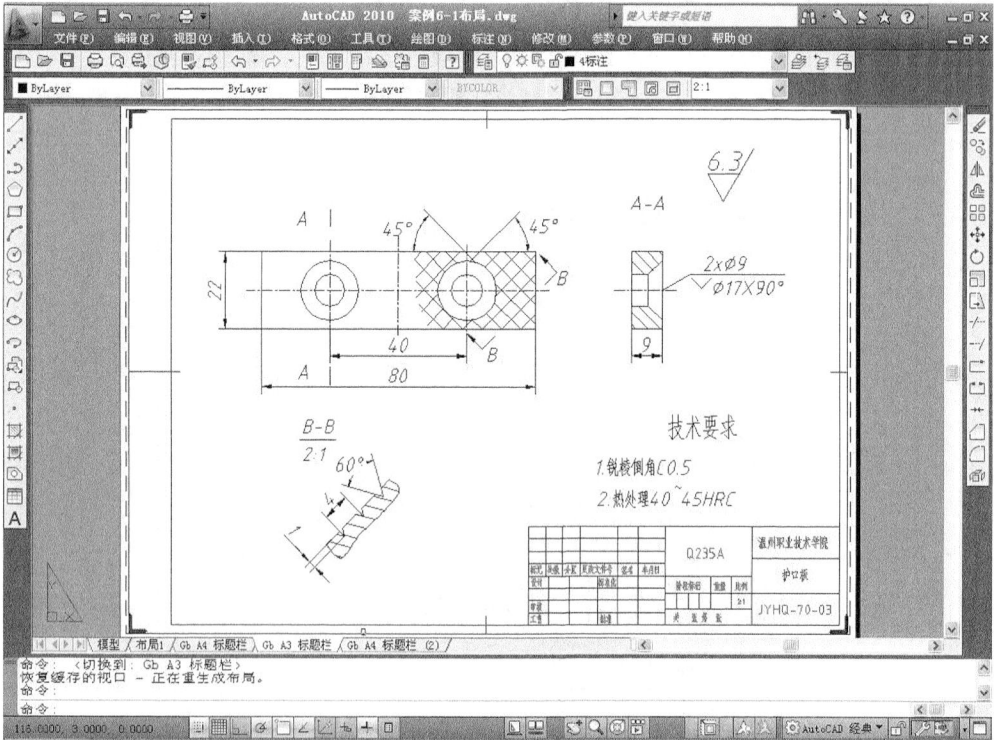

图 6-22　A3 纸图样打印预览

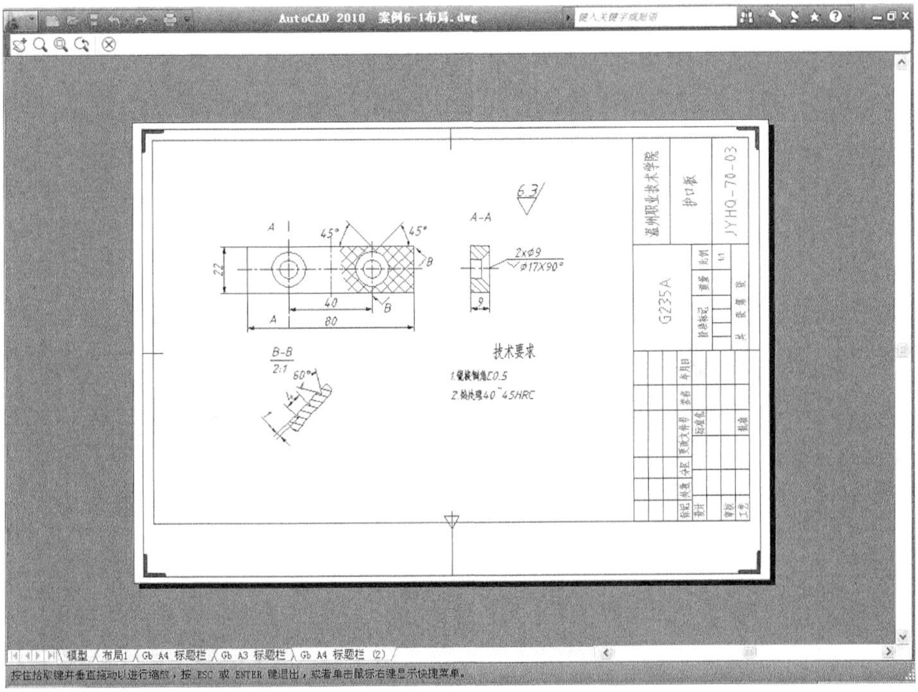

图 6-23　旋转后 A4 纸图样打印预览

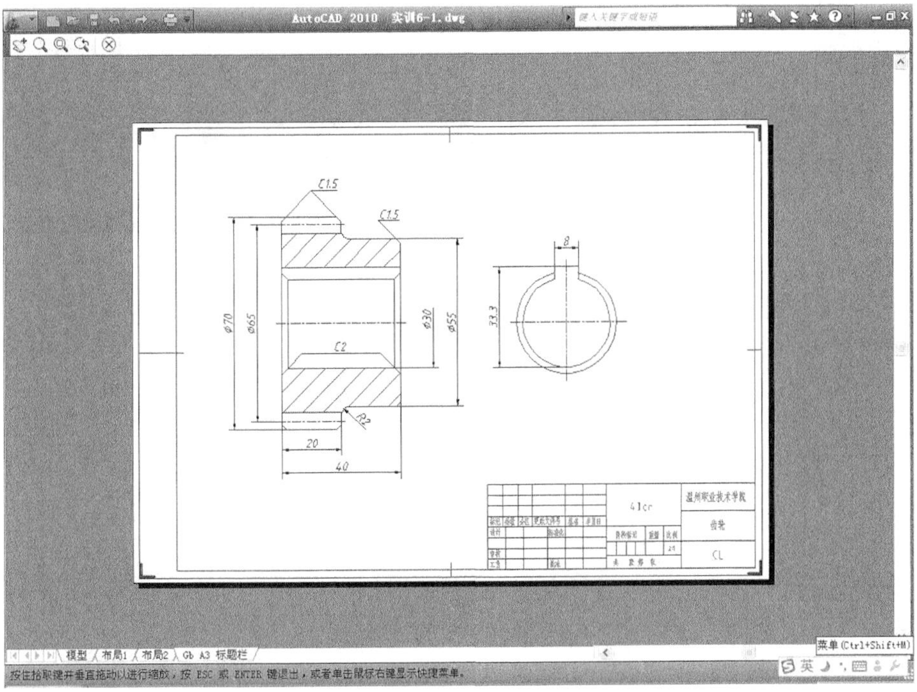

图 6-24　实训 6-1 的图

6.3 实训

【**实训6-1**】 打开素材资料中的"实训6-1.dwg",插入"Gb A3 标题栏",在布局空间以 2∶1 比例将其打印输出为一张 A3 纸图样。实训6-1 图样预览如图 6-24 所示。

【**实训6-2**】 打开素材资料中的"实训6-2.dwg",插入"Gb A4 标题栏",绘制看图方向符号,在布局空间以 1∶1 比例将其打印输出为一张旋转 90°的 A4 纸图样。实训 6-2 图样打印预览效果如图 6-25 所示。

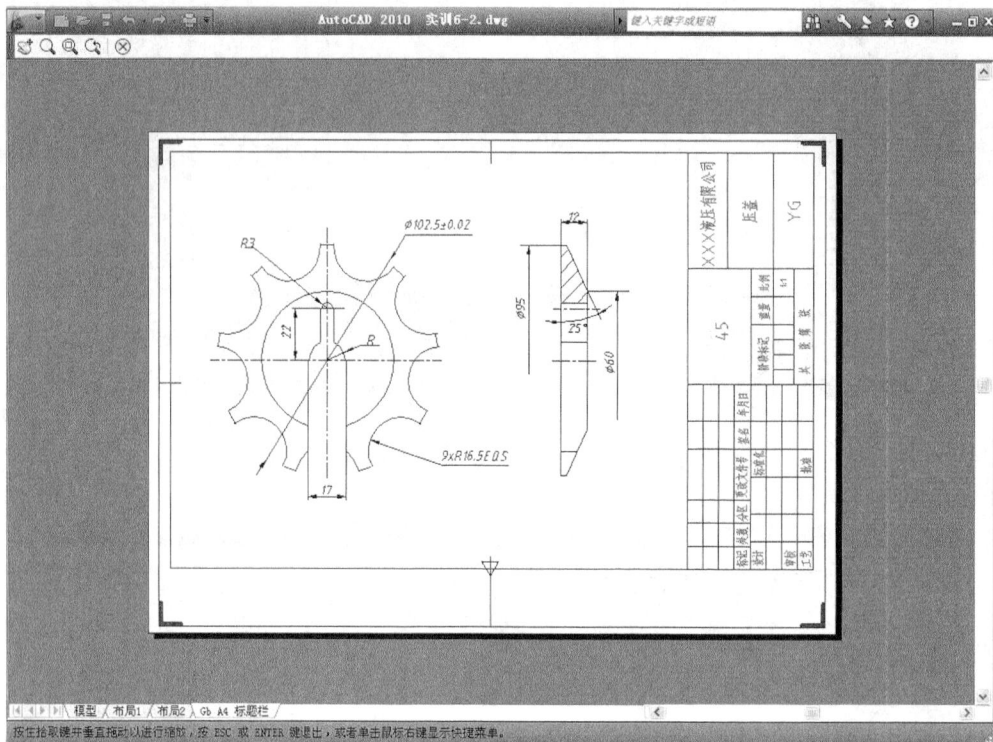

图 6-25 实训 6-2 的图

课题7 三维造型

学习目标

【知识目标】

1. 熟悉三维工作空间。
2. 掌握常用三维建模命令的功能与使用方法。
3. 掌握常用三维编辑命令的功能与使用方法。
4. 了解常用零件三维建模的方法与技巧。

【能力目标】

1. 能够运用常用建模命令创建三维实体。
2. 能够运用常用编辑命令修改三维实体。
3. 能够对三维实体进行着色及动态观察。

7.1 组合体的三维建模

【案例 7-1】 绘制图 7-1 所示的组合体三维图形。

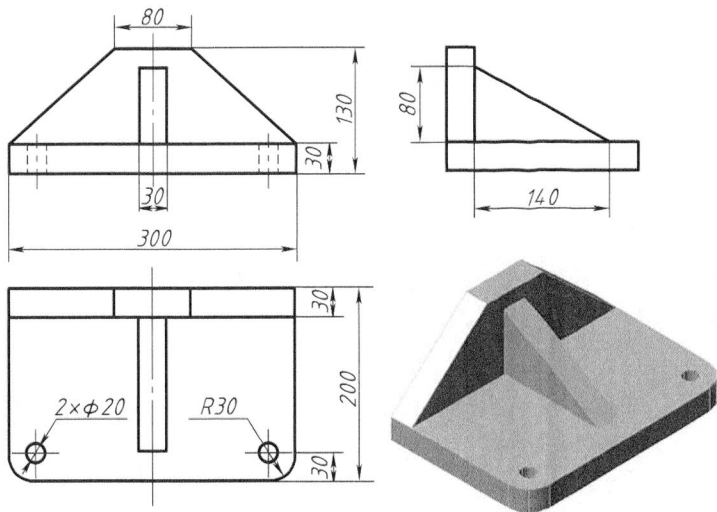

图 7-1 案例 7-1 的组合体

1. 画法分析

在 AutoCAD 中，三维建模的操作步骤可以归纳为：选择不同的视图绘制二维草图→将二维草图创建为面域→利用三维建模命令将二维草图创建成三维实体→将多个简单体"移动"至正确的位置→利用"布尔运算"等编辑命令将多个简单体组合起来→"动态观察"三维图形。本案例组合体可分解成底板、立板、肋板、两个圆柱体五部分，注意空腔结构也需要创建成三维实体，拆分结果如图 7-2 所示。

2. 操作步骤

（1）新建图形文件，将"工作空间"切换到"三维建
模"，其工作界面如图 7-3 所示。在"常用"选项卡的"视
图"面板上将"视觉样式"切换至"三维线框"界面，如
图 7-4 所示。

（2）绘制二维草图。

1）选择"视图"面板中的"未保存的视图"，则可以
在如图 7-5 所示的"未保存视图"下拉菜单中选择不同的

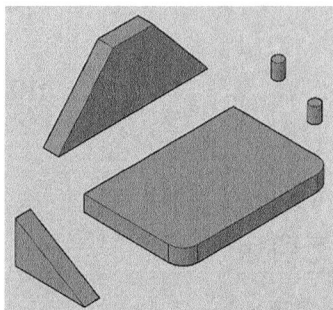

图 7-2　将组合体拆分成若干简单体

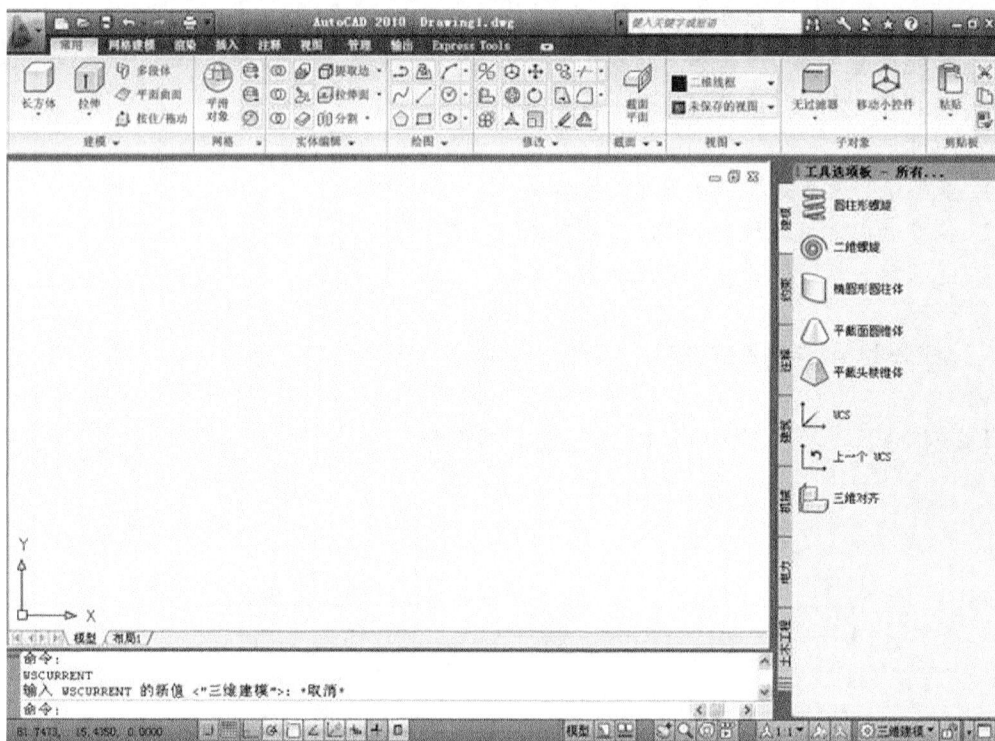

图 7-3　"三维建模"工作界面

视图环境。

2）选取"俯视"选项，按给出的尺寸绘制矩形和圆；
选取"前视"选项，绘制等腰梯形；选取"左视"选项，
绘制三角形。选取"西南等轴测"选项观察二维草图绘制
结果，如图 7-6 所示。

（3）将绘制好的二维草图创建为面域。

1）编辑二维线框为多段线。启动"修改"→"编辑多
段线"命令。

命令行有如下显示：

命令：pedit↙

选择多段线或［多条(M)］:(拾取图 7-6 中梯形的任一直线)

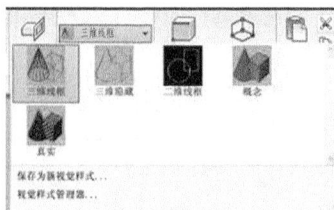

图 7-4　"三维线框"界面

图 7-5　"未保存视图"下拉菜单

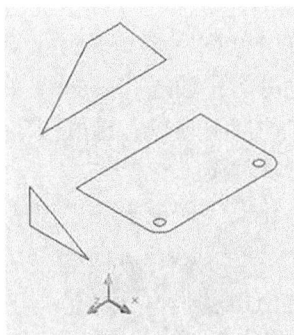

图 7-6　二维草图绘制结果

选定的对象不是多段线

是否将其转换为多段线？＜Y＞✓

输入选项［闭合(C)/合并(J)/宽度(W)/编辑顶点(E)/拟合(F)/样条曲线(S)/非曲线化(D)/线型生成(L)/反转(R)/放弃(U)］：J✓

选择对象：(拾取梯形其他三条直线)

输入选项［闭合(C)/合并(J)/宽度(W)/编辑顶点(E)/拟合(F)/样条曲线(S)/非曲线化(D)/线型生成(L)/反转(R)/放弃(U)］：✓

二维草图中合并梯形四条边的操作如图 7-7 所示。

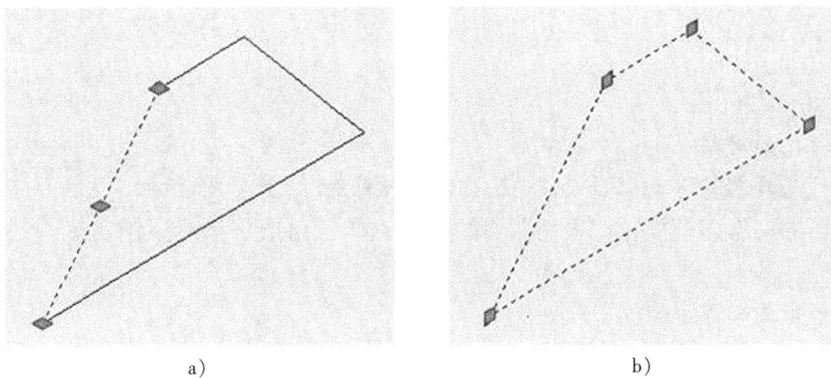

a)

b)

图 7-7　合并梯形的四条边

a) 合并前　b) 合并后

2）采用同样的方法合并其余二维草图。

操作提示：若二维线框是用"多段线"、"矩形"、"正多边形"、"圆"、"椭圆"命令绘制的，则图形本身已经是一整体，不需要通过编辑多段线进行合并；若二维线框是由若干直线、圆弧拼接而成的，则必须用"编辑多段线"命令将其合并成一条闭合的多段线。

3）运行面域命令。

启动面域命令的方法：

● 选取"绘图"→"面域"命令。

● 选取"绘图"工具栏图标 ◎ 。

● 在命令行中输入"region"命令。

运行"面域"命令，选取图7-6所示绘制的所有二维草图，共创建五个面域。

（4）三维建模。

选择"建模"面板中的"拉伸"命令，如图7-8所示。

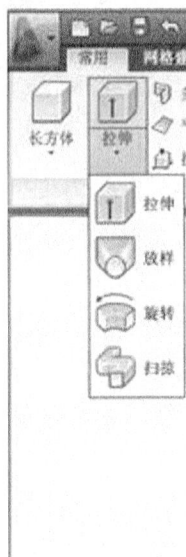

图7-8　"建模"面板
"拉伸"命令

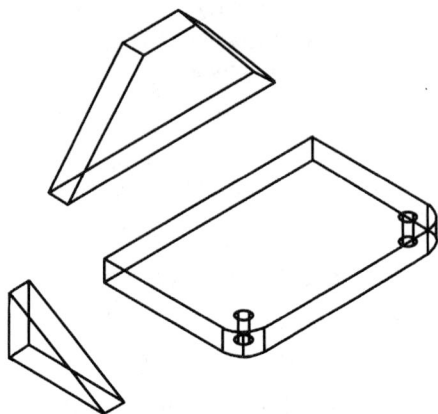

图7-9　"拉伸"后的三
角形、梯形三维实体

命令行有如下提示：

命令：extrude↙

选择要拉伸的对象：（拾取矩形）

指定拉伸高度或［方向（D）、路径（P）、倾斜角（T）］：30↙

完成矩形的三维建模操作。采用同样的办法拉伸三角形、梯形三维实体，结果如图7-9所示。

（5）将各个简单体定位。

1）移动梯形实体到指定位置，移动位置如图7-10a所示。

启动"移动"命令，命令行有如下显示：

命令：move↙

选择对象：（拾取梯形实体）

指定基点或［位移（D）］＜位移＞：（拾取梯形实体底面后侧中点）

指定第二个点或＜使用第一个点作为位移＞：（拾取矩形实体上表面后侧中点）

2）采用同样方法移动三角形实体到指定位置。移动位置如图7-10b所示。

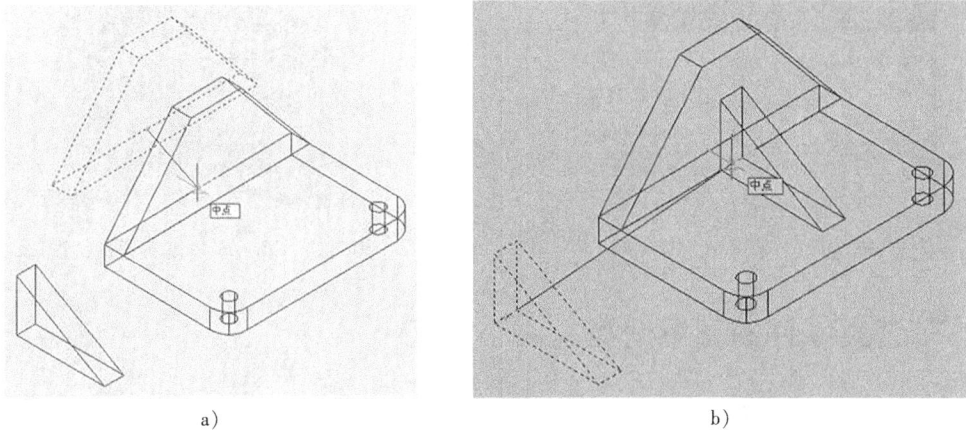

图 7-10   "移动"梯形、三角形等简单体到正确的位置
a) 移动梯形实体   b) 移动三角形实体

（6）进行三维文本编辑，完成后如图 7-11 所示。

1）合并梯形、矩形和三角形实体。选择"实体编辑"面板上的"并集"命令，命令行有如下显示：

命令：union↙

选择对象：（拾取除圆柱体外的其余三个三维实体）

选择对象：↙

2）去除圆柱体。选择"实体编辑"面板上的"差集"命令，命令行有如下显示：

命令：subtract↙

选择对象：（拾取并集后的组合体）↙

选择要减去的实体、曲面和面域 . . .

选择对象：（拾取两个圆柱体）↙

（7）观察三维图形。

将"视觉样式"切换到"概念"模式，观察绘制好的三维实体，如图 7-12 所示。

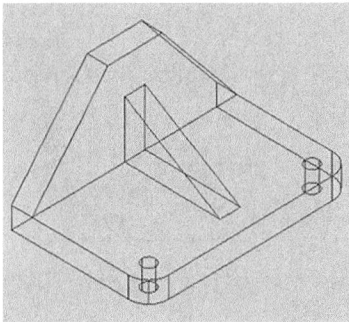

图 7-11   三维文本编辑

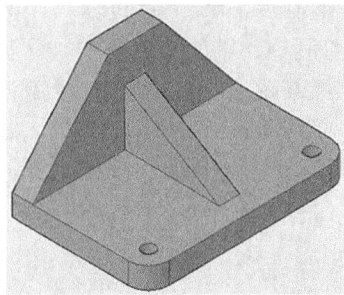

图 7-12   "概念"模式下的三维实体

选择"视图"选项卡"导航"面板上的"动态观察"命令（见图 7-13），按住鼠标左键翻转实体，以观察通孔情况，如图 7-14 所示。

图 7-13　选取"动态观察"命令

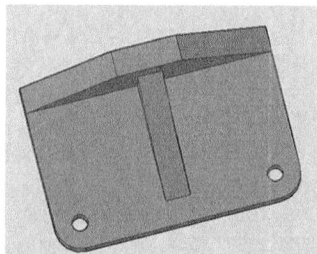

图 7-14　翻转实体观察通孔情况

7.2　轴套类零件的三维造型

【案例7-2】　绘制图7-15所示的传动轴三维图形。

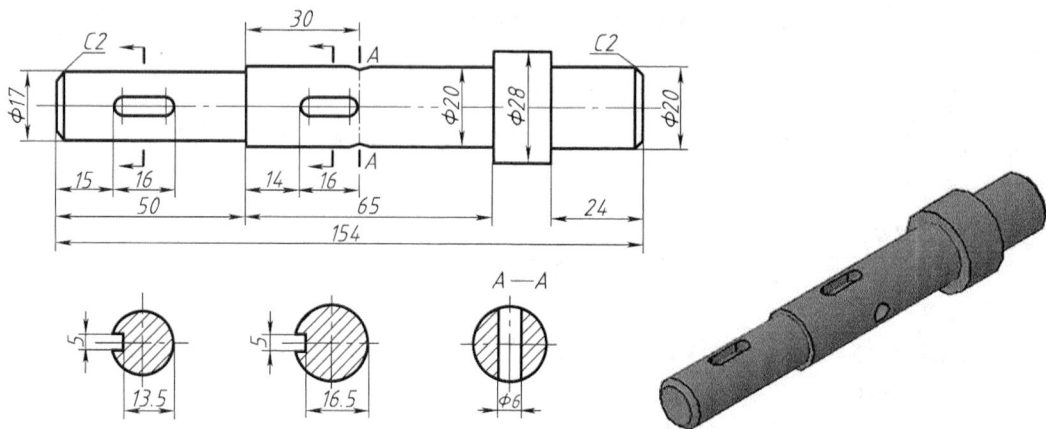

图 7-15　案例7-2的传动轴

1. 画法分析

轴套类零件主要由不同直径的同心圆柱体组成，适用"旋转"命令创建主体，用"差集"命令去除键槽、销孔等结构，用"倒角"、"圆角"命令获得轴端倒角或轴肩处圆角。

2. 操作步骤

（1）绘制传动轴三维图形。

1）绘制传动轴的二维草图。选取"俯视"命令，将传动轴零件的主视图轴线以上部分绘制成二维草图，并将其编辑成封闭的多段线后创建成面域，结果如图7-16所示。

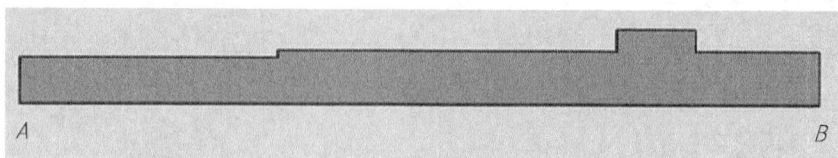

图 7-16　传动轴轴线以上部分的二维草图

2）传动轴的三维建模。在"建模"面板中选择"旋转"命令图标 ，命令行有如下显示：

命令：revolve

选择对象:(拾取传动轴面域)

指定轴起点或根据以下选项之一定义轴［对象(O)/X/Y/Z］＜对象＞:(拾取图 7-16 所示中心线上的 *A* 点)

指定轴端点:(拾取图 7-16 所示中心线上的 *B* 点)

指定旋转角度或［起点角度(ST)］＜360＞:↙

在"未保存视图"下拉菜单中将"视图"切换到"西南等轴测"选项，观察传动轴三维实体，称为实体 1，如图 7-17 所示。

(2)绘制传动轴键槽结构。

1)在"未保存视图"下拉菜单中将"视图"切换到"俯视"选项，绘制传动轴键槽结构的二维草图（图 7-18a），将其"拉伸"成三维实体，称为实体 2（图 7-18b）。

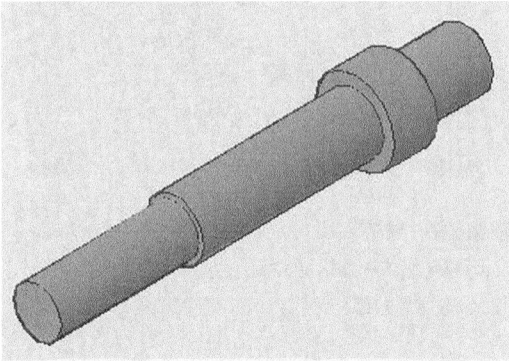

图 7-18　传动轴键槽结构（实体 2）

a)键槽的二维草图　b)拉伸键槽为三维实体

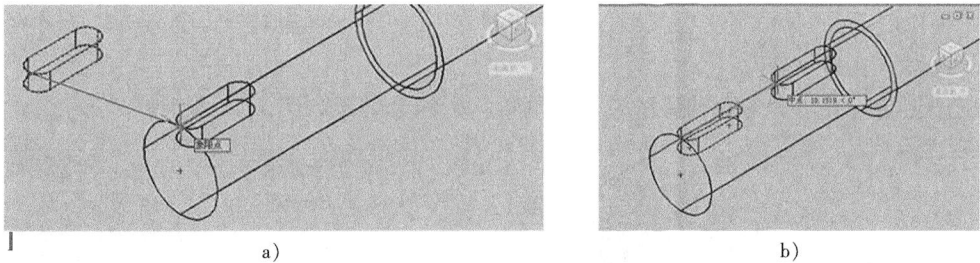

图 7-17　传动轴三维实体（实体 1）

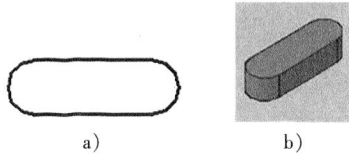

图 7-19　定位传动轴键槽

a)移动实体 2 到实体 1　b)移动实体 2 到指定位置

2)启动"移动"命令，首先按图 7-19a 所示位置移动实体 2 到实体 1，再按图 7-19b 位置将移动实体 2 在实体 1 上向右移动 15。

3)采用同样的方法绘制传动轴第二个键槽结构（实体 3），结果如图 7-20 所示。

(3)绘制圆柱销。

1)在"未保存视图"下拉菜单中将"视图"切换到"前视"选项，绘制圆，并拉伸圆成为圆柱，称为实体 4，如图 7-21 所示。

2)移动圆柱销到指定位置，操作过程如图 7-22 所

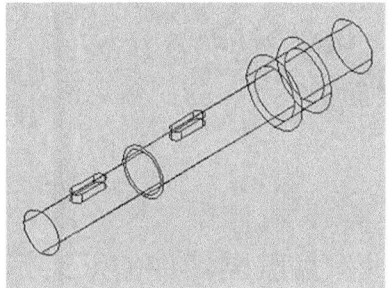

图 7-20　绘制传动轴第二个键槽结构（实体 3）

示。

（4）实体编辑。运行"差集"命令，在实体1中去除实体2、3、4。将"视图样式"切换到"概念"选项，结果如图7-23所示。

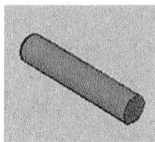

图7-21　传动轴圆柱销结构（实体4）

（5）绘制倒角。运行"倒角"命令，命令行有如下显示：

命令：chamfer↙

（"修剪"模式）当前倒角距离1 = 2.0000,距离2 = 2.0000

选择第一条直线或［放弃(U)/多段线(P)/距离(D)/角度(A)/修剪(T)/方式(E)/多个(M)］：(拾取实体1上要倒角的棱)

基面选择…

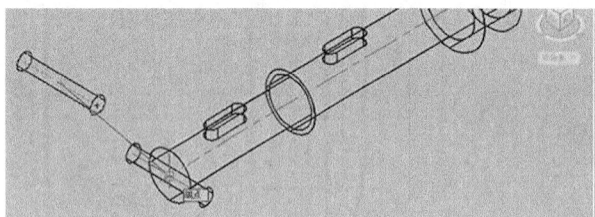

a)

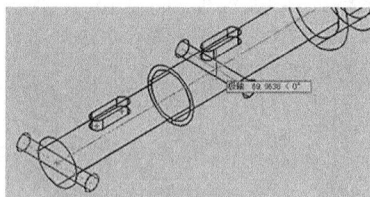

b)

图7-22　定位传动轴圆柱销结构

a)移动实体4到实体1轴线左端点　b)移动实体4到指定位置

输入曲面选择选项［下一个(N)/当前(OK)］ ＜当前(OK)＞：↙

指定基面的倒角距离 ＜2.0000＞：↙

指定其他曲面的倒角距离 ＜2.0000＞：↙

选择边或［环(L)］：(拾取实体1上其余要倒角的棱)

⊙操作提示："选择第一条直线"和"选择边"时均选中要倒角的棱。两端倒角也可以在二维草图中直接绘制。

采用相同的方法对传动轴另一端进行倒角，完成后结果如图7-24所示。

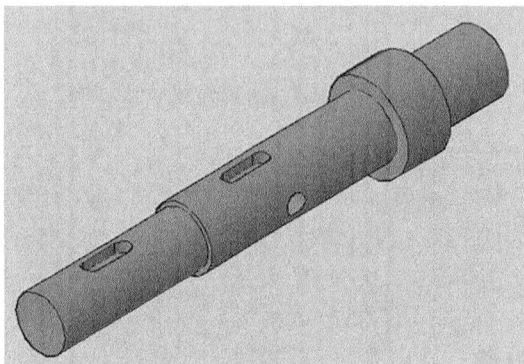

图7-23　"差集"后的传动轴

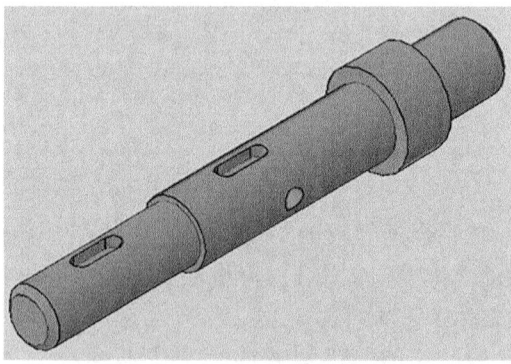

图7-24　倒角后的传动轴

7.3　盘盖类零件的三维造型

【案例7-3】　绘制图7-25所示的手轮三维图形。

1. 画法分析

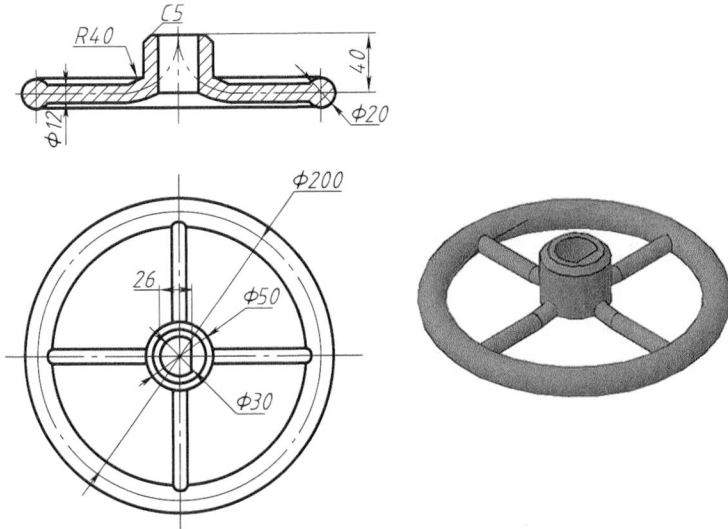

图 7-25 案例 7-3 的手轮

盘盖类零件周边常分布一些孔、肋、槽等结构。本案例手轮可分解成轮缘（实体 1）、实心轮毂（实体 2）、轮辐（实体 3）、轮毂型芯（实体 4）4 个部分。

2. 操作步骤

（1）绘制轮缘（实体 1），结果如图 7-26 所示。

在"视图"面板上选取"俯视"选项，启动"建模"→"圆环体"命令，命令行有如下显示：

命令：torus↙
指定中心点或 [三点(3P)/两点(2P)/切点、切点、半径(T)]：(拾取任意点)
指定半径或 [直径(D)]：100↙
指定圆管半径或 [两点(2P)/直径(D)]：10↙

（2）绘制实心轮毂（实体 2）

选择"俯视"选项，以圆环体中心为圆心作半径为 25 的圆，并向上"拉伸"，拉伸高度为"40"，得到实心轮毂（实体 2）图形，如图 7-27 所示。

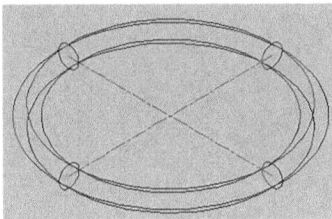

图 7-26 案例 7-3 的轮缘（实体 1）图形

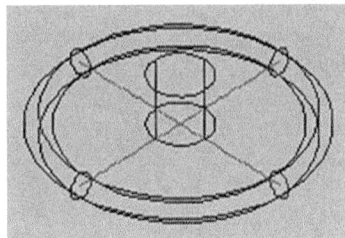

图 7-27 案例 7-4 的实心轮毂（实体 2）图形

（3）绘制轮辐（实体 3）。轮辐用"按指定路径拉伸实体"的方法绘制。

1）绘制拉伸路径曲线。在图 7-28a 所示位置绘制长"100"的水平线和长"40"的铅垂线；在水平线和铅垂线间倒半径为"40"的圆角，然后用"编辑多段线"命令将水平线与圆弧合并成一条曲线，如图 7-28b 所示。

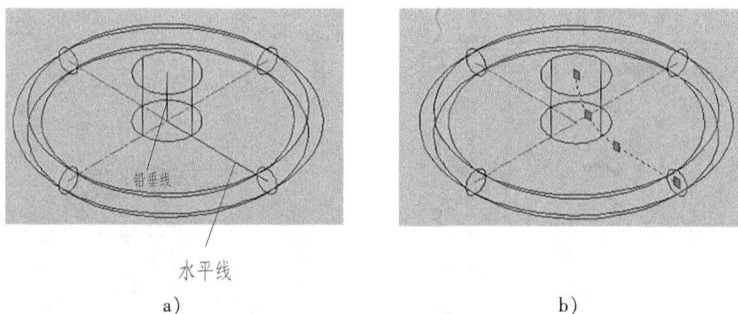

图 7-28　拉伸路径曲线

a) 绘制水平线和铅垂线　b) 编辑拉伸路径曲线

2）在"未保存视图"下拉菜单中选取"左视"选项，以拉伸路径曲线端点为圆心，作半径为"6"的圆，如图 7-29 所示。

3）运行"拉伸"命令，结果如图 7-30 所示。

命令行有如下显示：

命令：extrude↙

选择要拉伸的对象：（拾取半径为 6 的圆）

指定拉伸高度或［方向(D)、路径(P)、倾斜角(T)］：P↙

选择拉伸路径或［倾斜角(T)］：（拾取拉伸路径曲线）

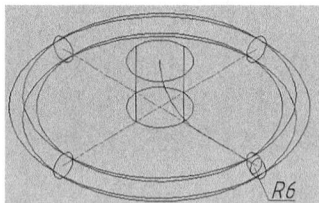

图 7-29　作半径为"6"的圆草图

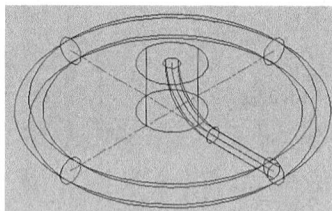

图 7-30　"拉伸"后的轮辐（实体 3）曲线

4）在"未保存视图"下拉菜单中选择"俯视"选项，阵列轮辐（实体 3）曲线，结果如图 7-31 所示。

（4）将轮缘、实心轮毂和轮辐作"并集"编辑，结果如图 7-32 所示。

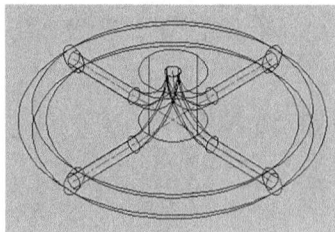

图 7-31　阵列轮辐（实体 3）

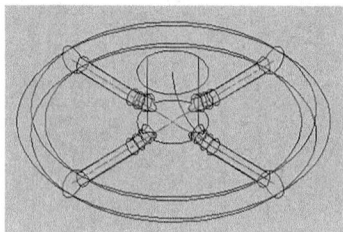

图 7-32　"并集"后的手轮

（5）去除轮毂型芯（实体 4）。

1）在"未保存视图"下拉菜单中选取"俯视"选项，在实心轮毂（实体 2）上表面绘制轮毂型芯（实体 4）的二维草图，并创建为"面域"，如图 7-33 所示。

2）向下"拉伸"轮毂型芯（实体 4）的二维草图，结果如图 7-34 所示。

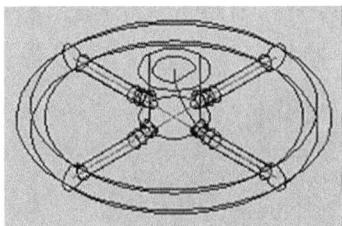

图 7-33　轮毂型芯（实体 4）的二维草图

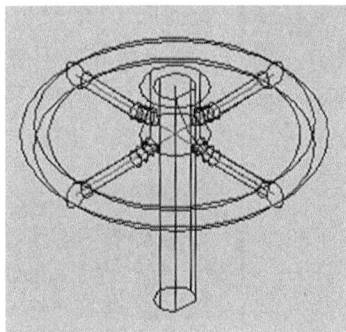

图 7-34　拉伸后的轮毂型芯

3）运行"差集"命令，将"并集"得到的实体去除轮毂型芯（实体 4），结果如图 7-35 所示。

（6）倒角，倒角距离为"5"。倒角后的手轮如图 7-36 所示。

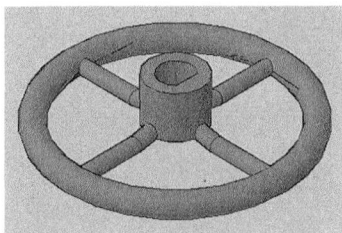

图 7-35　去除轮毂型芯的手轮

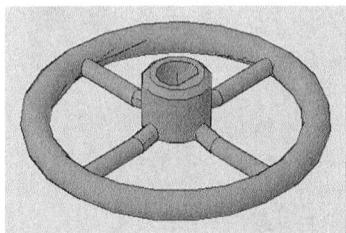

图 7-36　倒角后的手轮

7.4　叉架类零件的三维造型

【案例 7-4】　绘制图 7-37 所示叉架零件三维图形。

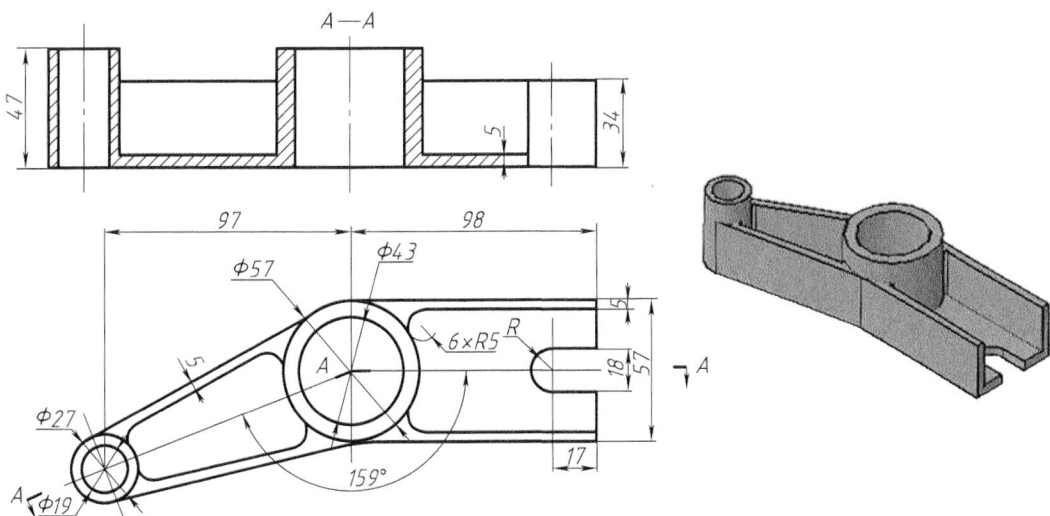

图 7-37　案例 7-4 的叉架零件

1. 画法分析

叉架类零件多为铸件，外形复杂，通常具有弯曲、倾斜结构或复杂的内腔结构，这类零件通常利用"抽壳"命令获得均匀的壁厚。本案例叉架零件可拆分成 4 个圆柱体及实体 1、2、3，暂不考虑实体 2、3 的空腔结构，如图 7-38 所示。

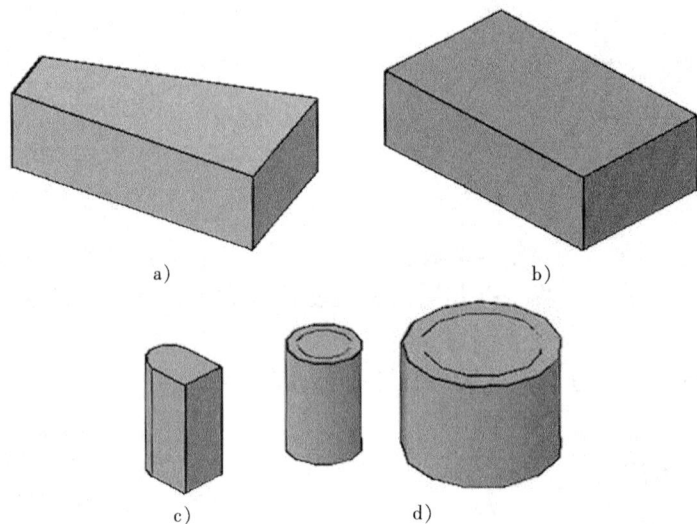

a)   b)

c)   d)

图 7-38 拆分零件

a）实体 1 b）实体 2 c）实体 3 d）圆柱体

2. 操作步骤

（1）绘制叉架零件二维草图。绘制 4 个圆及实体 1、实体 2 的二维线框，并将其创建成"面域"，如图 7-39 所示。

（2）拉伸 4 个圆为圆柱体。"拉伸"得到 4 个高度为 47 的圆柱体以及高度为 34 的实体 1 和实体 2，其组合体如图 7-40 所示。

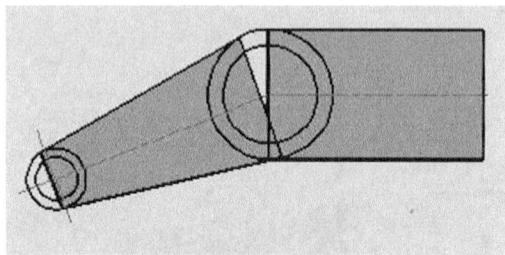

图 7-39 叉架零件二维草图

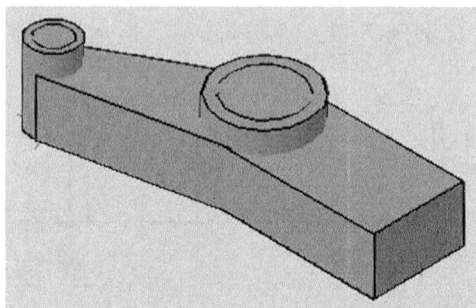

图 7-40 圆柱体与实体 1、实体 2 的组合体

（3）实体 1 和实体 2 的抽壳。选择"实体编辑"面板中的"抽壳"命令，如图 7-41 所示。命令行有如下显示：

命令：shell↙

选择三维实体：（拾取实体 1↙）

删除面或 ［放弃(U)/添加(A)/全部(ALL)］：（拾取实体 1 上表面）

输入抽壳偏移距离：5↙

采用同样的方法对实体 2 抽壳，选择"删除面"选项的同时，分别选择实体 2 的上表面和右侧面，结果如图 7-42 所示。

图 7-41 "实体编辑"面
板中的"抽壳"命令

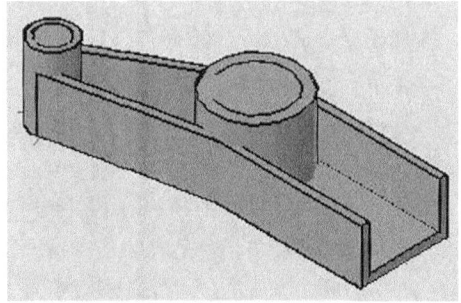

图 7-42 实体 2 抽壳后的结果

（4）作"并集"操作。在"未保存视图"下拉菜单中将"视觉样式"切换到"三维线框"，可以看到"抽壳"的结果如图 7-43a 所示。将抽壳后的实体 1、实体 2 与两个外圆柱作"并集"，结果如图 7-43b 所示。

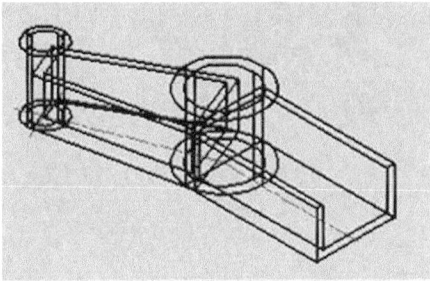

a)

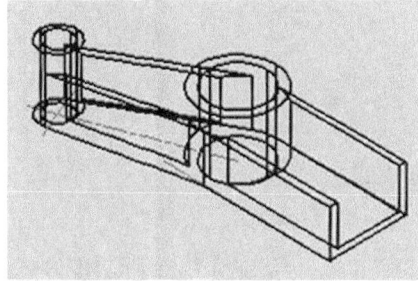

b)

图 7-43 "并集"前后

a)"并集"前 b)"并集"后

（5）作"差集"操作。在"未保存视图"下拉菜单中选取"俯视"选项，绘制实体 3 的二维草图，"拉伸"后移至正确的位置，如图 7-44a 所示。实体 3"拉伸"高度大于或等于"10"即可。

将步骤（4）中"并集"得到的实体作为"被减数"减去 2 个内圆柱和实体 3，结果如图 7-44b 所示。

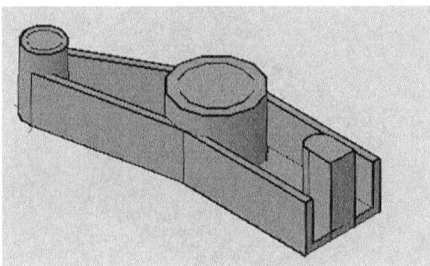

a)

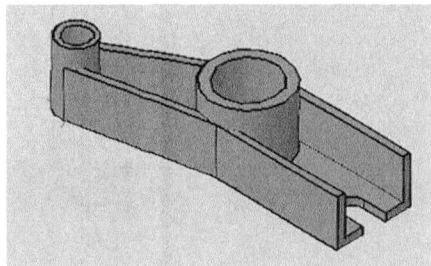

b)

图 7-44 案例 7-5"差集"前后

a)"差集"前 b)"差集"后

（6）"圆角"处理。运行"修改"面板上"圆角"命令，命令行有如下显示：

命令：fillet↙

当前设置：模式 = 修剪,半径 = 0.0000

选择第一个对象或［放弃(U)/多段线(P)/半径(R)/修剪(T)/多个(M)］:选择对象：（拾取需要倒圆角的任一条棱）

输入圆角半径 <0.0000>：5↙

选择边或［链(C)/半径(R)］:（拾取其余需要倒圆角的棱）

（7）动态观察实体，完成后的叉架三维图形如图 7-45 所示。

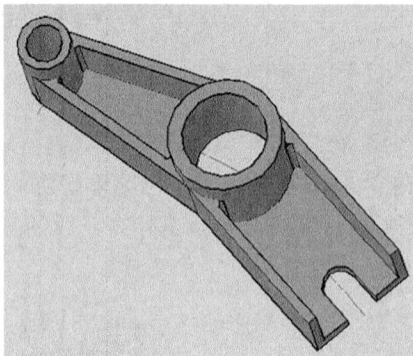

图 7-45　叉架三维图形

7.5　实训

【实训 7-1】　绘制图 7-46 所示零件三维实体图。

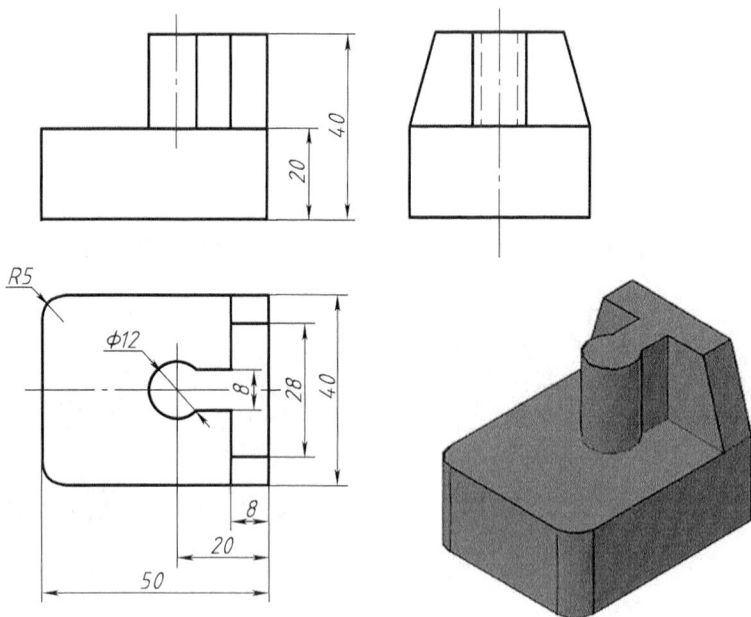

图 7-46　实训 7-1 的图

【**实训 7-2**】 绘制图 7-47 所示零件三维实体图。

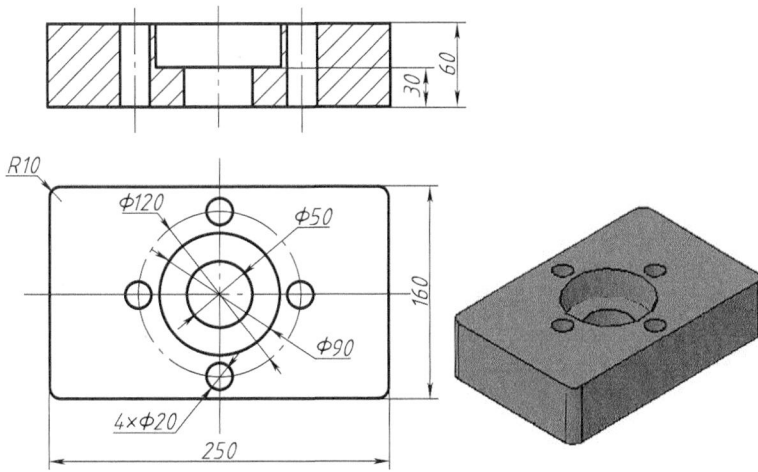

图 7-47　实训 7-2 的图

【**实训 7-3**】 绘制图 7-48 所示零件三维实体图。

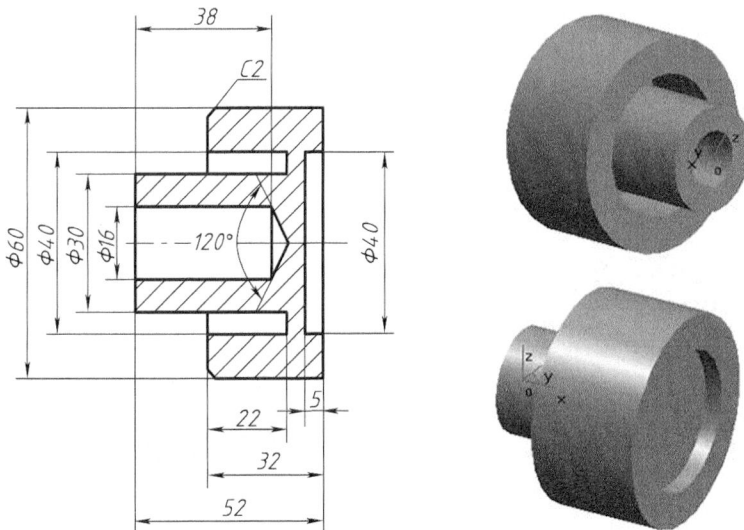

图 7-48　实训 7-3 的图

【**实训 7-4**】 绘制图 7-49 所示零件三维实体图。

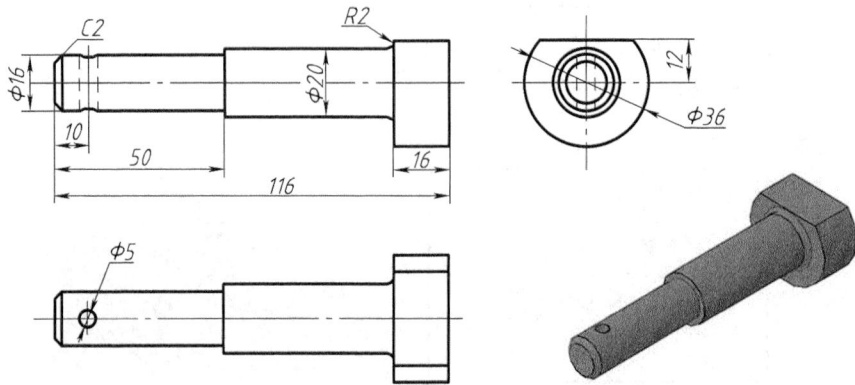

图 7-49　实训 7-4 的图

【**实训 7-5**】　绘制图 7-50 所示零件三维实体图。

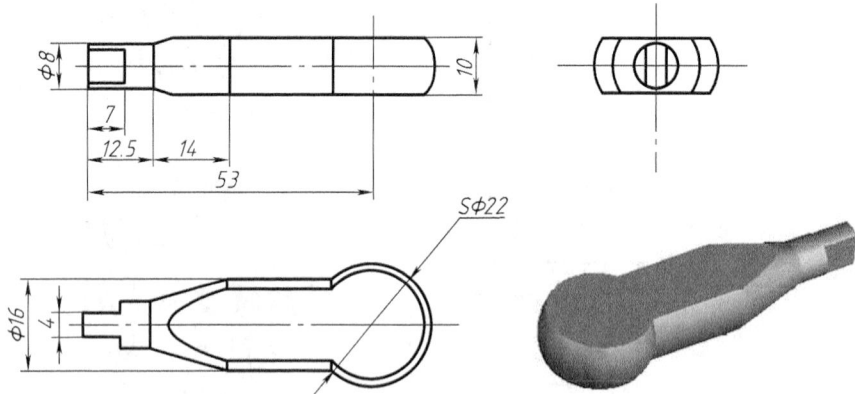

图 7-50　实训 7-5 的图

【**实训 7-6**】 绘制图 7-51 所示零件三维实体。

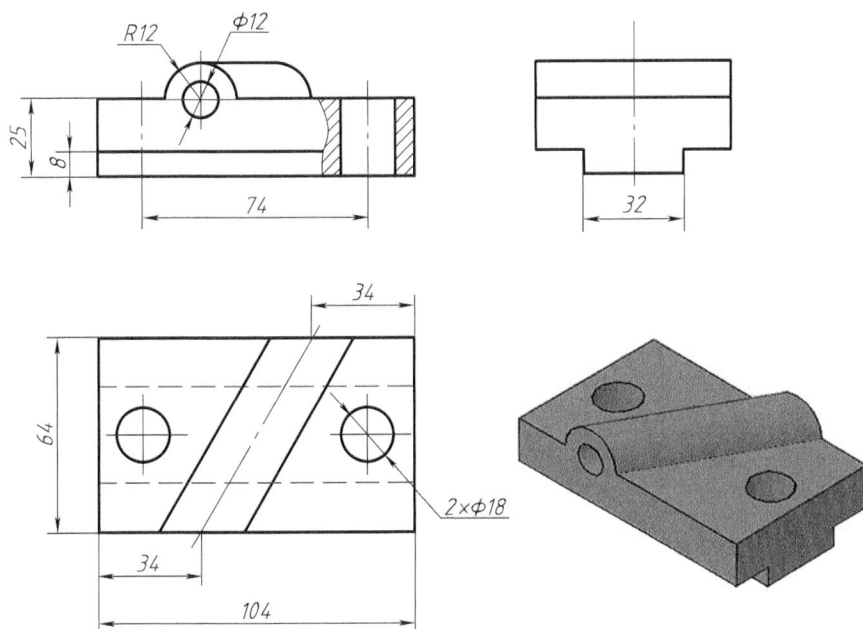

图 7-51 实训 7-6 的图

【**实训 7-7**】 绘制图 7-52 所示零件三维实体图。

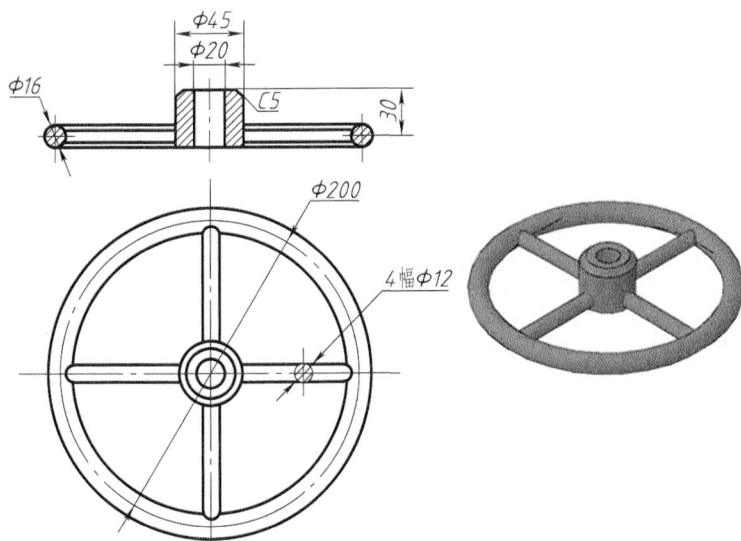

图 7-52 实训 7-7 的图

【**实训 7-8**】 绘制图 7-53 所示零件三维实体图。

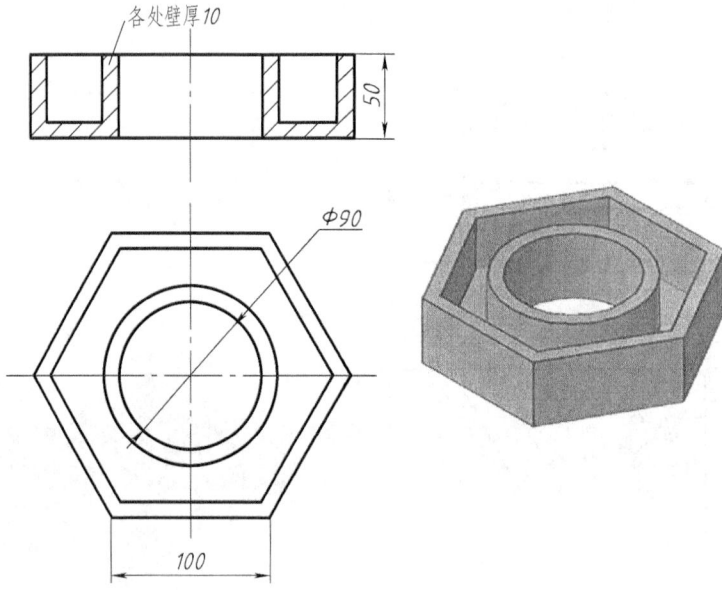

图 7-53 实训 7-8 的图

附　　录

附录 A　AutoCAD 2010 常用快捷命令

绘图命令

简化命令	命令全名	命令功能注释
A	ARC	绘制圆弧
B	BLOCK	创建块
BH	BHATCH	图案填充
C	CIRCLE	绘制圆
DIV	DIVIDE	等分
DO	DONUT	绘制圆环
DT	TEXT/DTEXT	创建单行文字对象
EL	ELLIPSE	创建椭圆或椭圆弧
H	BHATCH	图案填充
I	INSERT	插入图块
L	LINE	创建直线段
ML	MLINE	创建多条平行线
MT/T	MTEXT	创建多行文字
PL	PLINE	创建二维多段线
PO	POINT	创建点对象
POL	POLYGON	创建正多边形
REC	RECTANG	绘制矩形多段线
REG	REGION	创建面域
SEC	SECTION	用平面和实体的交集创建面域
SPL	SPLINE	创建样条曲线
TOR	TORUS	创建圆环形实体
W	WBLOCK	定义块文件
XL	XLINE	创建无限长的直线

修改编辑命令

简化命令	命令全名	命令功能注释
AR	ARRAY	阵列
BR	BREAK	在两点之间打断选定对象
CHA	CHAMFER	倒角

简化命令	命令全名	命令功能注释
CO	COPY	复制
E	ERASE	删除
ED	DDEDIT	修改文本
EX	EXTEND	延伸对象
F	FILLET	圆角
LEN	LENGTHEN	直线拉长
M	MOVE	移动
MI	MIRROR	镜像
O	OFFSET	偏移
PE	PEDIT	编辑多段线和三维多边形网格
RO	ROTATE	旋转
S	STRETCH	移动或拉伸对象
SC	SCALE	按比例放大或缩小对象
SL	SLICE	用平面剖切实体
TR	TRIM	修剪对象
UTI	UNION	布尔并运算
X	EXPLODE	分解

尺寸标注

简化命令	命令全名	命令功能注释
D	DIMSTYLE	创建和修改标注样式
DAL	DIMALIGNED	连续标注
DAN	DIMANGULAR	角度标注
DBA	DIMBASELINE	基线标注
DCE	DIMCENTER	中心标注
DCO	DIMCONTINUE	连续标注
DDI	DIMDISASSOCIATE	直径标注
DED	DIMEDIT	编辑标注
DLI	DIMLINEAR	线性标注
DOR	DIMORDINATE	点标注
DRA	DIMRADIUS	半径标注
DST	DIMSTYLE	显示当前标注样式
LE	QLEADER	快速引出标注
TOL	TOLERANCE	标注形位公差

对象特征

简化命令	命令全名	命令功能注释
AA	AREA	面积

简化命令	命令全名	命令功能注释
AL	ALIGN	对齐
ATT	ATTDEF	图块属性定义
ATE	ATTEDIT	图块属性编辑
BO	BOUNDARY	创建边界，包括创建闭合多段线和面域
CH	CHANGE	修改对象特征
COL	COLOR	设置对象的颜色
DI	DIST	距离
DS	DSETTINGS	草图设置
EXIT	QUIT	退出程序
LA	LAYER	图层
LT	LINETYPE	加载、设置和修改线型
LTS	LTSCALE	设置全局线型比例因子
LW	LWEIGHT	线宽
MA	MATCHPROP	将选定对象的特征应用到其他对象
OS	OSNAP	设置对象捕捉模式
PU	PURGE	清除垃圾
R	REDRAW	重新生成
REN	RENAME	重命名
ST	STYLE	文字样式
TO	TOOLBAR	工具栏
UN	UNITS	图形单位

常用 Ctrl 快捷键

快捷键	命令功能注释
Ctrl + B	栅格捕捉模式控制
Ctrl + C	将选择的对象复制到剪切板上
Ctrl + F	控制是否实现对象自动捕捉（F3）
Ctrl + G	栅格显示模式控制（F7）
Ctrl + J	重复执行上一步命令
Ctrl + K	超级链接
Ctrl + N	新建图形文件
Ctrl + O	打开图像文件
Ctrl + P	打开打印对话框
Ctrl + Q	退出文件
Ctrl + S	保存文件
Ctrl + U	极轴模式控制（F10）
Ctrl + V	粘贴剪切板上的内容
Ctrl + W	控制是否实现对象追踪（F11）

快捷键	命令功能注释
Ctrl + X	剪切所选择的内容
Ctrl + Y	重做
Ctrl + Z	取消前一步的操作
Ctrl + 0	清理屏幕
Ctrl + 1	打开特征窗口
Ctrl + 2	打开设计中心窗口
Ctrl + 3	打开工具选项板窗口
Ctrl + 4	打开图纸集管理器窗口
Ctrl + 5	打开信息选项板窗口
Ctrl + 6	打开数据库连接管理器窗口
Ctrl + 7	打开标记集管理器窗口
Ctrl + Shift + C	带基点复制
Ctrl + Shift + S	另存为
Ctrl + Shift + V	粘贴为块

常用功能键

快捷键	命令功能注释
F1	获取帮助
F2	实现作图窗口和文本窗口的切换
F3	对象自动捕捉开关
F4	数字化仪控制开关
F5	等轴测平面切换
F6	动态 UCS 开关
F7	栅格模式开关
F8	正交模式开关
F9	栅格捕捉模式开关
F10	极轴模式开关
F11	对象捕捉追踪开关

附录 B   课题 3 实训补画图参考答案

【实训 3-1 参考答案】	附图 B-1
【实训 3-2 参考答案】	附图 B-2
【实训 3-3 参考答案】	附图 B-3
【实训 3-4 参考答案】	附图 B-4
【实训 3-5 参考答案】	附图 B-5
【实训 3-6 参考答案】	附图 B-6
【实训 3-7 参考答案】	附图 B-7

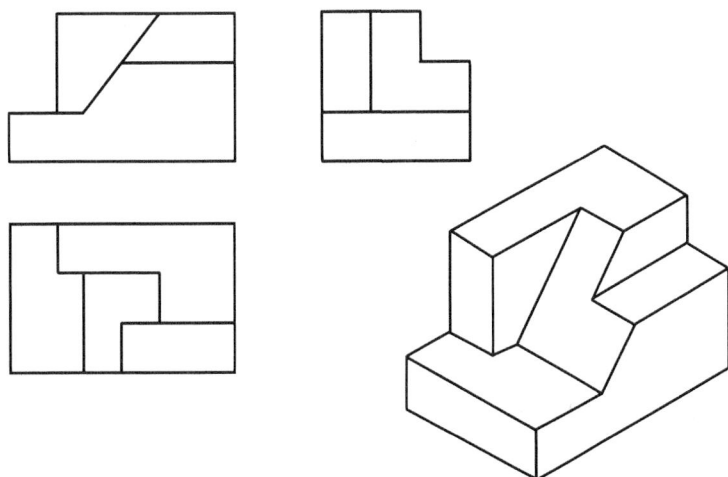

附图 B-1　实训 3-1 参考答案

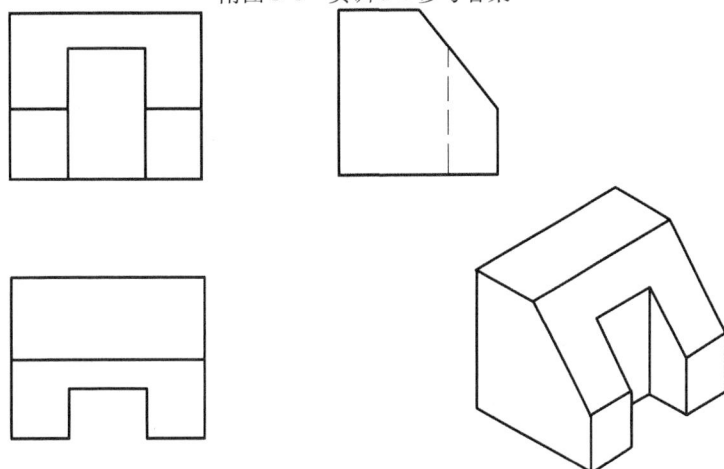

附图 B-2　实训 3-2 参考答案

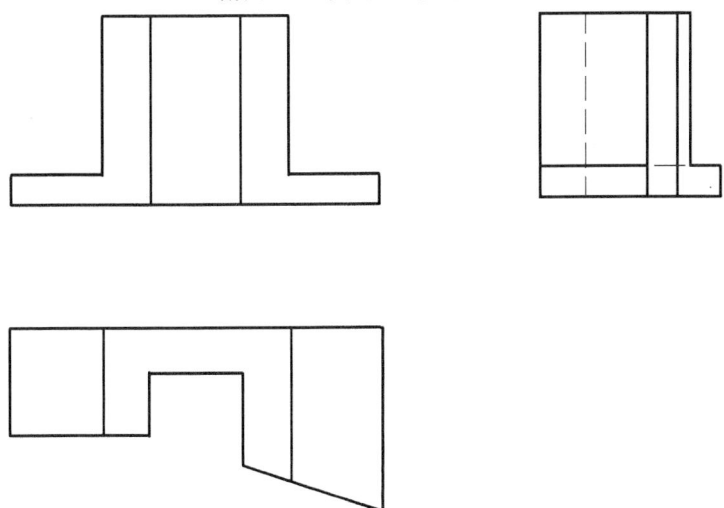

附图 B-3　实训 3-3 参考答案

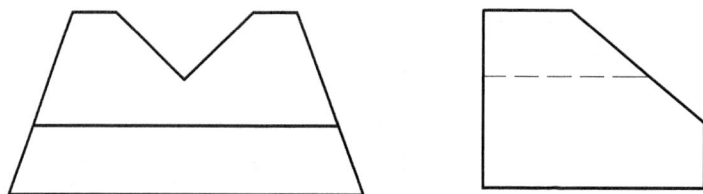

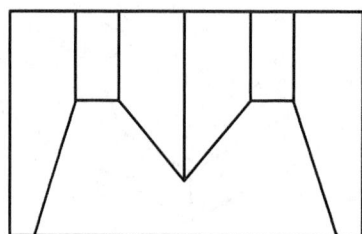

附图 B-4　实训 3-4 参考答案

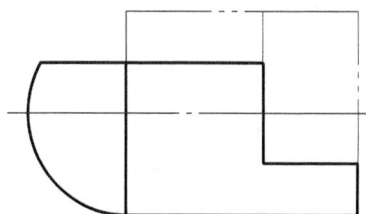

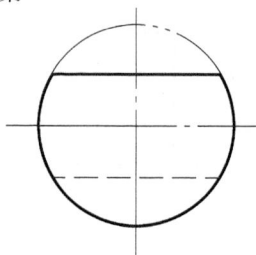

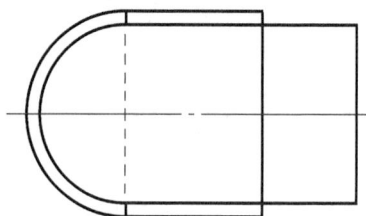

附图 B-5　实训 3-5 参考答案

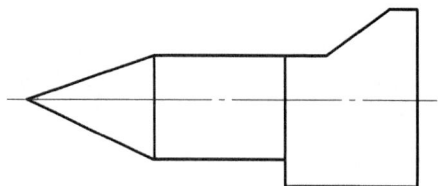

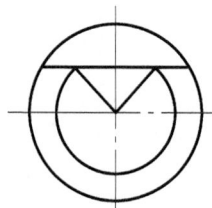

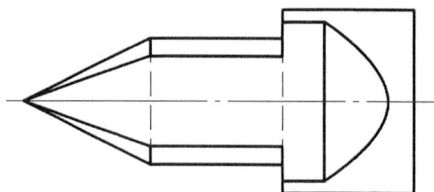

附图 B-6　实训 3-6 参考答案

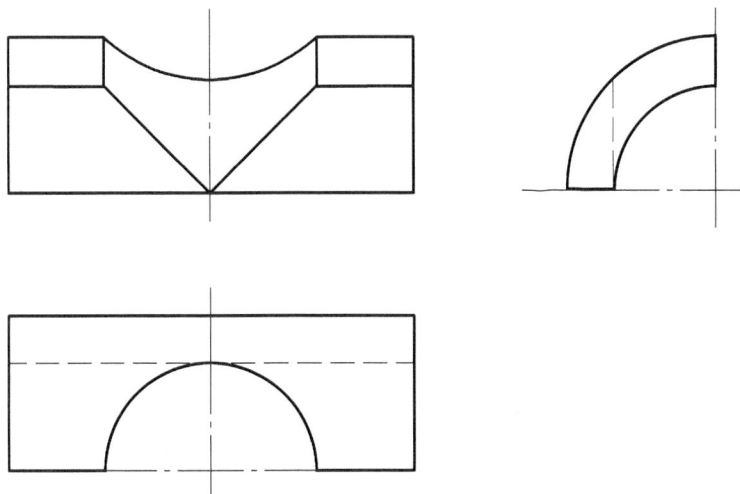

附图 B-7　实训 3-7 参考答案

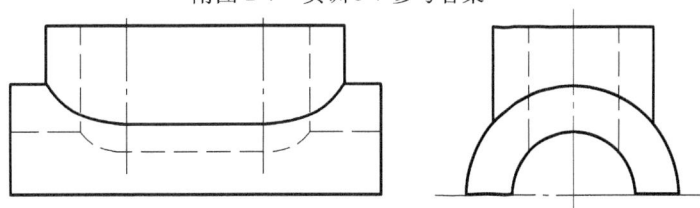

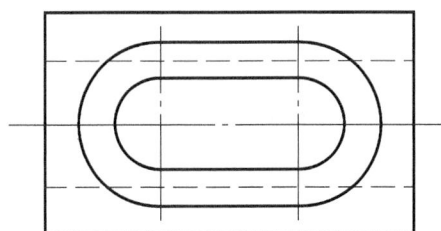

附图 B-8　实训 3-8 参考答案

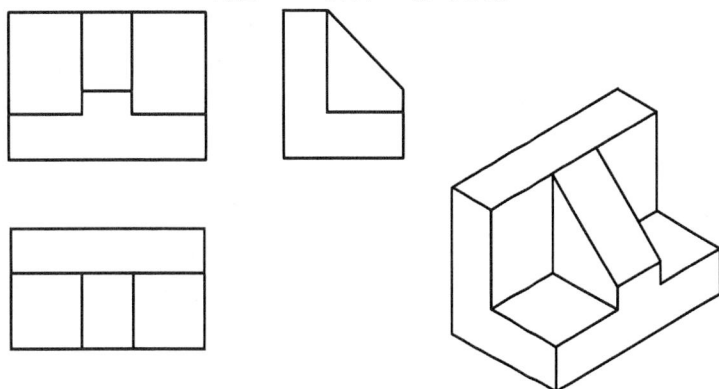

附图 B-9　实训 3-9 参考答案

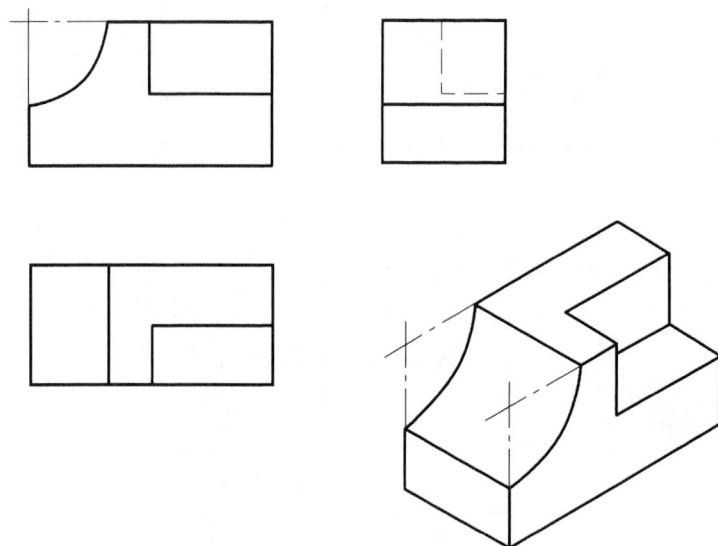

附图 B-10　实训 3-10 参考答案

【**实训 3-8 参考答案**】　附图 B-8
【**实训 3-9 参考答案**】　附图 B-9
【**实训 3-10 参考答案**】　附图 B-10
【**实训 3-11 参考答案**】　附图 B-11

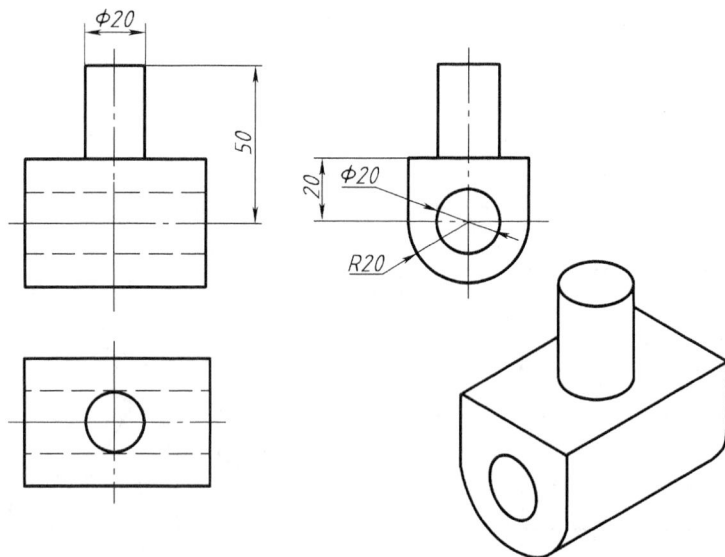

附图 B-11　实训 3-11 参考答案

参 考 文 献

[1] 蔡伟美.AutoCAD 2008 实训教程［M］.北京：科学出版社，2010.

[2] 秦永德.机械制图国考解题指导［M］.北京：北京理工大学出版社，2009.

[3] 刘红宁，王国业，王国军，等.AutoCAD 2010 中文版通用机械设计［M］.北京：机械工业出版社，2010.

[4] 李茌淼，江洪，卢择临，等.AutoCAD 2010 机械设计实例解析［M］.2 版.北京：机械工业出版社，2010.

[5] 高玉芬，朱凤艳.机械制图［M］.3 版.大连：大连理工大学出版社，2008.

[6] 吴百中.机械制图［M］.北京：北京大学出版社，2009.

[7] 蔡冬根.Pro/ENGINEER 2001 应用培训教程［M］.北京：人民邮电出版社，2004.

[8] 黎胜容，李显义.AutoCAD 2008 机械设计经典实例解析［M］.北京：中国电力出版社，2008.

[9] 骆素君.机械设计课程设计实例与禁忌［M］.北京：化学工业出版社，2009.